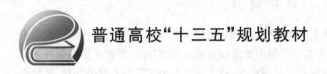 普通高校"十三五"规划教材

信息检索与利用

Information Retrieval and Utilization

主　编　海　涛
副主编　门　琪　任卷芳　陈　茜
　　　　卢冬岩　李　彦

北京航空航天大学出版社

内 容 简 介

本教材详细阐述了信息与信息检索的基本理论知识，概述了工具书、数据库及搜索引擎检索的基本原理与检索技术，介绍了中外文常用数据库的使用方法及检索特点，并列举了网络开放获取资源。本书以检索实例的形式讲解检索工具的选择、检索策略的制定及检索效果评价，从学术论文创作的角度介绍论文写作的原则及方法。

本教材注重理论与实践相结合，在基础理论知识的基础上，重点介绍网络环境下信息检索的特点及数字资源平台的利用方法，以提高学生的实际检索技能。

本书结构合理、内容全面、通俗易懂、实用性强，可作为高等院校文献检索课程的教学用书，也可作为学界同行的参考用书。

图书在版编目(CIP)数据

信息检索与利用 / 海涛主编. -- 北京：北京航空航天大学出版社，2015.9
ISBN 978 - 7 - 5124 - 1873 - 8

Ⅰ. ①信… Ⅱ. ①海… Ⅲ. ①情报检索 Ⅳ. ①G252.7

中国版本图书馆 CIP 数据核字(2015)第 207833 号

版权所有，侵权必究。

信息检索与利用
Information Retrieval and Utilization
主 编 海 涛
副主编 门 琪 任卷芳 陈 茜
卢冬岩 李 彦

责任编辑：胡晓柏 苗长江

*

北京航空航天大学出版社出版发行

北京市海淀区学院路 37 号(邮编 100191) http://www.buaapress.com.cn
发行部电话：(010)82317024 传真：(010)82328026
读者信箱：emsbook@buaacm.com.cn 邮购电话：(010)82316936
北京富资园科技发展有限公司印装 各地书店经销

*

开本：710×1000 1/16 印张：16.75 字数：357 千字
2015 年 9 月第 1 版 2023 年 1 月第 2 次印刷 印数：3 001～3 200 册
ISBN 978 - 7 - 5124 - 1873 - 8 定价：39.00 元

若本书有倒页、脱页、缺页等印装质量问题，请与本社发行部联系调换 联系电话：010 - 82317024

本书编委会

主　编　海　涛
副主编　门　琪　任卷芳　陈　茜　卢冬岩　李　彦
参编者　王春利　王　丹　徐　斌　郭　健　黄亚民
　　　　王　威

前 言

信息素质是信息社会人们应具备的基础素质之一，世界各国都非常重视信息素质教育。我国高校的信息素质教育主要以文献检索课的形式开展。国家教委早在1984年2月颁布的《关于在高等学校开设文献检索与利用的意见》的通知中要求"凡是有条件的学校可作为必修课，不具备条件的学校可作为选修课"。经过20多年的教学实践，目前，信息检索课已经成为我国高等院校培养大学生信息素质最为普遍的公共课之一。

信息检索课程是高校学生提高信息素养，掌握信息检索技能，提高自主学习及创新能力的重要基础课程。如何快捷、准确、及时、有效、经济地获取与自身需求相关的和有用的信息，是知识经济和网络时代对信息检索提出的新要求，也是当代大学生必须具备的基本技能，同时也是高校人才培养定位的需要。应用技术型人才培养是社会经济发展的客观要求，同时更是高校、特别是地方高校寻求自身发展的理性选择，也是高等教育发展的必然趋势。应用技术型人才更强调综合应用性知识、复合能力，包括应用技能、创新能力、实践能力、应用领域的革新能力等。信息检索能力是应用技术型人才必备技能之一。

现有文献检索课程教材多偏重理论，实践性教学内容相对缺乏，且随着近年数字资源的快速发展，新型数据库的教学内容涉及不多。编者在汲取各类文献检索课教材精华的基础上，结合多年检索课程教学实践经验，编写了《信息检索与利用》教材。

本教材共分十章，包括信息素质教育、信息概述、信息检索概述、工具书检索、数据库检索、搜索引擎、图书馆文献检索、主要中外文数据库、网络开放资源获取、信息检索技巧。本教材内容新颖，实践性强。

在本教材的编写过程中，参考了大量国内外相关文献，在此向文献作者表示感谢；同时得到了学校领导及同行专家的大力支持与指导，在此表示真诚谢意。

由于信息科学技术的迅猛发展和编者的水平有限，书中难免有疏漏和不足之处，敬请读者批评指正。

编 者
2015年8月

目　　录

第 1 章　信息素质教育 …………………………………………………………… 1

1.1　信息素质教育 …………………………………………………………… 1
1.1.1　信息素质的定义 …………………………………………………… 1
1.1.2　信息素质的构成 …………………………………………………… 1
1.1.3　信息素质教育的意义 ……………………………………………… 2

1.2　信息检索教育 …………………………………………………………… 3
1.2.1　信息检索教育的定义 ……………………………………………… 3
1.2.2　信息检索教育的目标 ……………………………………………… 4
1.2.3　我国高校信息检索教育的发展历程 ……………………………… 4
1.2.4　信息检索教育现状 ………………………………………………… 5
1.2.5　信息素质教育的改革方向 ………………………………………… 6

第 2 章　信息概述 ………………………………………………………………… 7

2.1　信息的概念 ……………………………………………………………… 7
2.2　与信息相关的概念 ……………………………………………………… 9
2.2.1　知识的概念与待征 ………………………………………………… 9
2.2.2　情报的概念与特征 ………………………………………………… 10
2.2.3　文献的概念与特征 ………………………………………………… 11
2.3　信息、知识、情报与文献的关系 ……………………………………… 15
2.4　信息的类型及特征 ……………………………………………………… 16

第 3 章　信息检索概述 …………………………………………………………… 21

3.1　信息检索的概念及原理 ………………………………………………… 21
3.1.1　信息检索的概念 …………………………………………………… 21
3.1.2　信息检索的原理 …………………………………………………… 21
3.1.3　信息检索的类型 …………………………………………………… 22

目 录

  3.1.4　信息检索的历史 …………………………………… 24
  3.1.5　文献信息的揭示与组织方式 ………………………… 28
 3.2　信息检索语言 ……………………………………………… 29
  3.2.1　检索语言及其作用 …………………………………… 29
  3.2.2　信息检索语言分类 …………………………………… 29
 3.3　信息检索方法、途径与步骤 ……………………………… 32
  3.3.1　常用的信息检索方法 ………………………………… 32
  3.3.2　信息检索途径 ………………………………………… 34
  3.3.3　信息检索策略 ………………………………………… 36
  3.3.4　信息检索步骤 ………………………………………… 38

第4章　工具书检索 …………………………………………… 41

 4.1　工具书的概念和特点 ……………………………………… 41
  4.1.1　工具书的概念 ………………………………………… 41
  4.1.2　工具书的特点 ………………………………………… 41
 4.2　工具书的种类 ……………………………………………… 42
  4.2.1　书　　目 ……………………………………………… 42
  4.2.2　索　　引 ……………………………………………… 44
  4.2.3　字典、词典 …………………………………………… 46
  4.2.4　百科全书 ……………………………………………… 47
  4.2.5　年　　鉴 ……………………………………………… 49
  4.2.6　手　　册 ……………………………………………… 51
  4.2.7　类　　书 ……………………………………………… 51
  4.2.8　政　　书 ……………………………………………… 53
  4.2.9　图　　录 ……………………………………………… 54
  4.2.10　表　　谱 …………………………………………… 54
  4.2.11　名　　录 …………………………………………… 55
 4.3　网络工具书 ………………………………………………… 56
  4.3.1　网络工具书特点 ……………………………………… 56
  4.3.2　网络工具书举要 ……………………………………… 57

第5章　数据库检索 …………………………………………… 65

 5.1　数据库定义和类型 ………………………………………… 65
  5.1.1　数据库的定义 ………………………………………… 65
  5.1.2　数据库的结构 ………………………………………… 65
  5.1.3　数据库的类型 ………………………………………… 66

    5.1.4 数据库的检索流程 ········· 69
  5.2 数据库的检索点和检索词 ········· 69
    5.2.1 检索点 ········· 69
    5.2.2 检索词 ········· 70
  5.3 数据库检索技术 ········· 70
    5.3.1 布尔逻辑检索 ········· 70
    5.3.2 位置检索 ········· 71
    5.3.3 截词检索 ········· 72
    5.3.4 指定字段检索 ········· 73
    5.3.5 二次检索 ········· 73
    5.3.6 多媒体检索 ········· 73
    5.3.7 超文本检索 ········· 74

第6章 搜索引擎 ········· 75

  6.1 搜索引擎概述 ········· 75
    6.1.1 搜索引擎的含义 ········· 75
    6.1.2 搜索引擎的起源与发展 ········· 75
    6.1.3 搜索引擎的类型 ········· 76
  6.2 搜索引擎的基本原理 ········· 78
    6.2.1 搜索引擎的结构 ········· 78
    6.2.2 搜索引擎的工作原理 ········· 79
    6.2.3 搜索引擎的工作流程 ········· 79
  6.3 常用搜索引擎 ········· 80
    6.3.1 Google ········· 80
    6.3.2 百 度 ········· 82
    6.3.3 专题性搜索引擎 ········· 87
  6.4 如何使用搜索引擎 ········· 90

第7章 图书馆文献检索 ········· 92

  7.1 图书馆的类型 ········· 92
    7.1.1 公共图书馆 ········· 92
    7.1.2 高等学校图书馆 ········· 94
    7.1.3 科学和专业化图书馆 ········· 95
  7.2 图书馆分类及排序方法 ········· 96
    7.2.1 国内常用图书分类法简介 ········· 96
    7.2.2 文献排架方法 ········· 100

目 录

  7.2.3 图书检索方法 …………………………………… 102
 7.3 图书馆服务 ………………………………………………… 103
  7.3.1 文献流通服务 …………………………………… 103
  7.3.2 参考咨询服务 …………………………………… 104
  7.3.3 情报信息服务 …………………………………… 112
  7.3.4 宣传报道与导读服务 …………………………… 113
  7.3.5 现代化技术服务 ………………………………… 113
  7.3.6 数字图书馆 ……………………………………… 114
  7.3.7 移动图书馆 ……………………………………… 114

第8章 主要中外文数据库 ……………………………………… 117

 8.1 常用中文数据库 …………………………………………… 117
  8.1.1 CNKI 数据库 …………………………………… 117
  8.1.2 万方数据知识服务平台 ………………………… 138
  8.1.3 维普期刊资源整合服务系统 …………………… 141
  8.1.4 读秀中文学术搜索 ……………………………… 145
  8.1.5 爱迪科森网上报告厅 …………………………… 148
  8.1.6 新东方多媒体学习库 …………………………… 149
  8.1.7 森图就业、创业数字图书馆 …………………… 152
  8.1.8 iLearning 外语自主学习资源库 ……………… 156
  8.1.9 VERS 维普考试资源系统 ……………………… 157
  8.1.10 人大复印报刊资料全文数据库 ……………… 159
  8.1.11 中国科学引文数据库(CSCD) ……………… 163
 8.2 常用外文数据库 …………………………………………… 164
  8.2.1 EI Compendex Web《工程索引》 …………… 164
  8.2.2 ScienceDirect 全文数据库 …………………… 170
  8.2.3 Springerlink 数据库 …………………………… 173
  8.2.4 EBSCOhost 英文电子期刊全文数据库 ……… 175
  8.2.5 ISI Web of Knowledge 平台数据库 …………… 177
 8.3 数字图书馆 ………………………………………………… 180
  8.3.1 超星数字图书馆 ………………………………… 180
  8.3.2 书生之家数字图书馆 …………………………… 183
  8.3.3 方正 Apabi 电子图书 …………………………… 184
  8.3.4 百 链 …………………………………………… 184

第9章　网络开放资源获取 187

9.1　网络开放资源的分布与获取 187
9.1.1　开放存取概述 187
9.1.2　网络开放资源的获取策略 190

9.2　国内开放存取资源 191
9.2.1　开放的图书资源 191
9.2.2　开放的期刊资源 192
9.2.3　开放的教育资源 195
9.2.4　开放的其他类资源 196

9.3　国外开放存取资源 202

第10章　信息检索技巧 221

10.1　信息检索技巧 221
10.1.1　制定信息检索策略的技巧 221
10.1.2　提高查全率与查准率的方法 227
10.1.3　提高检索速度的措施 230

10.2　检索实例及效果评价 231
10.2.1　检索实例 231
10.2.2　检索效果的评价 242

10.3　学术论文创作 242
10.3.1　学术论文选题原则 242
10.3.2　学术论文类型及特点 244
10.3.3　文献综述与开题报告 246
10.3.4　学术论文编写格式 249
10.3.5　参考文献著录规范 254

参考文献 257

第 1 章 信息素质教育

1.1 信息素质教育

21世纪,我们已迈入了飞速发展的信息时代,信息越来越广泛地渗透到社会生活的方方面面,人们更习惯用信息的眼光来观察问题、分析问题和解决问题,信息在社会中的作用显得越来越重要。当今,信息、材料和能源成为人类生存和社会发展的三大基本资源。比尔·盖茨在美国第88届图书馆学年会上说:"有效的信息是竞争取胜的关键因素。"我们每天都在自觉不自觉地接收、传递、存储和利用着各种信息,信息的检索与利用能力就显得尤为重要。

为了提高大学生的全面素质以适应信息时代对人才的的需要,许多国家将信息素养教育作为培养人才的重要内容。而信息检索课则是实施信息素质教育的必修课程,其目的是培养学生的信息意识、信息获取与利用能力,从而提高学生的自主学习能力和创新能力。

1.1.1 信息素质的定义

"信息素质"是从图书馆检索技能发展和演变而来的,最早是由美国信息产业协会主席 Paul Zurkowski 于1974年提出的,当时定义为"利用大量的信息工具即原始信息源使问题得到解答的技术与技能"。随着计算机技术、网络技术和通信技术的快速发展,21世纪进入了信息社会,数字成为信息的表现形式,网络成为信息的传播手段,知识的掌握源于信息的积累,缺乏信息的相关知识和利用信息的能力就相当于信息社会的"文盲",就将被信息社会所淘汰。

信息素质就是人们获取、评价和使用知识信息资源的能力,是人们迈入信息时代,在生理素质、心理素质和社会文化素质等基本品质的基础上,发展并优化出来的一种新的品质,是信息时代对人类的一种更高的要求,是现代人才在信息环境下获取、加工和利用知识信息的必需的技能。

1.1.2 信息素质的构成

信息素质是信息社会人们必须具备的基本素质,其构成包括信息意识、信息能力和信息道德 3 个方面。

1. 信息意识

信息意识是指人们对信息的敏感程度，面对信息时自觉的心理反应，包括对于信息科学正确地认识及对自身信息需求的理解。有无信息意识，决定着人们认识信息、判断信息的自学程度。由于个人的信息意识不同，当面对同样的信息时，反应也就不尽相同。信息意识的强弱，对能否捕捉、挖掘有价值的信息和信息获取能力的提高有着重要作用。

2. 信息能力

信息能力是信息素质的核心内容，包括信息检索与获取的能力；信息分析、鉴别与评价的能力；信息的利用与创新能力。人们只有在掌握了一定的信息检索技能的前提下，学会鉴别、评价、加工与利用信息，才能有效地开展各种信息活动。

3. 信息道德

信息道德是指在信息的获取、传播与利用过程中所应遵循的道德意识、道德规范和道德行为的总和。主要包括：信息交流与传递目标的协调一致；承担相应的责任与义务；在信息活动中坚持公正、公平原则；尊重他人知识产权；不非法摄取他人的秘密，不制造和传播虚假信息；正确处理信息创造、信息传播与信息利用的关系；恰当使用与合法发展信息技术，遵守相关法律规定。

1.1.3 信息素质教育的意义

1. 时代发展的现实需要

在信息化社会，信息已成为这个社会赖以生存和发展的重要资源，成为促进社会发展、经济、技术革新的主要因素。信息的迅猛增长，使人们在生活、工作和开展科学研究时，都面临着信息选择的现实问题。人们通过各种渠道传递、利用、交流着信息，但这些信息都是未经筛选和处理的，这就给人们评价、理解和利用信息带来了难题。因此，确准、快速、经济地获取信息，并有效地分析、评价与利用信息的能力，就成了信息时代人们生存、立足、发展的必备技能。

2. 高等教育人才培养的需要

党的十八大和十八届三中全会关于全面深化教育领域综合改革，以及教育规划纲要关于优化高等教育结构，健全教育管理体制，开展高等教育结构调整综合改革试点工作，其主要目标是培养经济社会发展需要的应用技术型高级专业人才。这将为地方性普通本科院校如何通过转型发展来提高综合办学能力和社会服务能力，在发展方向和发展方式等方面提出了新的目标和要求。

转型发展是社会对地方本科院校人才培养提出的新的客观要求。随着信息化和工业化的深度融合，新兴产业、新技术、新工艺的不断产生和发展，需要具有现代科学技术和专业技能的创新型、应用技术类人才为社会提供人才支撑和服务。而且社会经济的转型升级将直接引导着高等教育的改革发展和高校的人才培养类型。

高等学校服务社会和促进社会经济发展主要是人才培养来实现的。社会对人才的需求，解决了人才培养的定位。"个性培养、创新教育"是教学改革的基本思路，培养学生的学习能力、创新思维、应用能力等综合能力，满足学生个性化发展，探索"差异化"的人才培养模式，是改革的重点内容。

信息检索教育完全符合高等学校教学改革的需要。信息检索能力的培养是提高学生的学习能力、创新思维及应用能力的必要条件。

3. 终身学习的需要

在信息时代，知识和信息的产出急剧增长，信息瞬间发生，但传递周期很短，大学生所学基础知识很快就会过时。因此，大学生在校期间，除了强化自己的课堂知识外，还应不断地去开阔视野，拓宽自己的知识面，吸收和发掘大量的课外信息，灵活地掌握和运用现代化的知识信息，有较强的实践操作能力，才能在激烈的竞争中立于不败之地。正因为如此，我国的高等教育将信息素质教育作为重要组成部分，要求变"授人以鱼"为"授人以渔"，使大学生在思想上变"学会知识"为"会学知识"，提高大学生的综合素质、信息分析和信息判断能力，使其不断接受的新理论伴随终生，并走向成功。

4. 培养大学生创新能力的需要

要培养大学生的创新意识，必须将信息素质教育作为高等教育的重要组成部分，改变传统的教育模式，教会学生如何获取知识信息。在当今科学迅猛发展的信息社会，要有所发明和有所发现，除了必备的基本专业知识和技能，还必须具备较强的信息分析、加工、开发能力及接收相关学科的信息创新能力；必须了解当前的知识，才能在创新中有所鉴别、有所参与，少走弯路。拥有良好的信息素养才能成为具有创新能力的高素质人才。

1.2　信息检索教育

1.2.1　信息检索教育的定义

信息检索教育就是让信息用户了解信息的基本知识、信息服务的内容和信息的组织方法，掌握信息检索的基本知识和技能、数据库检索方法、互联网信息的检索与利用方法、信息的收集整理和研究方法等，以培养用户信息意识和获取利用文献信息源的能力。

1.2.2 信息检索教育的目标

信息检索教育的目标就是培养信息用户的信息素质,它应包括两方面的含义,一是培养用户信息意识,主要表现为人们对信息重要性认识的自觉程度,捕捉信息的敏感程度,并能从信息的角度出发来感受、理解和评论自然界和社会中的各种现象等。二是培养用户获取利用信息的能力,即在信息需求的基础上构建问题并成功地构建检索策略;识别潜在的信息源并检索信息源;能对所获信息进行组织、评价、整合,运用批判性思维有选择地利用信息解决问题,进而在相关研究中取得突破和创新。进行信息检索教育是信息时代培养用户,特别是在校大学生信息素质的要求,因为信息素质决定了一个人对信息的认知能力、获取利用能力和创新能力。2003年9月,布拉格国际信息素质专题会议(UNESCO)明确指出:信息素质是终身学习的一种基本人权,是个人投身信息社会的一个先决条件,是促进人类发展的全球性政策。

1.2.3 我国高校信息检索教育的发展历程

我国高校信息素质教育起步于高校图书馆开展的用户教育,以及后来在用户教育基础上逐步发展起来的文献信息检索教育。目前,信息检索教育是构成我国高校信息素质教育活动的主体。

1981年10月,国家教委颁发的《中华人民共和国高等学校图书馆工作条例》为在我国高等院校中顺利开展图书馆用户教育奠定了基础。《条例》首次把文献检索与利用的教育任务赋予高校图书馆。

1984年2月,国家教委颁发(84)教高一字004号文件"印发《关于在高等学校开设〈文献检索与利用〉课的意见》的通知",要求"凡是有条件的学校可作为必修课,不具备条件的学校可作为选修课或先开设专题讲座,然后逐步发展、完善"。同时,对课程内容、目的要求、教学方式方法、教学时数、教师队伍、教材建设等问题也做出相关规定,并强调"由于教学中必须使用各种文献检索工具,一般应当以图书馆作为教学基地和协调中心"。这一文件的颁布奠定了"文献检索与利用课"作为中国高校大学生用户教育主要形式的地位,使中国高校用户教育走向正规化。在短短一年多时间内,"文检课"作为一门课程在全国高校范围内得到快速发展。

1985年9月,国家教委印发(85)教高一司字065号文件"印发《关于改进和发展文检课教学的几点意见》的通知",对我国高校"文检课"的教学目的、教材建设、课程安排、分层次连续教育、师资力量以及教学评价等方面提出了要求及改进意见。

1992年5月,国家教委高教司[1992]44号文件"关于印发《文献检索课教学基本要求》的通知",详细地阐述了检索课的本质、意义与要求,很好地提升了文献检索课的开设范围和更广泛地提升了选择文献检索课的学生数量,使文献检索课得到重视,教学质量得到提升。近年来,随着文献检索方面的教学教材和著述不断出版和发表,文献检索教学逐步走上了快车道和规范化。

1993年7月,国家教委教高司[1993]108号文件印发"关于成立文献检索课教学指导小组的通知","为进一步开好这门课程,不断提高教学质量,我委决定成立文献检索教学指导小组,负责文献检索课的教学指导、教学大纲及教材的组织编写和审订工作"。组成了由南京医学院图书馆原馆长吴观国研究馆员等任顾问,吉林农业大学图书馆江武研究馆员等任委员的文献检索课教学指导小组。

1998年教育部颁布了《普通高等学校本科专业目录和专业介绍》,对218种专业做出了"掌握文献检索、资料查询的基本方法"或"掌握资料查询、文献检索及运用现代信息技术获取相关信息的基本方法"的业务要求,更进一步地促进文献检索理论及实践知识的普及化和深化,促进多种信息检索手段的出现,开创了文献检索到信息检索的新局面。

1.2.4 信息检索教育现状

文献检索课自20世纪80年代初教育部明文开设以来,已经走过二十几年的历程。从纸质检索工具的介绍到数据库讲解,从粉笔黑板的传统教学到课件多媒体乃至网上直播授课,从内容到形式这门课都在与时俱进,发生了根本性的变化。简单说从印刷型的文献检索,到计算机的信息检索,这一发展历程吸纳了同时代与之相关的教育学、图书馆学、情报学方面的研究成果。教学内容、教学方法、教学手段、理论与实践课的比例等一直在不断地探索和改革。并越来越受到学校重视,受到学生的欢迎。有的学校已由选修课改成了必修课,使更多的学生能够有机会系统地接受信息素质教育。但纵观各高校信息检索课的现状,普遍存在以下现象:

(1)受重视程度不高,多是选修课

由于不是专业课,受重视程度不高,多数学校以选修课的形式开课,且普遍存在着选课人数不多,学时安排较少的现象,直接影响了教学质量的提高。

(2)受到教学资源的限制

文献检索课教学的发展往往受到学校规模、图书馆自身条件的限制。由于学校资金投入不足,导致图书馆数据库引进品种有限,使得文献检索教学资源备受限制,比如,外文数据库费用昂贵,经费不足的图书馆以及规模有限的图书馆就难以引进。所以当文献检索课教学进度涉及常用外文数据库时,多数学校只能采用多媒体进行讲解,学生不能进行实际操作。

(3)教学方法相对落后

目前,文献检索课教学方法多采用传统的讲授法、演示法,课堂教学缺少灵活性、缺乏与学生互动交流,学生听课与参与热情不高。应适当引入讨论法、实验法、发现法、探究法等教学方法,以提高教育质量。

(4)教师综合素质不高

从事文献检索课教学的教师绝大多数都是图书馆的老师,通常是承担本职工作的同时兼职上课,从事教学研究的时间有限,而且这些教师多是非师范类院校毕业,没有经过系统的教学方面的训练,因此在教学方法运用、教材内容理解、教学艺术把握等方面普遍有所欠缺,而提高教师自身的业务素质和教学水平是文献检索课提升其课程魅力的重要环节。

1.2.5 信息素质教育的改革方向

作为大学生信息素质教育的主干课程,文献检索课既是引导学生从信息资源中获取知识和信息的一门科学方法课,也是一门提高学生自学能力和创新能力的工具课,还是增强学生信息意识和信息文化素养的素质培养课。随着信息社会发展的步伐和高等教育改革的趋势,文献检索课建设应重新审视所面临的环境,沉着应对新的机遇与挑战。

为了适应时代的要求,文献检索课必须在教学观念、教学体制、教学手段等方面实行全方位的改革,不断优化与整合,构建适应新形势下人才培养模式的全新体系,以期在素质教育中发挥更大的作用。需要进一步明确教育目标,优化教学体系,根据学生年级、专业以及需求的不同,课程体系也应循序渐进地设计多阶段、分层次、立体式的教学体系。同时丰富教学资源,研究并应用适合现阶段课堂教育的教学方法,并选用合适的教材,提高教师队伍的教学水平,以促进文献检索的健康发展。

思考题:

1. 什么是信息素质?
2. 实施信息素质教育有什么意义?为什么要开设信息检索课?

第 2 章

信息概述

2.1 信息的概念

自1948年美国数学家、信息论的创始人克劳德·艾尔伍德·香农首次提出信息明确定义以来,科学界一直对信息的本质进行积极的探讨,许多研究者从各自的研究领域出发,对信息的概念给出了不同的定义。随着科学技术的不断发展,人类对信息的需求越来越广泛,对信息概念的认识也越来越深入,它们都从不同的角度反映了信息的基本特征。但由于信息现象自身的普遍性、多样性以及信息所存在的领域不同,目前信息尚没有一种统一的定义为社会各界所一致接受,这就形成了信息概念的"诸家之说"现象。

美国数学家、控制论的创始人诺伯特·维纳对信息的含义做出阐述,他在《控制论》一书中指出:"信息是人类适应外部世界并使这种适应反作用于外部世界的过程中,同外部世界进行互相交换的内容的名称"。他的信息概念是从信息在发送、传输和接收过程中,客体和接收认识主体之间的相互作用来定义的。

国内知名学者钟义信认为信息不同于消息,消息只是信息的外壳,信息则是消息的内核;信息不同于信号,信号是信息的载体,信息则是信号所载荷的内容;信息不同于数据,数据是记录信息的一种形式,同样的信息也可以用文字或图像来表述;信息也不同于情报和知识。

哲学界对信息的概念也没有统一的界定,不同的论著叙述的文字存在差异,但基本内容一致,从各种表述的含义分析,得出以下几点结论:

1. 所有的信息都是以事物自身发展变化过程中的性质以及和其他事物的性质的差异为基础的,没有事物的发展变化或事物之间的性质差别就没有信息。

2. 事物或物质的存在方式和运动状态是信息赖以存在的基础。如果没有它们就无信息可言。

3. 信息不是物质存在方式和运动状态本身,而是物质存在方式和运动状态属性的自身显示,以及对这些属性的表征。

第 2 章　信息概述

4. 物质世界具有自身显示信息的功能,人类具有表征物质世界信息的功能。

5. 信息的传播和储存借助一定的物质作载体。信息是连接主观世界和客观世界的桥梁和纽带。

上述基本概念及结论的阐述较为抽象,难于理解。哲学上又把信息划分为三种形态,帮助对信息概念的认识及对各层次信息关系的把握。哲学上是这样划分信息形态的:把物质世界自我显示的信息称之为"自在信息";把人类对物质世界自我显示的信息进行表征的结果称之为"自为信息";把人类在不断地认识自然、改造自然过程中通过思维对"自为信息"进行加工创造后得出的信息称之为"再生信息"。

这种信息形态的划分既说明了信息在自然界、社会和思想领域的普遍存在,也为各层次信息概念间关系的揭示奠定了基础。

所谓"自在信息"是指物质信息还处在未被发现、未被认识的那种初始状态。这种状态的信息在物质世界中普遍存在,它和宇宙一起诞生,并随物质世界的运动和发展而不断派生出来,小到微生物大到太阳系,在未被人类认识前就已存在。至今,人类仍处于探索、认识阶段。世界上一切事物都不是孤立静止地存在,而是处在相互联系,相互作用之中。正是在物质的相互作用之中产生了信息,这种各层次的物质运动和相互作用以及各层次间的相互作用产生了无限丰富的"自在信息"。"自为信息"是对"自在信息"的主观直接显现、把握或认识,"自为信息"只能在具有感知能力的信息控制系统中发生,产生"自为信息"的活动主要是人类的感知、记忆和表象等心理活动。"再生信息"是指人类通过思维活动对"自为信息"进行的一种改造过程中创造的新形态的信息。人对自然,不仅在于认识它、表征它,更重要的是改造它,这种改造在主观能动方面便是"再生信息"的创造,产生"再生信息"的活动主要是人类的思维活动。例如,光是一种电磁波,是自然界中客观存在的物质,是"自在信息";光引起人的色知觉,是"自为信息"对"自在信息"的主观感知显现。人类在认知光与色彩的科学探索中,导致光学和色彩学的诞生,是对"自为信息"进行创造的"再生信息"。人们眼中的"青山绿水"就是由于阳光照入水中,大部分青绿色光折射在水中,所以看上去水是青绿色的,称之为绿水;而在群山绵延的自然景观中,近山是绿色,中景山是青蓝色,远景山是蓝紫色,因而形容为青山。表现在绘画中就产生了"色彩的透视",即:近暖、远冷、近实、远虚、近纯、远灰等。物体表面因吸收和反射光线所呈现的绚丽色彩变化,是美术创作取之不尽、用之不竭的源泉。

在物质世界的运动和相互作用中永恒地存在和产生着无穷无尽的"自在信息"。这对具有感知和思维能力的人来说就有了用之不竭的信息本源。人类通过认识自然和改造自然的实践,不断深化对自然界存在的"自在信息"的认识。在感知、思维、加工"自在信息"的过程中,源源不断地产生着"自为信息"和"再生信息"。为了便于加工、储存、传递、变换各种信息,人类创造了各种语言、文字、符号、数字、信号、图像等载体,它们成为"自为信息"和"再生信息"的一种外在标志,也成为某些学科信息概念的核心。所以在各学科中信息概念有差异,但并不存在谁正确与否的问题,众说纷纭的定义只不过是对该学科信息表现形式的揭示。

不同的学科领域,由于研究和操作的需要而提出适合本领域的信息定义。在通信领域中,美国贝尔电话研究所的数学家香农(C. E. Shannon)于1948年创立了信息论,他认为:"信息是不确定量的减少","信息是用来消除随机不确定性的东西"。

控制论创立者维纳(N. Wiener)从控制论的角度提出了信息的概念,他认为:"信息就是我们在适应外部世界和控制外部世界中,同外部世界进行交换的内容的名称。"

在传播、教育等领域中,对信息概念的解释大多数还是引用香农和维纳的定义,同时结合各领域本学科的特点进行了相应的补充。如大众传播学家施拉姆(W. L. Schramm)认为信息就是"传播材料"或"传播内容";我国的传播学家和新闻工作者一般认为信息是指传播的内容,其范围包括消息、意见、观念、知识、资料、数据等;教育界认为"教育信息是指教学过程中师生双方相互交流内容中介的总称"。

数学家认为信息不过是概率论的发展;物理学家认为信息是熵的理论;图书情报学家则认为信息是生物及控制系统机器与外界交换的一切内容;心理学家认为,信息不是知识,信息是存在于人们意识之外的东西,它是存在于自然界、印刷界、硬盘以及空气中;计算机专家认为,信息是数据处理的最终产品,是经过收集、记录、处理、以能检索的形式存储的事实或数据。

信息的定义之所以呈现多样化,形成"诸家之说",主要是由信息本身的普遍性、多样性决定的,它是一个多元化、多层次、多功能的综合物。信息科学是一门正在形成并迅速发展的新兴学科,它的许多分支学科仍在随着社会、经济和科学技术的发展而发展,人们对其研究内容的范围尚无统一的认识,人们出于不同的研究和使用目的,从不同的角度或层次出发,对信息概念就会做出不同的定义。

2.2 与信息相关的概念

2.2.1 知识的概念与特征

一、知识的概念

知识是人类在改造客观世界的实践过程中的科学总结,是人们对客观事物的理性认识。

人们在实践活动中获得的大量信息,是人脑对客观事物所产生的信息加工物,信息被人脑感受,经理性加工后,成为系统化的信息,这种信息就是知识。

对"知识"概念通常还有两种理解,即广义知识和狭义知识。广义知识是指人们通过学习、积累、发现、发明各种知识的总和,包括普通知识和专业知识。狭义知识是指知识经济研究的知识,通常指专业知识。

第 2 章　信息概述

知识按获得方式可分为直接知识和间接知识两类;按内容可分为自然科学知识、社会科学知识和思维科学知识 3 类。哲学知识则是关于自然、社会和思维知识的概括和总结。知识的总体在社会实践中不断积累和发展。

随着社会的进步,越来越显示出知识和智力因素对社会生产力发展的巨大推动作用。知识就是力量,知识就是财富,知识就是国家繁荣昌盛的源泉。

二、知识的特征

知识具备以下 4 个特征,首先知识不是单一的,它通常与价值观和信念融为一体,所以知识具有一定的主观性;其次知识比信息更具有价值,因为它比信息更接近于行动;再次知识从经验中而来,通过经验规则起作用;另外知识含有判断的成分,可以根据已知情况判断新的情况,还能够根据新信息,判断和提炼知识本身,所以知识具有一定的预测性。

2.2.2　情报的概念与特征

一、情报的概念

情报与信息在英语词汇中是同一词,即"information"。关于情报的定义,至今尚无统一的定论。情报究竟是什么,至今国内外尚未有一个公认的定义,不同的情报观对情报有不同的定义,归纳起来主要有以下 3 种。

军事情报观对情报的解释。如"军中集种种报告,并预见之机兆,定敌情如何,而报于上官者"(1915 年版《辞源》);"战时关于敌情之报告,曰情报"(1939 年版《辞海》);"获得的他方有关情况以及对其分析研究的成果"(1989 年版《辞海》);情报是"以侦察的手段或其他方式获取有关对方的机密情况"(光明日报出版社出版的现代汉语《辞海》);《现代汉语词典》中解释,情报是"关于某种情况的消息和报告,多带机密性质",如"情报员、军事情报、科学技术情报等"。

信息情报观对情报的解释。如情报是"被人们所利用的信息","被人们感受并可交流的信息","指含有最新知识的信息","某一特定对象所需要的信息"等。

知识情报观对情报的解释。如《牛津英语词典》把情报定义为"有教益的知识的传达""被传递的有关情报特殊事实、问题或事情的知识";英国的情报学家 B.C. 布鲁克斯认为"情报是使人原有的知识结构发生变化的那一小部分知识";苏联情报学家 A. H. 米哈依洛夫所采用的情报定义是"情报——作为存储、传递和转换的对象的知识";日本《情报组织概论》一书的定义为"情报是人与人之间传播着的一切符号系列化的知识";我国情报学界也提出了类似的定义,有代表性的是"情报是运动着的知识,这种知识是使用者在得到知识之前是不知道的"情报是传播中的知识""情报就是作为人们传递交流对象的知识"。

目前,对情报通常的解释是:情报是为了解决某个具体问题所需的新知识,是被人感受并可交流与利用的信息,是有特定传递对象的特定的知识或有价值的信息。

二、情报的特征

1. 知识性

情报的本质就是知识,是一种新的知识。科学技术的发展意味着新的知识的产生和陈旧知识的更替,如创造发明、科研成果、新技术、新工艺、新设计、新产品、新理论、新事实、新决策等,都是新知识。没有知识内容或知识不新,都不能称为情报。

2. 传递性

情报必须进行传递交流,虽然情报的本质是知识,但知识不传递仍然不能称之为情报,有情不报,何以成为情报?情报的传递属性,包含两个方面的内容:一方面是它必须通过一定的物质形式进行传递;另一方面获得的情报必须经过传递,如口传、手传、邮传、电话和电报传递、网络传递等,都是情报传递交流的不同手段。

3. 新颖性

情报必须是事物发展的最新知识报道,并带有真实性和机密性的特征。过时的、虚假的、没有经过加工提炼的知识,不能算是情报。

4. 价值性

情报是一种有价值、有效用的知识,能使人们启迪思路、开阔眼界、提高识别客观事物的能力。它具有很强的价值性特点,没有价值的信息和知识,也不能称为情报。同时,它又是一种相对的概念,一种信息或知识,对需要的人来说是情报;对不需要的人来说不是情报。

2.2.3 文献的概念与特征

一、文献的概念

"文献"一词由来已久,现多以《论语·八佾》中的记叙为最早出处。孔子曰:"夏礼吾能言之,杞不足征也;殷礼吾能言之,宋不足征也。文献不足故也。足,则吾能征之矣。"

孔老夫子虽用了"文献"一词,但没有进行解释,后世学者根据孔子的文义作了许多注解,但也没有较准确地解释原意。随着时代的发展,"文献"一词用得相当广泛,常与图书、情报、档案、资料等术语混淆不清,有关对"古代文献"与"现代文献"概念的解释、定义也是众说纷纭。

近现代的一些工具书又将其解释为"具有历史价值的图书文物资料"和"与某一学科有关的重要图书资料"。例如:《辞源》解释"文献:……后指有历史价值的图书文物";《辞海》解释"文献:……今专指有历史价值的图书文物资料";《现代汉语词典》解释文献是"有历史价值或参考价值的图书资料"。

国际标准化组织《文献情报术语国际标准》(ISO/DIS217)对文献的解释是:"在存储、检索、利用或传递记录文献过程中,可作为一个单元处理的,在载体内、载体上或依附载体而存储有文献或数据的载体。"

第 2 章　信息概述

1983年我国颁布的国家标准《文献著录总则》将文献定义为记录有知识的一切载体。

严怡民在《情报学概论》一书中认为："文献乃是用文字、图形、符号、声频、视频等技术手段记录人类知识的一种载体。"周文骏在《文献交流引论》一书中认为："文献是指以文字、图像、符号、声频、视频等为主要记录手段的一种知识载体。"黄宗忠在《文献信息学》一书中谈道："文献今天专指以文字、图像、符号、声频、视频等为主要记录手段的一切信息和知识载体。"

二、文献的特征

文献的特征实际上就是由文献表现出来的各种特征的信息。文献特征信息可分为文献外表特征信息，如题名、责任者、出版发行项、国际标准书号或刊号等，和文献内容特征的信息，如分类号、主题词、关键词等两类。

1. 文献的外部特征

（1）题名

文献题名是指文献的名称，如图书名、期刊名、报纸名称、光盘名称、磁带名称等。题名往往最能反映一本书的内容实质和科学属性，它是认识一本书的起点，人们常按照题名到图书馆检索文献。

（2）责任者

文献责任者是指对文献内容负有责任的个人或机关团体，也就是我们经常所说的著者、编者、译者等。责任者也是人们检索文献经常使用的一条途径。

（3）出版发行项

出版发行项包括出版地、出版者、出版日期及印刷地、印刷者、印刷日期。人们检索文献时可利用这些事项来进行限制。

（4）国际标准书号或刊号

国际标准书号（International Standard Book Number, ISBN），是国际通用的图书或独立的出版物代码。出版社可以通过国际标准书号清晰地辨认所有非期刊书籍。一个国际标准书号只有一个或一份相应的出版物与之对应。新版本如果在原来旧版的基础上内容没有太大的变动，在出版时也不会使用新的国际标准书号。当平装本改为精装本出版时，原来相应的国际标准书号也应当收回。

① 中国标准书号共分两部分，第一部分为 ISBN，是主体部分；第二部分为《中国图书馆图书分类法》分类号。第一部分和第二部分分两行排列，也可用斜线隔开，排成一行。例如，ISBN 978-7-5609-6341-9/G252.7。

国际标准书号由13位数字组成，前面冠以英文字母"ISBN"。13位数字分为前缀号、组号、出版者号、书序号、校验码5部分，各部分之间用"—"隔开。即 ISBN 前缀号-组号-出版者号-书序号-校验码。

如焦玉英、符绍宏、何绍华编著《信息检索》（武汉大学出版社 2008 年 7 月出版），其书号为：ISBN 978-7-307-06396-9。其中，"ISBN"是国际标准书号，"978"表示前缀号，"7"表示汉语的中国组号，"307"表示"武汉大学出版社"号，"06396"表示书序号，"9"表示校验码。号码验算计算如表2-1所列。

表2-1 国际标准书号号码验算

序号	计算步骤	前缀号			国家代码	出版社号			书序号			
1	取ISBN的前12位数字（校验位是第13位，即最后1位）	9	7	8	7	3	0	7	0	6	3	9	6
2	取各位数字所对应的加权值(1;3)	1	3	1	3	1	3	1	3	1	3	1	3
3	将各位数字与其相应的加权值依次相乘	9	21	8	21	3	0	7	0	6	9	9	18
4	将乘积相加，得出和数	111											
5	用和数除以模数10，得出余数	111÷10=11余1											
6	用模数10减余数，所得差数即为校验码的值	10-1=9											
7	将所得校验码数值放在构成ISBN的基本数字的最右边	ISBN 978-7-307-06396-9											

② 国际标准刊号（International Standard Serial Number, ISSN），是根据国际标准 ISO3297 制定的连续出版物国际标准编码，其目的是使世界上每一种不同题名、不同版本的连续出版物都有一个国际性的唯一代码标识，是为各种内容类型和载体类型的连续出版物（如报纸、期刊、年鉴等）所分配的具有唯一识别性的代码。分配 ISSN 的权威机构是 ISSN 国际中心、国家中心和地区中心。ISSN 国际中心的总部设在法国巴黎。

该编号以 ISSN 为前缀，由 8 位数字组成。8 位数字分为前后两段各 4 位，中间用"-"隔开。格式如下：

$$ISSN\times\times\times\times-\times\times\times\times$$

中国标准刊号，由国际标准刊号和国内统一刊号两部分组成。其一般格式为：

$$\frac{ISSN\times\times\times\times-\times\times\times\times}{CN\times\times-\times\times\times\times/YY}$$

横杠上方为国际标准刊号，下方为国内统一刊号。ISSN 后的 8 位数字分两段组成，前 7 位数字是期刊代号，末位是校验号。CN 是中国国别代码，CN 后面的数字为地区代码，连接号"-"后面是序号，即各省、自治区、直辖市报刊登记顺序的编码；其中 0001～0999 统一作为报纸的序号，1000～4999 统一作为期刊的序号，5000～9999 暂不使用，"/"后为分类号。

国内统一刊号中的地区代码为：

北京 11，天津 12，河北 13，山西 14，内蒙古 15，辽宁 21，吉林 22，黑龙江 23，上海 31，江苏 32，浙江 33，安徽 34，福建 35，江西 36，山东 37，河南 41，湖北 42，湖南 43，广

第2章 信息概述

东44,广西45,四川51,贵州52,云南53,西藏54,陕西61,甘肃62,青海63,宁夏64,新疆65,台湾71。

例如,中国科学院文献情报中心主办的《图书情报工作》的国际国内统一刊号是:

$$\frac{\text{ISSN } 0252-3116}{\text{CN11}-1541/\text{G2}}$$

横杠上方的国际标准刊号 ISSN0252-3116,末位数"6"为校验号。其计算方法是:用"ISSN"后面7位数分别乘以加权因素8、7、6、5、4、3、2,如表2-2所列。

表2-2 国际标准刊号号码验算

序号	计算步骤	书序号						
1	取ISBN的前7位数字(校验位是第8位,即最后1位)	0	2	5	2	3	1	1
2	取各位数字所对应的加权值(8,7,6,5,4,3,2)	8	7	6	5	4	3	2
3	将各位数字与其相应的加权值依次相乘	0	14	30	10	12	3	2
4	将乘积相加,得出和数	0+14+30+10+12+3+2=71						
5	用和数除以模数11,得出余数	71÷11=6余5						
6	用模数11减余数,所得差数即为校验码的值	11-5=6						
7	将所得校验码数值放在构成ISBN的基本数字的最右边	0252-3116						

2. 文献的内部特征

文献的内部特征主要是指文献内容所属学科范围及所包含的主题,都是从文献知识内容的角度揭示和组织文献资料。文献的内部特征常常用分类号、主题词、关键词等来描述。

(1)分类号

分类号是按照一定的分类法则从文献所属的学科知识属性来揭示文献内容特征的,它依据一定的分类工具(分类法),采用字母、数字或字母与数字混合等方法作为类目的标识符号。分类号标识可以向用户展示一个科学分类系统,满足用户从文献的学科属性角度出发,实现族性检索的需要。

(2)主题词

主题词是以文献论述的事物、对象为依据,直接采用表达文献内容的主题名称揭示和组织文献资料。由于主题词作为检索标识,能集中反映一个主题的各方面文献资料,便于读者对某一问题、某一事物和对象作全面系统的专题性研究,因而通过主题目录或索引,即可查到同一主题的各方面文献资料。

(3)关键词

关键词是用于表达文献主题内容的检索标识,一般是直接从题目中抽取的名词,或是从小标题、正文及摘要里抽取的部分词汇,用于检索的标识可以是一个单词,也可以是一个词组。当无法判断所需的信息属于哪一类别,或者所需的信息可能分布在多个目录列表时,可以选择关键词检索。由于关键词检索能直接或间接反映文献的内容或相关内容,因而是网络检索和数据库检索的主要方法之一。

3. 文献的功能

文献蕴涵着人类宝贵的精神财富,并在人类社会发展过程中发挥着巨大的功能作用。文献对社会的功能作用表现在多个方面,概括起来有如下几种:

(1) 信息知识的存储功能

人类社会信息知识存储的载体有 3 类:一是人类的大脑,它是一种自然载体;二是实物载体,即将知识物化在人们所需的实物(如模型、样品和产品等)上;三是文献载体,即记录信息知识的物质材料。

(2) 信息知识的传递功能

文献的传递功能主要表现在两个方面:一是从时间上看,文献是现代人了解过去社会状况的最有效工具,同时又是现代人把现代人类社会状况传递给将来人的最有效工具;二是从空间上看,不同国家、不同地域的人们可以通过文献进行思想和学术交流。特别在现代社会中,文献的传递既不受时间限制,又不受空间控制,既可以将人类知识世世代代纵向传递下去,又可以在广泛的地理范围内横向传递。

(3) 科学认识功能

人类认识客观世界有两种方式:一种是直接认识,即通过眼、耳、鼻、舌、身等感觉器官和仪器、仪表、计算机等辅助工具去获取原始信息,并进行抽象思维,从而直接认识;另一种是通过知识的传授和文献信息的获取而间接认识。对一个人来说直接认识其生命和精力都有限,对一个科学研究者来说间接认识主要是从文献信息中获取的。在人类认识世界和改造世界的过程中,人们必须借鉴他人、继承前人的研究成果,并通过实践和理论思维,才能有所发现、有所创造。

(4) 验证参考功能

文献无论是在认识世界、改造世界、与自然斗争的过程中,还是在科学的决策中,文献都具有重要的验证参考功能作用。

(5) 教育娱乐功能

教育是文献与人的一种交流关系,无论是教育者还是受教育者。无论是学校教育、家庭教育还是社会教育、自我教育,都离不开文献信息。娱乐是文献与人的一种情感关系,能使人精神愉悦,获得美的享受,这就是文献特有的教育娱乐功能作用。

2.3 信息、知识、情报与文献的关系

信息、知识、情报与文献从概念的内涵上看具有本质区别,但从概念的外延上看又有相互的联系。信息广泛存在于自然界和人类社会,可谓无处不在无时不有,具有

天生的自然属性；知识是被人们所认识并被提炼加工了的信息；情报是被激活了的知识，是为特定效用、目的而获取的知识；而文献则是通过符号、文字、音频、视频、代码等手段来存储传递信息、知识和情报的载体。从文献中获取的信息就是文献信息，从非文献的形式获取的信息就是非文献信息，如实物信息（实物、样品、展览等）和口头信息（交流、会议、广播等）。

因此，信息、知识、情报与文献四者在概念上有时可以互相通用，信息是一个基本的概念，可用的并上升到理性认识的信息就是知识；有用的并且有价值的信息就是情报；以文献形式（期刊、图书、论文、专著，纸本、光盘、磁盘、网络等载体或形制）显现出来的信息就是文献信息。它们之间的关系既互相包容，又互相交叉。

如果把文献作为获取知识和情报的信息源，它们的关系则是以文献为轴心的同心圆关系，即在文献中获取相关信息，又在信息中获取相关知识，最后在获取的知识中攫取有用的情报。它们的关系是：信息＞知识＞情报，如图 2-1 所示。

如果把文献作为获取知识和情报的信息渠道之一，那么它们的关系则是相互交叉的关系。因为就某一学科而言，文献中含有该学科一定的信息、知识、情报；而该学科的信息、知识、情报有一部分是从文献中获取的，还有一部分是从其他的途径和渠道获取的。从这个意义上讲，信息、知识、情报与文献的关系就是相互包容的关系，即文献中含有一定的信息、知识和情报，信息、知识和情报中包括有文献。如果是从文献中获得的信息、知识和情报，那就是文献信息、理论知识、文献情报，它们与文献之间的关系如图 2-2 所示。

图 2-1　信息、知识、情报之间的同心圆
　　　　关系示意图

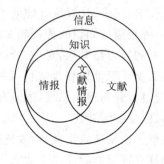

图 2-2　文献与信息、知识、情报之间交叉
　　　　关系示意图

2.4　信息的类型及特征

信息按出版类型划分为：图书、期刊、会议文献、学位论文、科技报告、政府出版物、专利文献、标准文献、科技档案、产品资料；按加工深度划分为：零次文献、一次文献、二次文献、三次文献；按载体形式划分为：印刷型文献、缩微型文献、视听型文献、机读型文献。

一、按信息的出版类型划分

1. 图 书

图书是用文字、图画或其他符号手写或印刷于纸张等载体上并具有相当篇幅的文献,一种传统的、成熟定型的出版物,如专著、丛书、教科书、论文集、工具书等。每种图书都有一个主题,反映的知识内容力求完整、系统和成熟。若要对某学科或某专题获得较全面、系统的知识,选择图书是行之有效的方法。图书的特点是:全面系统,理论性强,技术成熟可靠,但是出版周期长,反映的知识内容相对滞后。

2. 期 刊

期刊也称杂志,是指那些定期或不定期的连续出版物,每期都有固定的名称和版式,有连续的序号,发表多位作者的多篇文章,由专门的编辑机构编辑出版的一种连续出版物。期刊能及时反映学科新观点、新成果和社会新动态,是人们了解学术动态、前沿信息和进展情况的首选文献。期刊的特点是:连续性强,品种繁多,内容丰富,出版周期短,时效性强。但报道文献分散,某一专题或某一学科的学术论文分散刊载在不同的学科期刊上,不便于利用。

3. 会议文献

会议文献是指在学术会议上宣读或书面交流的论文以及讨论记录等。它可以充分反映出某一学科或专业领域的研究水平和最新成果,许多重大发现往往在学术会议上公之于众,所形成的会议文献具有学术性强、内容新颖、科技含量高等特点,通过会议文献人们可以了解国内外相关学科的发展水平、动态和趋势。

4. 学位论文

学位论文是指高等院校的本科生、研究生或各教学、科研单位攻读硕士、博士学位的人员为取得专业资格的学位而撰写的学术性研究论文,包括学士、硕士、博士 3 种。博士、硕士论文的学术价值较高,有的极具创新性和实用价值,是较重要的文献信息源。学位论文一般不公开发行,由授予学位的学校或研究所收藏。一些学校建立了本校学位论文数据库,并提供网上检索服务。

5. 科技报告

科技报告又称研究报告或技术报告,是描述研究进展或成果的一种文体。它所反映的科研和技术革新比期刊快。由于它是科研进展和试验过程的真实记录,往往能反映一个国家在某一学科的科技水平,故能起到直接的借鉴作用。科技报告有保密、解密、公开 3 种类型。科技报告的特点是:时效快,出版迅速,出版日期不定,内容具体、详尽,有成功和失败两方面的记录。

6. 政府出版物

政府出版物是各国政府部门所属各部门发表、出版的文献的总称。分行政性文件和科技文献两种。政府出版物的密级一般为保密、解密、公开 3 类。政府出版物集中反映了各国政府各部门对有关工作的观点、方针、政策,对于了解某一国家的科学技术、科技成果、经济状况及政策,具有一定的参考价值。

7. 专利文献

专利文献是专利制度下的产物,主要指专利说明书,是专利申请人向政府专利局递送的新发明创造的书面文件。发明人因创造发明,研究出某种新技术、创造出某种新的设计等,向政府主管部门提出专利申请,经审批后,就获得了一定年限的专利权。专利文献包含了丰富的技术信息、法律信息和经济信息,所涉及的技术内容广泛,从日常生活用品到高科技领域,以及与之有关的生产制造工艺、设备材料等。专利文献占世界书刊出版物总量的1/4,其内容新颖、实用、可靠,它能反映出各国科学技术已达到的水准,有助于人们预测科技发展的趋势。因此,专利文献是一种可靠的、重要的信息源,具有很强的密级性。

8. 标准文献

标准文献是对工农业产品和工程建设的养量、规格及其检验方法所做的技术规定,是须共同遵守的具有法律约束性的技术文件。

标准文献是指由专门委员会组织制定,经公认权威机构或国家行政主管部门批准的一整套具有法定约束力的规范化文献,具体包括各种级别的标准、部门规范和技术规程等。

9. 科技档案

科技档案是研究部门和生产单位在科学研究、生产实践中所形成的有具体工程对象或科研对象的真实记录材料,有图样、图表、原始记录及其复制本文献。科技档案是生产科研中能借以积累经验,吸取教训和提高养量的重要参考文献。

10. 产品资料

产品资料是对已经投入生产的产品作介绍的资料。产品资料包括产品样本、产品目录、产品说明书、厂商介绍、厂刊、技术座谈资料等。

二、按信息的加工深度划分

1. 零次信息

指记录在非正规物理载体上未经任何加工处理的源信息。如未公开展览发布的美术原作、书信、论文手稿、笔记、会议记录等,口头交流的信息、电子论坛及各种国际组织、政府机构、学术团体、教育机构等单位在网上发布的信息等也属零次信息。这是一种零星的、分散的和无规则的信息,具有原始性、新颖性、分散性等特征。

2. 一次信息

一般指公开展出发布的美术作品、公开出版的图书、期刊论文、学术论文等原始资料。一次信息的文献形式是一次文献,也称第一手资料。它的载体形式有图书、期刊论文、会议论文、科技报告、专利文献、政府出版物、标准文献和学位论文等。一次信息记录的信息内容具体、详尽,具有新颖性、创造性、系统性等特点,有直接参考、借鉴的价值,是信息检索和利用的主要对象。其不足是出版分散,缺乏系统性,未经过科学组织，呈无序状态而难以被系统获得和掌握，要寻找有关信息往往需要借助二次信息来完成。

3. 二次信息

是对一次信息加工整理而成的目录、文献、索引等各种书目数据库。它以特定的方法汇集某一范围内的信息，用科学的方法进行加工整理，以简练的语言，以不同的深度揭示一次信息的内外特征，并提供多途径检索，将分散、无序的大量一次信息转变为有序、便于管理的系统，从而有利于人们有效利用一次信息，成为查找一次信息的工具，如各种目录、文摘、题录、索引等。二次信息具有浓缩性、汇集性、检索性等特点，有对一次信息进行报道和指引的作用。

4. 三次信息

是对一、二次信息综合、分析等深加工的产物。可分为综述研究类和参考工具类两种类型。前者包括综述、述评、进展报告等；后者包括年鉴、百科全书、手册、指南，以及书目之书目、文献指南等。三次信息具有综合性高、针对性强、系统性好、信息面广等特点，有较高的实际使用价值，能直接参考、借鉴和利用。

各次信息之间的关系：零次信息是最原始的信息，是形成一次文献信息的主要来源，一次信息是最主要的信息资源，是人们检索和利用的主要对象；二次文献信息是对一次文献信息的集中提炼和有序化，是检索文献信息的工具；三次文献信息是将一次、二次文献信息按知识门类或专题重新组合高度浓缩而成，是人们查考数据信息和事实信息的主要信息资源。

三、按信息的载体形式划分

1. 印刷型文献

印刷型文献主要是指铅印、油印、石印、胶印、影印、木板印文献等。它通常是以纸质材料为载体，以印刷为记录手段而产生的一种文献形式。自从纸的产生和印刷术发明以来，以纸质为载体的印刷型文献已有悠久的历史，尽管文献载体正面临着一场深刻的革命，但纸质文献载体在目前和今后相当长的历史阶段仍然占有主导地位。它的主要优点是直观、方便、简单，不论在任何环境、任何场合情况下都可以随意翻阅，而且携带方便，便于大量生产，符合人们长期以来的阅读习惯。但它与现代电子文献载体比较，又有很多不足，如体积大、分量重、收藏空间大、信息容量小、纸张成本高、不便于快速传递等。

2. 缩微型文献

缩微型文献，又称缩微复制品。它是利用光学记录技术，将文献的影像缩小记录在感光材料上，然后借助于专门的阅读设备进行阅读的一种文献形式，如缩微胶片、缩微胶卷、缩微卡片等，其主要特点有以下几点：

(1) 存储密度高。文献存储量高达22.5万页的全息缩微胶片目前已经问世。

(2) 体积小、质量小。缩微型文献的质量和体积仅为印刷型的1/1 000和1/100。

第 2 章　信息概述

(3) 便于保存和传递。世界上许多文献信息服务机构都将长期收藏的文献制成缩微品进行保存。

(4) 生产速度快,成本低廉。缩微型文献的生产成本只有印刷型文献的 1/15～1/10。

(5) 需要借助阅读机才能阅读,不像印刷型文献阅读那样方便,而且设备投资大。

3. 视听型文献

视听型文献,又称声像资料或直感资料。它是以电磁胶质材料为载体,以电磁波为信息符号,将语言声音和文字图像记录下来,通过视听设备存储与播放信息内容的动态文献资料。如唱片、录音带、录像带、影片、幻灯片等。其主要特点是:存储信息密度高,用有声语言和图像传递信息,内容直观,表达力强,易被接受和理解,尤其是适用于难以用文字、符号描述的复杂信息和自然现象,但需要专门设备对其进行制作和阅读。

4. 机读型文献

机读型文献,又称电子型文献、数字信息资源。它是一种通过编码和程序设计,把文字、资料转化成数字语言和机器语言,并以磁性材料为存储介质,采用计算机等高新技术为记录手段,将信息存储在磁盘、磁带或光盘等载体中而形成的多种类型的电子出版物。其优点是存储密度高、存取速度快、查找方便、寿命长,不足之处是必须配备计算机等设备才能使用,相应设备的投入较大、短期内难以更新。机读型文献按其载体材料、存储技术和传递方式不同又可分为联机型文献、光盘型文献和网络型文献。

思考题:

1. 不同学科领域对信息的定义有何不同?请举例说明。
2. 简述信息、知识、情报和文献之间的关系。
3. 信息可以按哪几种类型划分?

第 3 章 信息检索概述

3.1 信息检索的概念及原理

3.1.1 信息检索的概念

通俗地说,信息检索(Information Retrieval),是指将信息按一定的方式组织和存储起来,并根据信息用户的需要找出有关信息的过程,其全称又叫"信息的存储与检索(Information Storage and Retrieval)",这也是常说的广义的信息检索。狭义的信息检索则仅指该过程的后半部分,即从信息集合中找出所需要的信息的过程,相当于人们通常所说的信息查寻(Information Search)。在网络环境下,信息检索指用户从数字化的资源(包括数字图书馆、万维网和各类资料库)中获取有用的信息。信息检索的内涵随着时代发展而不断改变。20 世纪中叶以前,信息的存储和传播主要以纸质媒介为载体,信息检索活动主要围绕相关文献的获取和利用而展开,因此"文献检索"一度被广泛使用。进入 20 世纪 50 年代,信息传播方式和存储载体呈现多元化趋势,于是"情报检索"一词开始广泛使用。90 年代以来,"信息检索"这一含义更为广泛的概念被广泛认同和使用。

3.1.2 信息检索的原理

信息检索是指用户根据研究、教学、创作和学习的需要,利用相关信息检索系统,辅以科学的检索方法,按一定的检索表达式,从众多的按特定方式组织与存储的信息资源系统中检索出所需要信息的过程。

信息检索的全过程主要包括两个方面:

1. 信息标引和存储过程——对大量无序的信息资源,在分析文献内容的基础上,按照相关检索语言的要求及其使用原则对其进行标引处理或称之为特征信息的归档处理,使之有序化,形成信息特征标志,并按科学的方法存储,组成检索工具或检索文档,这即是组织检索系统的过程。

2. 信息的需求分析和检索过程——分析用户的信息需求,利用已组织好的检索系统,按照系统提供的方法与途径检索有关信息,即检索系统的应用过程。

信息检索的原理图如图3-1所示。

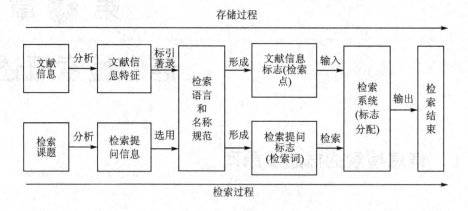

图3-1 信息检索原理图

由图3-1可见,信息检索的本质其实是一个匹配的过程,即信息用户的需求和一定的信息集合的比较和选择过程。也就是用户根据自己的需求提出相关概念或提问表达式与一定的信息资源系统检索语言相匹配的过程。如果二者相匹配成功,则所需信息就被检索中,否则检索失败。例如要查找关于"信息技术在网络艺术中的应用"方面的信息,根据信息需求的范围和深度,可选择"信息技术"和"网络艺术"为第一层次的检索词,"计算机技术"与"媒体艺术"等为第二层次的检索词,"视频流技术、影像技术、动画制作"与"Flash、动画、网上绘画"等为第三层次的检索词,将这些检索词与相应的信息集合中的检索特征进行匹配,若达到一致或部分一致,即为所需信息。

3.1.3 信息检索的类型

信息检索按不同的标准可以划分不同的种类,下面介绍3种目前比较普遍的划分方法。

一、按信息检索的目的和对象不同划分,可分为书目信息检索、数据信息检索和事实信息检索

1. 书目信息检索

书目信息检索是以馆藏书目数据库和文摘、索引型数据库为检索对象,以获取文献的题名、作者、摘要、来源出处、收藏处所等与课题相关的一系列二次文献信息为检索目的。书目信息检索是一种相关性检索,检索结果并不直接解答用户提出的问题

本身,只提供与全文文献相关的信息和线索供参考。

以标题、作者、摘要、关键词、相关类目、来源出处、收藏处所等为检索的目的和对象,检索的结果是与课题相关的一系列书目信息线索,即检索结果不直接解答课题用户提出的技术问题本身,只提供与之相关的线索供参考,用户通过阅读后才决定取舍。因此,书目信息检索是一种相关性检索。

2. 数据信息检索

以具有数量性质并以数值形式表示的数据为检索目的和对象,检索的结果是经过测试、评价过的各种数据,可直接用于比较分析或定量分析。因此,数据信息检索是一种确定性检索。

3. 事实信息检索

数据事实信息检索是以科技手册、百科全书、电子词典、统计年鉴等各类工具书为检索对象,以具体数据或事实为检索目的,检索结果是经过测试、评价过的各种数据或有关某一事物的具体答案。因此,数据事实信息检索是一种确定性检索。

以事实为检索的目的和对象,检索的结果是有关某一事物的具体答案,因此,事实信息检索是一种确定性检索。但事实信息检索过程中所得到的事实、概念、思想、知识等非数值性信息和一些数值性信息须进行分析、推理,才能得到最终的答案,因此要求检索系统必须有一定的逻辑推理能力和自然语言理解功能。目前,较为复杂的事实信息检索课题仍需人工才能完成。

因此,书目信息检索是从存储有标题项、作者项、出版项或文摘项的检索系统中获取有关的信息线索,如利用各种目录、题录和文摘检索系统。数据信息检索是从存储有大量数据、图表的检索系统中获取数值性信息,如利用各种手册、年鉴、图谱、表谱等检索系统。事实信息检索是从存储有大量知识信息、事实信息和数据信息的检索系统中获取某一事项的具体答案,如利用各种百科全书、年鉴和名录等检索系统。

二、按信息检索的方式划分,可分为手工检索、计算机检索和综合检索

1. 手工检索

手工检索简称"手检",是指人们通过手工的方式检索信息。其使用的检索工具主要是书本型、卡片式的信息系统,即目录、索引、文摘和各类工具书。检索过程是由人以手工的方式完成的。

2. 计算机检索

计算机检索简称"机检",是指人们利用数据库、计算机软件技术、计算机网络及通信系统进行的信息检索,其检索过程是在人机的协同作用下完成的。

3. 综合检索

在文献信息检索的过程中,既使用手工检索方式,又使用计算机检索方式,也就

第 3 章 信息检索概述

是同时使用两种检索方式。

三、按系统中信息的组织方式划分，可分为全文检索、超文本检索和超媒体检索

1. 全文检索

全文检索是指检索系统中存储的是整篇文章乃至整本书。用户根据个人的需求从中获取有关的章、节、段、句等信息，并且还可以做各种统计和分析。

2. 超文本检索

超文本结构就类似于人类的联想记忆结构，它采用了一种非线性的网状结构组织块状信息，没有固定的顺序，也不要求读者必须按照某个顺序来阅读。采用这种网状结构，各信息块很容易按照信息的原始结构或人们的"联想"关系进行组织。

3. 超媒体检索

由于把多媒体信息引入超文本里，产生了多媒体超文本，即超媒体。它是对超文本检索的补充，其存储对象超出了文本范畴，融入了静态、动态图像及声音等多媒体信息。信息存储结构从单维发展到多维，存储空间范围不断扩大。

3.1.4 信息检索的历史

最早的信息检索主要是依靠信息分类。在 2000 多年前，我国的汉代就有简单的图书分类法，如《七略》。随着社会的发展，信息量越来越大，简单的分类已不能完全解决快速查找有用信息的问题，特别是随着科技期刊的大量出现，对于大多数人来说，已没有时间将所有期刊上的所有文献都阅读或浏览一遍，而且就一个读者来说，一本期刊中也不可能每篇文献都有阅读价值，因而出现了文献索引，读者可以根据自己的需要查找相关文献。之后，书目、索引、文摘、目录等检索工具也不断出现。这些印刷版的工具书主要根据文献的内部及外部特征，从题名、著者、主题词等途径提供手工检索。

信息检索技术经过索引检索、穿孔卡片检索、缩微胶卷检索、脱机批处理检索发展到今天的联机检索、光盘检索、网络检索，其发展经历了由低级到高级的过程，检索技术也从传统的线性检索向超文本支持的非线性检索发展。现在是手工检索、联机检索、光盘检索、网络检索并存，但以网络检索为主，网络检索也最有发展前景。

一、手工检索(1876～1945 年)

信息检索起源于参考咨询工作。读者被要求独立使用图书馆提供的书目和索引工具，查询所需的文献和情报，这时"信息检索"作为一项行为已经出现，但较为分散，缺乏专业性，而且缺乏必要的重视和研究，未能形成专业化的情报检索系统。正规的参考咨询工作由美国的公共图书馆和大专院校图书馆于 19 世纪下半叶首先发展起来。20 世纪初，多数图书馆成立了参考咨询部门，主要利用图书馆的书目工具来帮助读者查找图书、期刊。索引成为独立的检索工具，书目、文摘开始编制并用于专题文献检索。"信息检索"从此成为一项独立的用户服务工作，并逐渐从单纯的经验工作向科学化方向发展。

手工检索操作简单、费用低廉、查准率高,但效率很低,查全率不能保证。随着科学技术的发展,文献信息在不断增加。传统的利用印刷型文献进行手工检索的方式已不能适应信息的急剧增长,更跟不上时代发展的步伐。

二、机械信息检索(1945—1954年)

机械信息检索系统是20世纪50年代开始的用各种机械装置进行情报检索的机械系统,是手工检索向计算机信息检索的过渡阶段。1954年,现代情报学创始人美国万尼瓦尔·布什(V.Bush)博士在"As we may think"一文中首次提出利用机械、电子技术实现情报检索的设想。他描述了一种叫做"Memex"的机器,用于非线性检索。他与美国农业部图书馆馆员拉尔夫·肖共同制造了一台快速检索机——布什·肖检索机。它利用光电原理,对复制在胶卷上的文档进行检索,胶卷的边缘上有黑白点作编码,当遇到检索内容时就停下来。

机械信息检索系统利用当时先进的机械装置改进了信息的存储和检索方式,通过控制机械动作,借助机械信息处理机的数据识别功能代替部分人脑,促进了信息检索的自动化。但它并没有发展信息检索语言,只是采用单一的方法对固定的存储形式进行检索,而且过分依赖于设备,检索复杂,成本较高,检索效率和质量都不理想。机械信息检索系统很快被迅速发展的计算机情报检索系统取代。

三、脱机批处理检索(1954—1965年)

自1946年第一台计算机问世,信息工作者就将这一新的技术与信息工作相结合,逐步建立了一种崭新的以计算机为核心的现代化信息系统。将计算机用于书目信息检索最早是在20世纪50年代提出来的,1954年美国海军军械实验中心利用IBM701机将有关海军军械的4000篇技术报告进行了计算机存储与检索的试验,建立了世界上第一个计算机文献信息检索系统。

脱机信息检索系统是计算机检索初期使用的一种检索系统。它是利用单台计算机的输入输出装置进行检索,用磁带作存储介质的系统。使用该系统查找文献时,计算机只能顺序检索磁带上记录的信息,每检索一次都必须从头到尾读一遍磁带,耗费时间。因此,必须用批处理方式来实施检索。由系统工作人员集中一批用户的信息要求,预先制定好检索策略,以机读形式存储在检索系统的计算机存储器中,定期地检索数据库新增加的内容,然后把命中的文献信息分发给用户。由于在检索过程中用户不直接与计算机接触,因此称之为脱机检索或定题检索,所用的系统称为脱机检索系统。

脱机批处理信息检索存在以下不足:一是地理上的障碍,用户与检索人员距离较远时,不便于检索要求的表达和检索结果的获取;二是时间上的迟滞,检索人员定期检索,用户不能及时获取所需信息;三是封闭式的检索,检索策略一经检索人员输入系统就不能更改,更不能依据机检应答来修改检索式。

四、联机检索(1965—1991年)

20世纪60年代中后期,对联机信息检索进行研究开发试验。1965年,美国系统

第3章 信息检索概述

发展公司(SDC)研制成功联机信息检索软件,书目信息分时联机检索(Online Retrieval of Bibliographic Information Time Shared,ORBIT),标志着联机信息检索系统阶段的开始。1966年,美国洛克希德导弹与宇航公司(Lockheed Missile & Space Company Inc.)研制了第一个"人—机"对话的信息检索系统,即著名的Dialog系统,正式开展文献检索。

1969年欧洲空间研究组织(European Space Research Organization,ESRO)建立了ESA.IRS系统。

进入20世纪70年代后,联机检索基本上结束了自己的内部实验性应用,开始投入商业化运营,面向社会公众提供服务。

20世纪80年代以后,随着空间技术的发展,信息检索进入了一个"信息—卫星通信—计算机"三位一体的新阶段,即国际联机检索阶段,也有人称之为网络时期。1983年,美国、联邦德国和日本共同开发创建了国际科技信息网络(The Scientific and Technical Information Network,STN)。国际联机信息检索使信息检索超出了一个地区、一个国家的范围而进入了国际信息领域,促进了全球信息资源的共享。Dialog系统在1980年就已经向40多个国家的1000多个用户终端提供100多个数据库的国际联机信息检索服务。

国际联机信息检索是指商业性的计算机数据库检索服务机构(亦称联机卖主)通过国际(卫星)通信网络,为世界各地的用户终端提供人机对话式的检索的服务方式;用户则利用终端设备,通过国际(卫星)通信网络,与世界上任何国家的大型计算机检索系统的主机联结,从而检索世界各国存储在计算机数据库中的信息资料。

国际联机检索的优点有:检索速度快,效率高;检索范围广泛、全面;检索途径多,方便、灵活;检索内容新,实时性强;检索辅助功能完善(人机对话、检索结果输出方式灵活,输出格式多样等)。其缺点有:检索费用高;对检索系统及其文档(数据库)的收录、标引、特点等问题较难了解、熟悉;检索技术和技巧不易掌握。

其间,由于国际联机信息检索费用高,出现了光盘检索。光盘即高密度光盘(Compact Disc),是不同于磁性载体的光学存储介质,用聚焦的氢离子激光束处理记录介质的方法存储和再生信息,又称激光光盘。光盘按功能可分为3类:只读式光盘(Compact Disc - Read Only Memory,CD - ROM)、写读光盘(Write Once Read Memory,WORM)和可擦写光盘(Optical Random Access Memory,ORAM)。

光盘数据库的检索软件及数据装在盘片上,任何一台安装有光驱的PC机,只要装上光盘数据库,即可成为光盘数据库检索系统。光盘检索系统简单易学,投资低,并且不需支付通信费,因此,虽然它比联机检索系统的出现晚十余年,但目前在我国的普及率要大大高于联机检索。但光盘数据库更新速度慢。因此,还不能完全代替国际联机检索。

光盘检索的优点有:光盘存储容量大而体积微小;使用方便,不需通信联系,不受时间限制;使用方便、易于操作;价格低(一次购买,无限次检索,也不需要昂贵的联机检索通信费用);使用寿命长,用户易接受;机房无特别要求,投资少,要求设备简单,可随地安装。光盘检索的缺点表现在:信息获得比国际联机慢(回溯检索须多次换盘);信息更新不及时。

我国于1966年引进法国布尔(Bull)计算机,着手情报检索的试验和研发。1974年8月在国务院直接领导下,国家748工程(汉字信息处理系统工程)全面启动,"汉字信息处理情报检索系统"则由中情所、国防科委情报所、四机部情报所、北京图书馆等联合组织攻关。《汉语主题词表》编制和"机器翻译"研究工作由此开始;1975年10月我国正式加入世界科学情报系统(UNISIST);1983年在联合国教科文组织资助下中情所进行检索系统的研发,同年建立起全国第一个国际联机检索终端并开始服务。1985年我国政府正式申请加入联合国技术信息促进系统(TIPS)。1990年完成了CDS/ISIS大型情报检索软件的汉化工作,首次实现了大型IBM计算机对中文资料的检索处理。VAXⅡ/750系统利用我国汉化的TRIP软件建立起科技成果、公司企业与产品、专利、标准的中文数据。检索语言的研究以及《中国图书馆图书分类法》《中国图书资料分类法》及其简本《汉语主题词表》和《国防科技叙词表》等检索工具研制取得突破性进展。在利用Dialog等国际联机检索系统进行国际联机检索服务的基础上,我国开发研制出了自己的信息检索系统,如北京文献服务处联机信息检索系统(Beijing Document Service Information Retrieval System,BDSIRS)、机电部情报所的机电联机信息检索系统(Ministry of Machinery & Electronic Industry Information Retrieval System,MEIRS)、化工部的化工联机信息检索系统(Chemical Online Information Center,CHOICE)等,并开始对外服务。

五、网络信息检索(1991年至今)

进入20世纪90年代,随着卫星通信、公共数据通信、光纤通信等技术以及信息高速公路在全世界的迅猛发展,计算机信息检索走向了全球大联网。

网络信息检索是在国际联机检索和光盘检索之后发展起来的、通过Internet对远程计算机上的信息进行检索。与国际联机检索相比,其最大优点在于经济;与光盘检索相比,其最大优点在于内容更新快。网络信息检索与国际联机检索和光盘检索有许多相同之处,如需要数据库,要制定检索策略等。在网络信息检索系统中,客户和服务器是同等关系,只要遵守共同协议,一个服务器可被多个用户访问,一个客户也可访问多个服务器。

网络信息检索系统阶段实际上是计算机情报检索系统的延续。将1991年作为网络信息检索系统的开端,主要是因为这一年思维机公司推出了WAIS,允许用户检索整个因特网上文本信息资源;明尼苏达大学推出了Gopher,使用户能十分容易地存取因特网上的信息资源;特别是在这一年WWW首次在因特网上露面,并获得了极大的成功。随之而来的因特网情报检索系统包括针对FTP资源的Archie,针对Gopher资源的Veronica和Jughead,以及WAIS的进一步发展,传统的联机检索向因特网上迁移。1992年,因特网向社会开放。

在因特网发展初期,网站相对较少,信息查找比较容易。然而伴随因特网爆炸性的发展,普通网络用户想找到所需的资料简直如同大海捞针,1994年4月,为了帮助用户全面、经济、快速地获取所需信息,斯坦福大学的两名博士生——David Filo 和美籍华人杨致远(Gerry Yang)共同创办了网络资源目录 Yahoo;同年7月,最早现代意义上的搜索引擎——Lycos 诞生,并成功地使搜索引擎的概念深入人心。从此搜索引擎进入了高速发展时期。与此同时,一些著名的联机检索系统也纷纷推出基于网络的检索界面。

上述5个信息检索阶段中,后三者统称为计算机信息检索。与手工检索相比,计算机信息检索的特点表现在:速度快、效率高,仅几分钟就可以从成千上万条记录中找出所需信息;检索范围广,可以迅速而方便地浏览相关学科或主题的所有数据库中的记录,在网络中,几乎每一台个人计算机都可以成为信息源;检索不受时空的限制,只要拥有相应的软件和硬件设备,就可以在任何地方借助光盘和通信网络查询所需信息。

3.1.5 文献信息的揭示与组织方式

一般来说,文献信息的揭示与组织有3种方式,即线性式、非线性式和单元式。

一、线性式的揭示与组织方式

文献信息线性式的揭示与组织方式是从分类法的理论出发,以科学分类为基础,运用概念划分的方法将知识分门别类地组成若干等级,从每一类的某一基准上逐级展开,层层区分,使其形成一个从总到分,从一般到总体,从简单到复杂的等级结构体系。它按照直线分类排序,揭示文献信息内容的族系关系,可分为根系法、关系法、缩行法、字形法、字号法、参照法等类型。

二、非线性式的揭示与组织方式

非线性式的揭示与组织方式是一种以字顺序列揭示与组织文献的方式,这种方式是以揭示事物对象及其特征为出发点,如文献的题名、著者、主题,按照其字顺进行组织和排列。其特点是:能将同一题名、同一著者、同一主题的文献集中在一起,非常适合科学研究者的需要。特别是按主题来揭示与组织文献信息,它与分类法不同,分类法是以族性集中文献信息,而主题法则是以事物对象集中相关文献信息。

三、单元式的揭示与组织方式

单元式的揭示与组织方式,是一种非线性式的按照知识单元结构进行超文本揭示与组织文献信息的方式。它与线性、顺序制方式的传统文本方式不同,主要采用关键词借助于超文本技术来揭示和组织自由文本。超文本也是一种文本,它是将文本信息存储在无数节点上,一个节点就是一个相对独立的"信息块",节点之间用"链"连接,组成信息网络。它可以链接声音、图像(形)、影视等多媒体信息构成超维检索点。如果读者需要有关某一主题的信息,只要单击鼠标,就可以直接链接到同一主题的相关文本上,这比传统纸质文献的线性查找要快得多、方便得多。

3.2 信息检索语言

3.2.1 检索语言及其作用

一、检索语言的概念

检索语言是应文献信息的加工、存储和检索的共同需要而编制的专门语言,是表达一系列概括文献信息内容和检索课题内容的概念及其相互关系的一种概念标志系统。简言之,检索语言是用来描述信息源特征和进行检索的人工语言,可分为规范化语言和非规范化语言(自然语言)两类。

二、检索语言的作用

检索语言在信息检索中起着极其重要的作用,它是沟通信息存储与信息检索两个过程的桥梁。在信息存储过程中,用它来描述信息的内容和外部特征,从而形成检索标识;在检索过程中,用它来描述检索提问,从而形成提问标识;当提问标识与检索标识完全匹配或部分匹配时,结果即为命中文献。

检索语言的主要作用如下:

(1) 标引文献信息内容及其外表特征,保证不同标引人员表征文献的一致性;

(2) 对内容相同及相关的文献信息加以集中或揭示其相关性;

(3) 使文献信息的存储集中化、系统化、组织化,便于检索者按照一定的排列次序进行有序化检索;

(4) 便于将标引用语和检索用语进行相符性比较,保证不同检索人员表述相同文献内容的一致性,以及检索人员与标引人员对相同文献内容表述的一致性;

(5) 保证检索者按不同需要检索文献时,都能获得最高查全率和查准率。

3.2.2 信息检索语言分类

目前,世界上的信息检索语言有几千种,依其划分方法的不同,其类型也不一样。下面叙述两种常用的检索语言划分方法及其类型。

一、按照标识的性质与原理划分

1. 分类语言

分类语言是指以数字、字母或字母与数字结合作为基本字符,采用字符直接连接并以圆点(或其他符号)作为分隔符的书写法,以基本类目作为基本词汇,以类目的从

第3章 信息检索概述

属关系来表达复杂概念的一类检索语言。

以知识属性来描述和表达信息内容的信息处理方法称为分类法。著名的分类法有《国际十进分类法》《美国国会图书馆图书分类法》《国际专利分类表》《中国图书馆分类法》(简称《中图法》)等。

《中图法》1971 年由北京图书馆、中国科学技术情报所等单位共同编制完成,于 1974 年出版,并经过多次修订与再版,目前已修订至第五版,它是在科学分类的基础上,结合图书的特性所编制的分类法。目前,我国各大文献数据库《中国科学引文数据库》《中国学术期刊综合评价数据库》,以及数字化图书馆、中国期刊网等都要求学术论文按《中图法》标注分类号。

《中图法》共分 5 个基本部类、20 个大类。采用汉语拼音字母与阿拉伯数字相结合的混合号码,用一个字母代表一个大类,以字母顺序反映大类的次序,在字母后用数字作标记。为适应工业技术发展及该类文献的分类,对工业技术二级类目采用双字母。其基本部类和名称如下。《中图法》五大基本部类的基本序列为:

- 马克思主义、列宁主义、毛泽东思想、邓小平理论
- 哲学
- 社会科学
- 自然科学
- 综合性图书

基本大类是在基本部类的基础上,根据学科发展和文献出版情况所列出的文献分类法的第一级类目。《中图法》的 22 个基本大类如表 3-1 所列。

表 3-1 《中图法》基本大类表

A	马克思主义、列宁主义、毛泽东思想、邓小平理论	N	自然科学总论
B	哲学、宗教	O	数理科学和化学
C	社会科学总论	P	天文学、地球科学
D	政治、法律	Q	生物科学
E	军事	R	医药、卫生
F	经济	S	农业科学
G	文化、科学、教育、体育	T	工业技术
H	语言、文字	U	交通运输
I	文学	V	航空、航天
J	艺术	X	环境科学、安全科学
K	历史、地理	Z	综合性图书

2. 主题语言

主题语言是指以自然语言的字符为字符，以名词术语为基本词汇，用一组名词术语作为检索标志的一类检索语言。以主题语言来描述和表达信息内容的信息处理方法称为主题法。主题语言又可分为标题词、元词、叙词、关键词。

（1）标题词

标题词是指从自然语言中选取并经过规范化处理，表示事物概念的词、词组或短语。标题词是主题语言系统中最早的一种类型，它通过主标题词和副标题词固定组配构成检索标志，只能选用"定型"标题词进行标引和检索，反映文献主题概念必然受到限制，不适应时代发展的需要，目前已较少使用。

（2）元词

元词又称单元词，是指能够用以描述信息所论及主题的最小、最基本的词汇单位。经过规范化的能表达信息主题的元词集合构成元词语言。元词法是通过若干单元词的组配来表达复杂的主题概念的方法。元词语言多用于机械检索，适于用简单的标志和检索手段（如穿孔卡片等）来标志信息。

（3）叙词

叙词是指以概念为基础、经过规范化和优选处理的、具有组配功能并能显示词间语义关系的动态性的词或词组。一般来讲，选作的叙词具有概念性、描述性、组配性。经过规范化处理后，还具有语义的关联性、动态性、直观性。叙词法综合了多种信息检索语言的原理和方法，具有多种优越性，适用于计算机和手工检索系统，是目前应用较广的一种语言。CA、EI 等著名检索工具都采用了叙词法进行编排。

（4）关键词

关键词是指出现在文献标题、文摘、正文中，对表征文献主题内容具有实质意义的语词，对揭示和描述文献主题内容是重要的、关键性的语词。关键词法主要用于计算机信息加工抽词编制索引，因而称这种索引为关键词索引。在检索中文医学文献中使用频率较高的 CMCC 数据库就是采用关键词索引方法建立的。

3. 代码语言

代码语言是指对事物的某方面特征，用某种代码系统来表示和排列事物概念，从而提供检索的检索语言。例如，根据化合物的分子式这种代码语言，可以构成分子式索引系统，允许用户从分子式出发，检索相应的化合物及其相关的文献信息。

二、按照表达文献的特征划分

1. 表达文献外部特征的检索语言

表达文献外部特征的检索语言主要是指文献的篇名（题目）、作者姓名、出版者、报告号、专利号等。将不同的文献按照篇名、作者名称的字序进行排列，或者按照报告号、专利号的数序进行排列，所形成的以篇名、作者及号码的检索途径来满足用户需求的检索语言。

描述文献外表特征的检索语言可简要概述为：

题名——题名索引

著者——著者索引、团体著者索引

文献编号 { 报告号索引 / 合同号索引 / 存取号索引 }

其他——人名索引、引用文献目录等

2. 表达文献内容特征的检索语言

表达文献内容特征的检索语言主要是指所论述的主题、观点、见解和体系分类语言——分类索引

标题词语言——著者索引、团体著者索引

叙词语言 } 主题索引
关键词语言

其他——分子式、结构式索引、专利号索引等

3.3 信息检索方法、途径与步骤

3.3.1 常用的信息检索方法

检索信息究竟需要采用什么方法，我们必须根据课题性质和研究目的而定，本节主要从文献的角度宏观地谈信息检索的一般方法，具体的各类型信息资源及网络信息资源的检索方式参考后继章节。

一、常规法

也叫检索工具法，是利用各种检索工具查找文献的方法，即是以主题、分类、著者等途径，通过检索工具获取所需文献的一种方法，这种方法又可分为顺查法、倒查法、抽查法和引文法4种。

顺查法：即由远及近的查找法。如果已知某创作或理论研究成果最初产生的年代，现在需要了解它的全面发展情况，即可从最初年代开始，按时间的先后顺序，一年一年地往近期查找。用这种方法所查得的文献较为系统全面，基本上可反映某学科专业或某课题发展的全貌，能达到一定查全率。在较长的检索过程中，可不断完善检索策略，得到较高的查准率。此法的缺点是费时费力，工作量较大。一般在新开课题时采用这种方法。

倒查法：即由近及远，由新到旧的查找法。此法多用于查找新课题或有新内容的老课题，在基本上获得所需信息时即可终止检索。此法有时可保证信息的新颖性，但易于漏检而影响查全率。

抽查法：这是利用学科发展波浪式的特点查找文献的一种方法。当学科处于兴旺发展时期，科研成果和发表的文献一般也很多。因此，只要针对发展高潮进行抽查，就能查获较多的文献资料。这种方法针对性强，节省时间。但必须是在熟悉学科发展阶段的基础上才能使用，有一定的局限性。

引文法：引文索引法可分为两种：一种是由远及近地搜寻，即找到一篇有价值的论文后进一步查找该论文被哪些其他文献引用过，以便了解后人对该论文的评论、是否有人对此做过进一步研究、实践结果如何、最新的进展怎样等。由远及近地追寻，越查资料越新，研究也就越深入，但这种查法主要依靠专门的引文索引，如《科学引文索引》(Science Citation lndex)、《社会科学引文索引》(Social Sciences Citationlndex)。

另一种较为普遍的查法是由近及远地追溯，这样由一变十、由十变百地获取更多相关文献，直到满足要求为止。这种方法适合于历史研究或对背景资料的查询，其缺点是越查材料越旧，追溯得到的文献与现在的研究专题越来越疏远。因此，最好是选择综述、评论和质量较高的专著作为起点，它们所附的参考文献筛选严格，有时还附有评论。利用引文法高效率地查找文献的最有用的工具是利用引文索引。

二、追溯法

又称回溯法。这是一种传统的查找文献的方法。就是当查到一篇参考价值较大的新文献后，以文献后面附的参考文献、相关书目、推荐文章和引文注释为线索而查找相关文献的一种方法。这些材料指明了与用户需求最密切的文献线索，往往包含了相似的观点、思路、方法，具有启发意义。循着这些线索去查找，不仅利用了前人的劳动成果，省却了很多时间和精力，而且可能在原来的基础上有新的发现。这是一种扩大信息来源最简单的方法，一般多利用述评、综述或专著进行追踪查找。在没有检索工具或检索工具不完整时可借助此法获得相关文献。但由于参考文献的局限性和相关文献的不同，会产生漏检。同时，由近及远的回溯法无法获得最新信息，而利用引文索引进行追溯查找则可弥补这一缺点。

三、综合法

综合法又称为循环法，它是把上述两种方法加以综合运用的方法。综合法既要利用检索工具进行常规检索，又要利用文献后所附参考文献进行追溯检索，分期分段地交替使用这两种方法。即先利用检索工具（系统）检索到一批文献，再以这些文献末尾的参考目录为线索进行查找，如此循环进行，直到满足要求时为止。综合法兼有常用法和追溯法的优点，可以查得较为全面而准确的文献，是实际中采用较多的方法。这种检索方法多在创作人员选定了课题、制定了创作计划后才使用，或检索工具不全时使用。

四、浏览法

浏览法是在直接浏览各类信息源的过程中获取所需信息的检索方法。就是不通过文献参考检索工具,直接凭经验浏览本专业或本学科的核心期刊和图书资料,从中直接查找到所需要的文献,这样就能及时获得最新最直接的信息和原件全文,并基本上能获取本学科发展的动态和水平。但是这样检索的范畴不够宽,因而漏检率较大,检索偶然性大,查全率低,回溯检索困难。因此,在开题或鉴定时还必须进行系统的检索。

五、即期积累法

为尽可能及时全面地掌握文献,除了要引导学生在研究课题的前后突击查找文献外,还应注意平时的日积月累,养成经常阅读的好习惯。即从现刊中查找与自己课题有关的信息,也能够使学生懂得科学研究要把握最新的动态,及时了解别人在做什么,有什么新的发现,使自己少走别人已经走过的弯路,保证自己的研究处于比较领先的水平。

上述方法,各有其优缺点,查找时要结合检索条件、时间、人手的限制等因素综合考虑。除了考虑方法以外,查阅技巧也是不可忽略的。有时方法对头,检索策略也无问题,可就是查不到近在眼皮底下的答案。因此,切忌匆匆翻阅,浅尝辄止,这样做往往成为漫无目的地胡猜乱翻,结果一事无成。如果初查失败,不要急于丢弃原来的方案,前后多查几页往往会找到有用的线索,甚至是意外收获。

3.3.2 信息检索途径

检索途径依赖于文献信息的特征。文献具有外部和内容两种特征。文献的外部特征主要是指文献载体上标明、易见的项目,包括文献题名、责任者、序号、出版者、出版地、出版年等;文献的内容特征包括所属学科及所属主题等。因此,根据文献的外部特征和内容特征,可将信息的检索途径分为两大类型。

一、文献外部特征的检索途径

1. 责任者途径

责任者途径即通常所说的著者姓名途径。责任者是指对文献内容负责或做出主要贡献的个人或团体,包括著者名、评者、编者等。责任者途径是根据文献著者的名称查找文献信息的途径,是外文检索工具较为重要和惯用的途径。按著者姓名字顺排列,易于利用,又便于编排,也易于机械加工。

使用著者途径检索文献信息须注意文种的不同和姓名排列方式的差异,如单姓、复姓、父母姓连写、本名、教名以及姓名中附加的荣誉称号等。欧美人的姓名习惯名在前、姓在后,而目前使用的各种著者目录和著名索引则按姓在前、名在后的方式以字序排列,因此,在具体检索时应按姓在前、名在后的字顺查找。

2. 题名途径

题名途径也称书名途径。题名是表达、象征、隐喻文献内容及特征的词或短语,是文献的标题或名称,包括书名、刊名、篇名等。文献题名有正题名、副题名和辅助题名。题名检索途径是指根据文献题名查找文献信息的途径。它把文献题名按照字顺排列起来编成索引，其排法简单易行，易于查检。但因书名和篇名较长，不宜作为检索标志，又因不同文字的形体结构和语法结构有自己的特色，字尾变化复杂，所以难以把同样意义的文献集中于一处，实际使用价值已不为人们看好而逐渐不为人所重视。

3. 文献类型途径

文献信息检索工具收选的信息源多种多样，如期刊、图书、科技报告、专利、技术标准、政府出版物、会议录等。为满足用户不同的检索要求，如会议文献或专利文献的查找，不少检索工具也增设文献类型检索途径，如专利号索引、图书索引、会议索引、报告号索引等，以满足不同用户的需求。

4. 代码途径

代码途径也称序号途径，是通过已知的文献专用代号查找文献的途径。代码是一些文献类型的特有标志，与文献有对应关系，如国际标准书号(ISBN)、国际标准连续出版物号(ISSN)以及索引号、专利号、合同号等。

二、文献内容特征的检索途径

1. 分类途径

分类途径是指按文献内容的学科分类体系查找文献信息的途径。一般来说，一种检索工具的编制都必须按学科建立自己的分类体系，其收录的文献按分类目录中的排序进行编排，这样编排的结果可将同一学科的文献集中，便于按学科查找文献。分类目录和分类索引是普遍使用的分类检索工具。分类途径的缺点是对于较难分类的新兴学科和边缘学科来说，查找不便。利用此途径查找时须首先了解反映学科体系的分类表，再将概念变换为分类号，然后按分类号进行检索。由于概念变换为分类号的过程中易出差错，所以也会导致漏检和误检。但是很多用户希望从其熟悉的分类系统及学科概念的上下左右关系了解事物的派生、隶属、平行等关系，满足族性检索的需求。分类途径能够较好地满足这一要求。

2. 主题途径

主题是文献所表达的中心思想、所讨论的基本问题和研究对象。主题途径指根据表达文献主题内容的主题词及其派生出的关键词为标志查找文献信息的途径。其主要检索工具是主题目录和主题索引，或标题词索引、关键词索引、叙词索引等。主题目录按文献内容主题词组织，以文献所讨论的主题直接检索，可以查到分散于各学科里同一主题的文献。主题索引是工具书辅助索引之一，它可揭示包含该主题的文献信息在文献正文中的位置。

主题途径检索文献信息的优点是：用主题词作为标志，表达概念准确、灵活、专指度高，可使同一主题的文献集中，检索效率高；又由于主题词可随科技发展增加或更新，因此便于查找新兴学科的文献信息，在各学科和其分支交叉渗透日益增多的当前,主题途径较好地适应了这一要求。其缺点是:主题索引缺少学科系统的整体性和层次性,因此,难以达到很高的查全率。

3. 分类主题途径

分类主题途径是分类途径与主题途径的结合,它能够尽量避免两者的不足,取其所长。一般来说,它比分类体系更具体一些,无明显的学术层次划分,又比主题法概括一些,但保留了主题体系按字顺排序以便准确查检的特点。

三、其他检索途径

1. 出处途径

出处途径是数据库系统提供的检索途径。输入原文献的刊载处,如报刊名、出版单位名,即可检索到该刊载处出版、发表的有关文献。

2. 时间途径

时间途径是以文献的时间范围查找文献的途径。这是数据库检索系统普遍提供的一种检索方式,输入或选择某一时间,可检索到该时间出版发表的所有文献。时间途径一般和其他检索途径配合使用,很少单独使用。

3. 任意词途径

任意词途径也称自由词途径。它是以自然语言编制的全文检索系统所提供的一种文献查询方式。自由词或任意词指直接取自文献本身,是未经规范和控制的语言。输入字、字符、数字、词或词组等任意字或词,可检出所有在任一处出现该字、字符、数字、词或词组的文献。

4. 专门术语途径

专门术语途径主要是指一些辅助检索途径,如按化学分子式排出的分子式索引,可提供一种从分子式角度查找化学化工文献的目的,另外还有化学物质索引、合金索引、地名索引等各种专门索引,以满足查检特定种类文献信息的需求。

3.3.3 信息检索策略

检索策略,就是在分析检索提问的基础上,确定检索的数据库、检索的用词,并明确检索词之间的逻辑关系和查找步骤的科学安排。检索式(即检索用词与各运算符组配成的表达式)仅仅是狭义上的检索策略。执行一个课题的检索是有过程、分步来完成的,检索步骤的科学安排称为检索策略(Retrieval Strategy),它是为实现检索目标而制定的全盘计划或方案。特别是在计算机检索中,策略问题是明确提出来的,必须慎重考虑,因为它可能要完成的是一个比较复杂、精细的检索课题,又是在人与机器的对话、交互中实现的。我们通常需要根据初步检索结果判断,调整检索策略(检索需求、检索途径、检索方法、扩展检索、限定检索等)。主要包括以下几个内容:

1. 检索系统的确定

根据课题选择合适的检索系统,它必须包括检索者检索需求的学科范围和熟悉的检索途径。在计算机检索中还需要确定检索所需要的文档名称或代码。

2. 检索途径的确定

各检索系统一般都具有许多索引体系（即检索途径），应根据课题需要选择自己熟悉的检索途径，可多途径配合使用。

3. 检索词的选定

各种检索途径均须有相应检索词方可进行检索。如分类途径以分类号作为检索词，主题途径以标题词、关键词等作为检索词等。计算机检索还须选定检索词编制布尔逻辑提问式。

4. 检索过程中的方案调整

根据检索过程中出现的各种问题及时调整方案，扩大或缩小检索范围。

5. 评价检索结果

检索结束后，要对结果进行审视，检索结果的相关性评价主要包括查全率、查准率、检索时间、检索成本，这4个方面就构成了检索效率的概念。检索效率高，就意味着查全率和查准率高，检索时间短，检索成本低。

查全率：从系统中检出的相关文献量与检索系统中相关文献总量的比率，是衡量信息检索系统检出相关文献能力的尺度，文字公式表示如下：

$$查全率 = [检出相关文献量/系统内相关文献总量] \times 100\%$$

假设在该系统文献库中共有相关文献为50篇，而只检索出来30篇，那么查全率就等于60%。

查准率：从系统中检出的相关文献量与检出文献总量的比率，是衡量信息检索系统精确度的尺度，文字公式表示如下：

$$查准率 = [检出相关文献量/检出文献总量] \times 100\%$$

假设检出的文献总篇数为50篇，经审查确定其中与本次课题相关的只有40篇，另外10篇与该课题无关，则这次检索的查准率就等于80%。

数据表明，查全率与查准率是呈互逆关系的，二者基本上成反比，如图3-2所示。

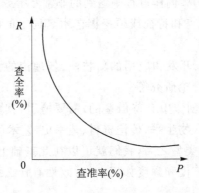

图3-2　查全率与查准率关系图

要想做到查全,就要对检索范围和限制逐步放宽,则结果是会把很多不相关的文献也带进来,影响了查准率,反之亦然。因此,不可以片面地追求查全率或者查准率,应当根据具体课题的要求,合理调节查全率和查准率,保证检索结果。

3.3.4 信息检索步骤

科学的检索步骤,是优化检索过程,取得最佳检索效果的切实手段。本节主要从文献信息的角度简单地谈谈信息的检索过程与步骤。信息检索步骤是指检索者根据研究课题的要求,使用一定的检索系统或工具,按照可行的方法和途径,查找文献线索或事实、数据,获取所需美术文献信息的过程。手工检索与计算机检索在步骤与方法上有共性,也有区别,机检过程参见后续章节。一般来说,信息检索可分以下步骤:

一、分析研究课题、确定检索概念及如何选择最恰当的词来表达这些概念(即常说的做好检索提问)

任何文献检索都具有明确的目的与要求,并在一定范围内进行,因此进行课题检索前,必须认真了解检索用意,仔细分析课题主题内容,弄清课题的关键问题所在,明确课题所需的信息内容、性质等情况;并在分析的基础上形成主题概念与相关的检索提问,力求检索的主题概念准确反映检索需要;然后,根据主题概念与检索提问,确定检索的学科范围、时间范围、地域范围、文献类型等,范围越明确越有利于检索。值得注意的是,要注意挖掘隐含的主题概念,将表达同一概念的同义词一一列出,并确定主题词之间的逻辑关系。例如查找"网络艺术"这个概念的信息时,也要查询"计算机艺术"或"数字化艺术"等主题词,这几者之间有逻辑"或"的关系。

我们还需了解的是,在课题的主题分析时,课题类型的不同决定了所需检索信息范围的不同。一般来说,课题的类型主要有以下几种情况:

1. 查全型:一些开题、编写教材、基础研究或理论研究的课题,如需全面了解艺术某一门类研究的方向和创作的理论水平的文献资料。

2. 查准型:在学习研究、创作过程中遇到的非常专指或细微的问题,如需了解各艺术流派的具体的审美观点和特征或须挖掘艺术名词术语的内涵;还需查找了解古今中外的艺术作品详情等。

3. 动态型:一些研究、开发和应用的新技法、新理论的课题,如目前正红火的水墨技法研究、网络艺术的理论研究等。

4. 参考型:一些学习创作中有待借鉴的,需要博引,其要求不高,只要找到就行的文献资料,如需了解的人物生平、传记资料、艺术史、艺术门派等文献资料。

在确定了检索课题的类型之后,我们就可以在此基础上确定该课题需要多少信息资源,查检信息资源的广度和深度如何,对时效性有什么要求,对信息资料的数据类型是否有所限定或侧重。

第1种检索课题的类型应着重参考各种学术品质较高的期刊论文,会议论文、研究报告、学术论文、重要专著,搜罗各种翔实、深入的信息,才能圆满完成;有的课题则可以参考一般的图书、教材、杂志等。第 2 种类型要求检索系统完整,必须以时间为轴做纵向、深度的考察。第 3 种类型的检索课题需要最原始、最新颖的第一手资料,需要参考最新的期刊、会议资料等。第 4 种类型检索课题则需要检索系统完备,收录的信息资料全面。

二、选择检索工具或数据库

选择恰当的检索工具,是成功实施检索的关键。选择检索工具一定要根据待查项目的内容、性质来确定,选择的检索工具要注意其所检索课题学科专业范围、所包括的语种及其所收录的文献类型等,在选择中,要以专业性检索工具为主,再通过综合型检索工具相配合。如果一种检索工具同时具有机读数据库和刊物两种形式,应以检索数据库为主,这样不仅可以提高检索效率,而且还能提高查准率和查全率。为了避免检索工具在编辑出版过程中的滞后性,还应该在必要时补充查找若干主要相关期刊的现刊,以防止漏检。

下面简单介绍几种文献检索工具。

1. 索引:把文献的一些特征,如书目、篇名、作者以及文献中出现的人名、地名、概念、词语等组织起来,按一定的顺序(字母或笔画)排列,供人检索。例如,国内教育信息常用的索引有上海图书馆编的《全国报刊索引》,许多图书馆都建立了馆藏书查询系统,读者可以通过人名索引和关键词索引很方便地进行查询。

2. 文摘:指论文摘要。它概括地介绍原文献的内容,简短的摘要使人们不必看全文就可以大致了解文章的内容,是一种使用广泛的检索工具。如《新华文摘》《教育文摘》《教育卡片文摘》等。

3. 书目:它是将各种图书按内容或不同学科分类所编制的目录,不但可以帮助读者选购、检索图书,还可以指点读书门径,如《全国总书目》《中国丛书综录》。

4. 参考性与资料性工具书:它的范围很广,除以上 3 类外,均可属此类。如辞典、百科全书、年鉴等。内容丰富,可靠性实效性强,观点新颖,具有很大的参考价值。

三、确立检索途径和方法

选择了合适的检索工具和数据库以后,就要确定检索的途径和方法。在手工检索条件下,文献的内容特征和外部特征都是检索的出发点。检索工具所提供的检索途径主要有:分类途径、主题途径、题名途径、责任者途径、代码途径以及其他特殊途径。分类和主题途径是文献信息检索的主要途径。

在计算机检索条件下,编写检索逻辑表达式。

选择检索方法时首先要看检索条件,看有没有合适的检索工具,如果找不到合适的检索工具,则采用追溯法为好;如果检索工具不太齐备,利用综合法可检索出一些相关的文献;在检索工具比较齐全的情况下,可采用顺查法、倒查法和抽查法。

其次看检索要求,如果检索目的在于收集某一课题的系统资料,检索时间较宽

第 3 章 信息检索概述

裕,可利用顺查法;如果检索目的要求快而准地提供文献信息,检索时间较紧迫,采用倒查法较好;如果是检索年代较远的资料,利用综合法,可大大缩短检索时间,提高检索效率。

另外,还可看学科特点,如果检索课题属新兴学科,可采用顺查法;如果检索课题历史悠久,起始年代较早或无从查考,只能采用倒查法;如果检索课题在某一阶段发展较快,则采用抽查法;如果检索课题虽属老学科,但发展缓慢、文献量少,则可用顺查法或综合法。

四、实际进行查找,获取所需文献

在手工检索中,通过以上的步骤查找,即可找出所需的文献信息,并抄录检索结果。

在计算机检索条件下,需输入检索逻辑表达式,由计算机进行检索,并显示、打印检索结果。

最后是建立文献目录与评估资料,这是查阅文献的最后一步。把阅读参考过的材料按照一定的顺序排列,叫做文献目录。文献目录一般是附在文章最后,包括:作者姓名、书刊(论文)名、出版社、出版时间、地点等。接下来就是对所检索的资料进行评估。

当我们在找寻研究课题的资料时,必须认清这样的一个事实,即并非所有找寻的资料都是可信的,并非所有资料都适合使用在您的研究课题上。因此,我们有责任对所找寻的资料做出分析和判断,以决定是否符合您的需要,使检索结果更准确,也更接近实际的需要,达到满意的效果。一般从以下几个标准评估资料:权威性、准确性、客观性、恰当性、及时性。

综上所述文献检索的具体步骤如图 3-3 所示。

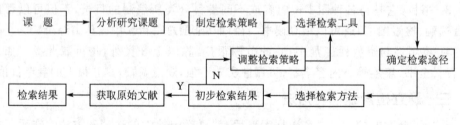

图 3-3 文献检索具体步骤

思考题:

1. 信息检索的全过程包括哪几个方面?
2. 什么是全文检索?
3. 文献有哪些外部特征和内部特征?
4. 《中图法》有多少基本大类?请详细列出。
5. 根据文献的外部特征和内容特征,请列举 7 种检索途径。
6. 在什么情况下需要使用馆际互借和文献传递?

第 4 章 工具书检索

4.1 工具书的概念和特点

大量知识信息的无限增长和人们特定信息需求的矛盾一直存在,作为平衡这种矛盾的工具书,我国工具书经历了从无到有的发展历程,已有 2 000 多年的历史,形成相对完整的中文工具书体系。西方工具书发展至今已具有相当的规模和水平,拥有一批极具参考和使用价值的经典之作,各类工具书不仅品种全、数量多,而且质量上也得到极大提高。特别是随着计算机技术和各种信息处理技术在信息存储和检索领域中的应用,工具书也正逐步向数字化、网络化方向发展。印刷型工具书以其收录资源的丰富性、稳定性、连续性和权威性,仍然是人们在信息检索中不可缺少的检索工具。

4.1.1 工具书的概念

"工具书"就是根据一定的查阅需要,系统地汇集有关的知识信息或者文献资料,并按易于检索的方法编排,以便读者能迅速获取特定文献信息、资料或具体事实与数据的一种特殊类型的文献。

4.1.2 工具书的特点

工具书本身并不用于阅读,而是供读者翻检查阅来获取所需信息或者信息线索,以其信息密集、资料性强、便于检索和查考等基本特征,为人们指示读书门径、解释疑难问题、指引资料线索、提供参考资料、辅助辑佚校勘等。因此,工具书就像是打开知识宝库大门的钥匙和通向学术研究的桥梁,极大地节省了人们获取信息的时间和精力,提高了信息检索效率,从而成为人们学习和工作的必备工具。

工具书具有如下特点:(1)知识信息密集;(2)编排的特殊性;(3)资料性强;(4)方便检索;(5)查考为主;(6)内容权威性。

第 4 章　工具书检索

4.2　工具书的种类

4.2.1　书　目

一、书目的含义

书目是图书目录的简称,是把一批相关文献按照一定方式编排起来并进行系统著录的检索工具,具有指导阅读和指示收藏机构的作用,可以用来检索各类型、各时期的国内外文献的出版和收藏情况。

书目在我国起源很早,早在汉代就有体例严密的书目,如汉代刘向编的《别录》,距今已有 1900 多年的历史了。《七略》把图书分为六艺、诸子、诗赋、兵书、数术、方技 6 类,对我国以后的书目编纂工作产生了很深远的影响。东汉著名史学家班固根据刘向父子的成果,将《七略》稍加删改,编入《汉书》中,称为《艺文志》。清代编《四库全书》时,由纪昀等编撰《四库全书总目提要》,它按"经""史""子""集"四部分类,每一大类又分为若干小类,其中一些比较复杂的小类再分细子目。每一大类小类均有序和解题,可了解我国古代到乾隆时有哪些书籍流传下来,书籍的源流、作者、多少卷、内容如何等。有关美术类的书籍,主要收录在子部艺术类。我国数十名学者曾在 1925~1942 年续修《四库全书总目》,著录《四库全书》未收及以后出的古籍 3 万余种。查找辛亥革命时期出版的图书有《民国时期总书目(1911~1949)》。这是一套大型回溯性书目,收录 1911~1949 年 9 月我国出版的中文图书约 10 万余种。主要是北京图书馆、上海图书馆和重庆图书馆的藏书。按学科分为哲学、宗教、艺术、史地、理、医、农、工等。各册均附有汉语拼音书名索引。

查找新中国成立后出版的图书,可查由中华书局出版的《全国总书目》,主要收录了每年中央及地方(台湾地区暂缺)出版的各种图书。1949~1954 年合为一册。1955 年以后每年一册。《全国总书目》是根据全国出版单位向版本图书馆呈缴的出版物样本编成的年鉴性质的全国综合性图书目录。1949 年创刊,逐年编印。书中比较全面、系统地记录了 1949 年以来全国各出版单位当年出版的初版、改版的各种图书,不包括重印本,基本反映了每一年我国图书出版的全貌。《全国新书目》是《全国总书目》的姊妹篇,为补充《全国总书目》不能及时报道全国新书出版情况而编辑的目录性刊物。1950 年创刊,月刊。原由国家版本图书馆编辑出版,现由新闻出版署信息中心主办,该刊编辑部出版。原名曾为《每周新书目》、《每月新书目》,1955 年 5 月改为现名。1958 年 9 月以前为旬刊,"文革"期间停刊,1972 年复刊,1973 年正式出版为月刊,专门收录一个月内全国各出版社出版的新书。每条书目都有内容摘要、介绍和评论,能起到推荐作用。该书是检索最新出版文献的有效检索工具。

二、书目的类型

常见的书目类型有:

1. 登记书目:是为全面登记和反映一个时期,一定范围或某一类型文献的出版、收藏情况而编制的书目。国家书目是登记书目的主要类型之一,是全面系统地揭示与报道一个国家出版的所有文献的总目,反映一个国家的文化、科学和出版事业的水平。如我国的《全国新书目》和《全国总书目》、英国的《英国国家书目》、日本的《纳本周报》等。

2. 科学通报书目:是向读者和图书情报机构提供新出版或新入藏的文献情报而编制的一种书目。其特点是迅速准确地提供国内外文献信息动态,为科学工作者及时准确掌握本学科发展动向提供帮助。如各图书馆编的新书通报、出版社和书店编的征订书目等。

3. 专科(专题)书目:是全面系统地揭示与报道某一学科或某一专题的文献而编制的一种书目。它具有很强的针对性,是在特定范围帮助读者选择文献的向导。如《兵录》、《中国教育书目》、《小学考》、《中国古典文学名著题解》等。

4. 推荐书目:也称选读书目、导读书目,是针对特定读者对象,围绕某一主题,对文献进行选择性的推荐,用以指导阅读而编制的一种书目。其特点是阅读对象的针对性和推荐书籍的选择性。如《书目答问》、《大学文科书目概览》等。

5. 书目之书目:又称书目指南,是将各种书目、索引、文献等二次文献汇辑起来而编成的一种特殊类型的书目。它是信息工作者了解和掌握书目索引的钥匙。如《书目举要》、《全国图书馆书目汇编》等。

6. 馆藏目录:是揭示和报道一个图书馆或其他信息机构所收藏各种文献的一种书目。主要是为读者利用图书馆馆藏指引门径,过去以卡片目录为主,现在多通过公共联机检索目录(OPAC)提供服务。如各馆的藏书目录、《中文科技资料馆藏目录》等。

7. 联合目录:是揭示和报道全国或某一地区或某一系统若干图书馆所藏文献的一种书目。作用是将分散在各处的藏书,从目录上联成一体,开展馆际互借。如《中国丛书综录》、《中国地方志联合目录》、《中国古籍善本书目》等。

8. 地方文献书目:是专门收录有关某一地区历史、自然和社会状况等方面的文献而编制的一种书目。如《安徽文献书目》、《中国边疆图籍录》等。

9. 个人著述书目:也称个人书目、传记书目,是专门收录某一作者的全部著述及与他有关的文献信息而编制的一种书目。如《鲁迅研究资料汇编》、《郭沫若著译书目》等。

10. 古典书目:是指专门收录鸦片战争以前我国古籍资料的一种书目。如《隋书·经籍志》、《四库全书总目》、《贩书偶记》等。

第4章 工具书检索

三、书目的作用

书目的作用主要体现在如下几个方面：

1. 登记报道：书目的主要功能是记录和报道一定时空范围内，一门或几门学科文献的出版情况。特别是综合性书目，通过书目，可大致了解各类图书的内外特征，并根据自己的需要和爱好选择取舍。一部好的书目，在当时是报道新成果的重要情报源，随着时间的流逝则是一部科学文化史，反映学术文化的演变情况。

2. 检索查考：作为一种检索工具，书目的基本功能就是描述和揭示文献以供检索，这是书目的宗旨。书目不仅著录书名，还描述文献的主要信息，从而提供篇名、主题、分类、著者等多种检索途径。分类体系科学，结构款目规范，图书信息丰富，检索手段完备，方便读者查考原始文献。随着书目向数字化、网络化过渡，书目的检索功能将日益增强。

3. 评价推荐：书目的另一重要功能就是推荐文献、指引学术门径。书目不仅提供文献的基本信息，还对文献的内容、作者、流传情况加以扼要的介绍并评论。书目在客观地提示文献、被动地接受检索的同时，还主动地、有目的地选择和推荐适合一定读者群知识水平和需要的文献，所以书目有"书海向导"之称。

四、报刊目录

报刊目录，是把期刊、报纸的名称、编者、出版者、刊期等项目进行著录，并对报刊内容、演变情况、收藏单位进行说明，按一定方式编排的检索工具。已出版的报刊目录有书目文献出版社1981年出版的《全国中文期刊联合目录（1833—1949）》收录百余年出版的期刊2万余种，对报刊的创停刊情况、出版者、编者情况及收藏情况作了说明。《中文报纸目录（1861—1958）》、《上海图书馆馆藏中文报纸目录（1862—1949）》等。北京大学图书馆和北京市高校图书馆期刊工作研究会联合研制，北京大学出版社出版《中文核心期刊要目总览》。每四年一版，1992年推出第一版，2004年推出第四版。2004年版评选出1 798种核心期刊，将其归入分属7个大编的74个学科类目。由新闻出版总署报纸期刊管理司和中国出版杂志社编，中国ISBN中心2003年出版的《中国报纸名录》，基本反映了全国报业的基本情况、发展态势和出版状况。

4.2.2 索　引

一、索引的含义

索引是以多种书刊文献里的知识单元或事项为记录和检索单元。如：字、词、人名、书名、刊名、篇名、内容主题名等分别摘录或加注释，记明出处页数，按字顺、汉语拼音或分类排列，附在一书之后或单独编成册，称为索引。索引是检寻图书资料的工具，旧称"通检"、"备检"，也有据英文引译作"引得"（index）的。

国内比较著名学术刊物的索引有《全国报刊索引》，它由上海图书馆编辑出版，1955年创刊，原名为《全国主要期刊资料索引》，1956年起改名为《全国主要报刊资料索引》，1959年起分成《哲学社会科学版》与《自然科学技术版》两刊，一直出版至1966年9月文革开始时休刊。1973年复刊时正式改名为《全国报刊索引》（月刊）。前期哲社版与科技版合一，1980年又分成《哲学社会科学版》与《自然科学技术版》两刊，出版至今。《中国科学引文索引》（China Sciences Citation Index，CSCI）由中国科学院文献情报中心编制，1995年出版试刊号，后以印刷版《中国科学引文索引》和光盘版《中国科学引文数据库》（CSCD）两种形式出版。《中国科学引文索引》在基本结构和选刊标准等诸多方面与美国的SCI接轨。收录1989年来我国出版的千余种中、英文重要核心期刊上发表的论文及其中文引文。《中文社会科学引文索引》（Chinese Social Sciences Citation Index，CSSCI）由南京大学于1998年开始研制，1999年香港科技大学加盟并资助，共同开发。收录1998年来我国大陆出版的400多种中文人文社会科学学术期刊上的论文，从来源文献和被引文献两个方面向用户提供信息。

二、索引的类型

索引的类型可从不同的角度和不同的标准来划分。按索引的标引对象，可分为篇目索引、内容索引、书目索引、分类索引、主题索引、著者索引、语词索引、来源索引、号码索引、专名索引和引文索引；按索引的编制时间，可分为回溯索引和现期索引；按索引的学科内容，可分为社会科学索引、自然科学索引和综合索引；按索引收录范围，可分为专书索引和多书索引。下面介绍几种常用的索引类型：

1. 篇目索引：亦称篇名索引，是将各类文献中包含的论文摘录出来，并按一定方法编排，以便查找各篇论文的一种最常见索引。它可以看作最简单的文摘报道形式，摘要项目只包括论文题目、作者、出处（所在期刊的名称、卷期、页等），一般无简介或摘要，故又称之为"题录"。篇名索引常常单独出版。如《全国报刊索引》、《报刊资料索引》、美国的《化学题录》等。

2. 内容索引：是将各类文献中包含的主题、事物、人名、地名、学术名词等内容要项摘录出来而编成的索引。它是帮助查阅文献中所包含的各项知识单元的有效工具，是揭示文献内容的钥匙，比篇目索引更深入、更能提供文献所包含的信息。内容索引常附于年鉴、手册、专著等的后面，也可以单独成书。如《尚书通检》、《古今人物别名索引》、《中国大百科全书》的"内容索引"等。

3. 书目索引：是专以群书（如总集、丛书、类书等）中的图书目录为标目而编成的索引。如《四库全书目录索引》、《艺文志二十种综合引得》等。

4. 主题索引：是以文献内全部资料中能表达文献主题的名词术语为标目而编成的索引，如《马克思恩格斯全集主题索引》、《食货志十五种综合引得》。

5. 语词索引：是以文献中摘出的字、词语、句子为标目而编成的索引。如《毛诗引得》、《水浒全传词汇索引》、《十三经索引》等。

6. 专名索引:是以文献中摘出的人名、地名、事物名等专有名词加为标目而编成的索引。如《三国志地名索引》、《二十五史人名索引》等。

7. 引文索引:又称"引证索引",是根据文献引证关系编制的、供读者从被引证文献检索引证文献的索引。如我国的《中国社会科学引文索引》、美国的《科学引文索引》等。

三、索引的作用

索引的功用是多方面的,它揭示文献信息功能远胜于书目。

1. 及时报道最新信息:索引有许多报道型刊物,如月刊、周刊,能在最短时间内把有关某一学科或课题的最新观点和发展趋势传递给读者,尤其是采用了计算机技术后,索引报道的速度更为快捷。

2. 深度检索各种信息:一方面,索引收录范围广泛,不仅有书,还有报刊;不仅有文献资料,还有非文献资料。另一方面,索引不仅描述文献的整体特征,还可揭示文献内容中的任何有价值的信息,如主题、字、词、句、人名、地名、数字、年号等。因此,人们通过索引可以检索到各种信息资料、论文,甚至可以达到信息中所含的具体知识单元。

总之,索引能够提高信息检索的深度、广度和检索效率,并且可以满足多途径检索的要求,有人将索引的作用喻为"书海雷达",可以帮助人们迅速地查检所需的文献资料。

4.2.3 字典、词典

一、字典、词典的概述

字典是汇集单字,按某种查字方法编排,并一一注明其读音、意义和用法的工具书。词典又称辞典,是汇集语言里的词语,按某种次序排列,并一一加以解释,供人查阅的工具书。词典包含不同的类型,如汇集通用词汇的普通词典,汇集某一个或几个相关专业词语的专科词典,在不同语言间有两种或多种语言对译对照的词典等。汉语里的字和词是两个不同的概念,一个字可能是一个词,也可能不是一个词。因为字和词的区别也就有了字典和词典的区别。但在字典和词典中有不少既解释单字又解释复词,实际上"字"与"词"的概念没有明确的划分。而词典也是以单字为词头,二者之间有不可分割的关系。

二、字典、词典的类型

概括地说可分为两类,一类是综合性的字典和词典,另一类是专门性的字典和词典。综合性的字典和词典主要供学习语文,解决阅读中的字、词方面的困难而用,如《新华字典》《辞海》《辞源》《现代汉语词典》,外文的有《新英汉词典》《汉英词典》《英华词典》《法汉词典》《德汉词典》等。专门性的字典、词典是搜集某一学科、某一方面的专门术语名词,是提供学习和研究专业用的。如《哲学大词典》《中国美术词典》《中国艺术家词典》等。

三、字典、词典的作用

字典、词典是当今广泛使用的一类工具书,其主要作用是:

1. 语言教育功能:字典、词典作为记录语言的工具,记录每个字(词)的拼写、发音、词义等基础词语信息及有关词的起源、派生、用法、同义词与反义词、方言、俚语、缩写字、短语等多方面资料,提供尽可能完全的语言信息,解决语言学习、语文阅读和语言学研究的问题。

2. 阅读参考功能:除了百科全书和年鉴外,字典、词典的阅读和参考功能也比较强。字典、词典除规范字词的拼写、释义和用法,还包含人、地、物等百科性资料,特别是一些专科词典,概括扼要地阐述了学科基本知识,可帮助特定领域的专门学习与研究提供阅读参考。

4.2.4 百科全书

一、百科全书概述

百科全书是汇总、浓缩人类所有知识门类或某一知识门类全部知识,按辞典形式编排的大型参考工具书。以其知识广博、资料精确、释文严谨、文字简明、体例严密、以及兼具多种参考工具书功能的特质,被称为"工具书之王",是参考工具书中最重要的类型,已经成为衡量一个国家科学文化发展的尺度之一。

《中国大百科全书》是我国第一部大型的综合性百科全书,也是世界上规模较大的百科全书之一。从1978年开始按学科分卷出版,至1993年全部出齐,共74卷,其中正文73卷,总索引1卷,共收条目77 895条,图表5万余幅,内容涵盖了哲学、社会科学、文学艺术、文化教育、自然科学、工程技术等66个学科领域。

《不列颠百科全书(国际中文版)》是中国大百科全书出版社和英国不列颠百科全书公司最新合作的新版本,1999年出版,是一部大型的综合性参考工具书。全书共20卷,1～18卷为条目正文,19～20卷为索引。共收条目81 600余条,附有图片15 300余幅,地图250幅,总字数约4 300万字。所收内容包括人文、历史、哲学、宗教、音乐、绘画、雕塑、自然科学、社会科学等各个学科门类。

《大美百科全书》(国际中文版)由台湾光复书局大美百科全书编辑部编译,1990年初版,根据美国Grolier Inc出版的《美国百科全书》(Encyclopedia American)1989年版翻译改编,1995年推出中文第七版。本书共有30册,其中第30册为索引卷,共收条目60 000余条,图表30 000幅。收录的内容包括:文学、历史、人类学、考古学、宗教、哲学、教育、大众传播、体育、艺术、环境、生物、动物、植物、地理、海洋资源、物理、化学、数学、自然环境、农业、医学、应用技术、政治、经济、法律、军事、家政等三十余类。

二、百科全书的类型

按照不同的标准,百科全书可以划分为不同类型:

1. 按内容范围划分:可分为综合性百科全书和专业性百科全书。这是最常用、最有代表性的一种划分方法。

(1)综合性百科全书:汇集一切学科和门类的知识,真正理想的综合性百科全书应该包罗全部已经积累起来的人类知识,大型的综合性百科全书是一个国家科学文化水平尺度之一,可以看作一定历史时期的文化里程碑。如《中国大百科全书》、英国的《不列颠百科全书》、日本的《世界大百科事典》等。

(2)专业性百科全书:汇集一个学科门类或知识领域的知识,每个学科门类,一般都有自己的专业百科全书,其中有些专业性百科全书的规模也比较大,甚至不亚于综合性百科全书。如《中国旅游百科全书》、《音乐百科全书》、《中国电信大百科》等。

2. 按地区范围划分:可分为国际性百科全书和地域性百科全书。国际性百科全书,力图反映全世界的文化遗产和现代成就等情况,如《美国百科全书》;地域性百科全书,侧重反映某一地域、某一国家、某一省的各种情况,如《北京百科全书》等。

3. 按阅读对象划分:可分为成人学术性百科全书、成人普及性百科全书和青少年通俗性百科全书。成人学术性百科全书,供专家、学者、研究人员参考,上述论及的百科全书大多可归入该类,如《社会科学百科全书》等;成人普及性百科全书,供普通成人阅读,相比成人学术性百科全书,具有通俗易懂的特点,如《中华常识百科全书》等;青少年通俗性百科全书,在词条选择、写作风格、版式、插图、装帧、字体方面尽量适合青少年的特点,富有知识性、趣味性和启发性,如《少年百科全书》等。

4. 按卷册规模划分:可分为大百科全书、小百科全书和百科字典。大百科全书,一般在 20 卷以上,如《科利尔百科全书》等;小百科全书,一般在 20 卷以下,如《中华小百科全书》等;百科词典,多为单卷本,是介于传统的百科全书与词典之间的工具书,如英国的《技术词典》等。

三、百科全书的作用

百科全书包罗万象,能为人们提供人类各个知识领域的基本知识,是学习和工作中最常用的、必备的工具书之一。百科全书的作用归纳起来有以下三大点:

1. 检索:这是百科全书的主要用途。其内容注重全、精,具有科学性、时代感,利用百科全书可以检索到各种问题的基本资料,帮助我们解决学习、工作中遇到的疑难问题,它不仅能回答是什么,还能回答怎么样、为什么、何时、何地等问题。很多咨询问题都可以通过百科全书来解决,它最适合用来查找有关定义、概念、论述、解释、历史沿革、当前状况、统计资料以及有关人物、事件等内容广泛的综合性知识。

2. 系统学习:百科全书的系统性和权威性,使它成为学习的优秀参考书。百科全书荟萃了人类各个学科门类完备而系统的知识,不揭示人类知识的发展历史,而且注重反映最新的科学文化成就,因此可以利用它来掌握某一学科的系统知识。另外,百科全书一般都附有学习指南、分类目录、参见系统和参考书目等,可以帮助读者进行系统自学。

3. 浏览:百科全书内容丰富,插图精美,行文流畅,具有非常好的可读性。阅读、浏览百科全书是休息、娱乐的一种非常好的方式,并且可以扩大视野、增长知识。

4.2.5 年 鉴

一、年鉴的概述

年鉴是按年度系统概述一年内有关事物或学科的进展情况、汇集有关重要文献及各项统计资料,供用户查阅利用的资料性参考工具书。年鉴的功能类似于百科全书,但是由于其出版及时、资料来源可靠、内容新、系统的新资料概述和连续的参考价值,所以可以弥补百科全书不能及时修订的缺点。

年鉴一般以年为限,以记事为主,用于反映一年中各领域或某一学科领域的学术动态、研究成果、大事统计数据及新经验、新情况等,具有资料集中、内容准确、重点鲜明、信息及时、查检方便、总结性强、权威性强、连续性强、统计性强等特点。我国年鉴研究中心称之曰:"集万卷于一册,缩一年为一瞬,无愧为信息时代的骄子",年鉴可作为大百科全书的一种补充。

我国出版的年鉴很多,例如创刊于1981年,由新华通讯社主办的全面反映中国改革开放和现代化建设成就、国家方针政策和重大事件的综合性、权威性国家年鉴《中华人民共和国年鉴》(简称《中国年鉴》)。还有涉及各行各业的《中国统计年鉴》、《中国工程机械年鉴》、《中国信息年鉴》、《中国法律年鉴》、《中国财政年鉴》、《中国农业年鉴》、《中国物流年鉴》、《中国城市发展报告》等。

二、年鉴的类型

年鉴分类较为复杂,按不同的分类标准,可将年鉴划分为不同的类型。按年鉴的内容范围,可分为综合性年鉴和专业性年鉴;按年鉴的地域范围,可分为国际性年鉴、国家性年鉴和地方性年鉴;按年鉴的编纂形式,可分为综述性年鉴和统计性年鉴。一般来说,按知识内容和编纂特点综合考察,年鉴主要有以下4种类型:

1. 综合性年鉴:一种全面收录世界或地方多个领域基本情况和基本资料的年鉴。其主要特点是"大而全"。"大"是成书规模较大,通常在百万字左右,有的甚至达到数百万字的规模。"全"是栏目覆盖面广,综合反映能力强,内容较为全面。综合性年鉴一般都涉及政治、军事、法制、经济、产业、社会事业等各个社会领域和广泛的知识领域,并有一定的纵深感,是现实世界的一面镜子。综合性年鉴依其反映的地域,又可分为世界综合年鉴(如英国的《惠特克年鉴》)、国际综合年鉴(如日本的《中东和北非年鉴》)、国家综合年鉴(如《新加坡年鉴》)、一国之内的地方综合年鉴(如《广东年鉴》、《西部年鉴》)等。

2. 一种专门收录某个特定专业(学科)领域或部门、行业、企事业单位基本情况和基本资料的年鉴。其主要特点是以特定的专业(学科)领域或部门、行业、企事业单位为反映对象，一般不涉及其他领域的信息；反映的层次较深，内容比较具体。专业年鉴按照其反映对象和涉及的范围，可分为学科年鉴(如《中国药学年鉴》)、界别年鉴(如《中国体育年鉴》)、行业年鉴(如《中国电力年鉴》)、企事业单位年鉴(如《上海宝钢年鉴》、《中国社会科学院年鉴》)等。

3. 统计年鉴：又分综合统计年鉴、专业统计年鉴和地方性统计年鉴，它主要以表格和数字来说明有关领域或部门的进展情况，为读者提供数值数据，一般供专业人员使用。如《联合国统计年鉴》、《中国城市统计年鉴》、《深圳经济特区年鉴》等。

4. 地方性年鉴：也可分为地方综合性年鉴、地方专门性年鉴和地方统计性年鉴，它反映一国之内某一地方各方面或某一方面的重要材料和基本情况，主要供搜集地方性资料使用。如《广东年鉴》、《上海摄影年鉴》、《深圳经济特区年鉴》等。

三、年鉴的作用

年鉴因资料的及时性、多样性、编排的系统性，而起到的作用是多方面的。年鉴主要通过栏目反映各种信息，每个栏目都具有不同的职能，提供不同的信息。一般来说，年鉴具有以下功能：

1. 提供时事动态信息：年鉴可以帮助读者系统、全面地了解国内外大事、时事动态及有关重要文件。国际性年鉴、国家性年鉴、百科年鉴、知识年鉴等均设有专栏报道此类信息。

2. 提供各学科的研究信息：专业性年鉴集中反映某一学科的信息，是系统掌握某一学科研究动态、研究成果和发展趋势的重要途径。各专业年鉴大都通过"论著选介"、"动态"、"综述"等栏目反映本学科研究信息。

3. 提供各部门的发展信息：职能部门编写的年鉴，集中反映了某一部门领域内发展情况，是系统掌握某一专门领域发展动态、重大成果、重要机构、重要人物的重要途径。

4. 提供各类事实数据信息：一般年鉴均设有人物传记、机构团体简介、大事记、新学科简介、新词语注释、统计数据、公式、法则等栏目或附件，能提供学习和研究的必须资料，特别是一些专门性统计年鉴，收录了经济和社会各方面大量的统计数据。

5. 提供书刊论文线索：年鉴还具有非正式的索引作用，尤其是一些专业性年鉴，设有"书目"、"索引"、"文摘"栏目，罗列一年来的学术观点、重要文献，注明资料来源，可指引查找原文。

6. 可供读者进行系统浏览：年鉴语言通俗流畅，编排具有知识性、趣味性，有的图文并茂,吸引读者浏览,扩大知识视野。

4.2.6 手 册

一、手册的概述

手册是汇集某一方面经常要查的文献资料,以供读者经常使用的一种工具书。从这点看手册与汇编有相同之处,不同的是手册的专业针对性更强。其内容是简明扼要地概述某一方面的基本知识、基本公式、数据、规章、条例等。

手册又称指南、遍览、一览、必备、大全、全书等。手册在我国有很悠久的历史,在敦煌莫高窟发现有公元 9~10 世纪的《随身宝》,15~16 世纪的《万事不求人》等。它们按类排列,这就是古代人的常识性读物手册,流传在世的有元代阴时夫之《居家必备》、清代石天基编的《万宝全书》。近现代手册这种工具书层出不穷,如社会科学文献出版社 1986 年出版的寿孝鹤主编的《中华人民共和国资料手册》(1949—1985 年)、洗群编的《戏剧手册》、中国博物馆协会主编的《博物馆一览》《中国教育指南》、中国社会科学院情报研究所主编的《当代国外社会科学手册》等。《当代国外社会科学手册》分上下编,我们从中可以了解外国文艺理论的一些研究动向,一些文艺团体的组成、地址、宗旨、活动等方面的情况。

二、手册的类型

手册按编纂目的和内容范围,一般可以分综合性手册和专门性手册两种。

1. 综合性手册:即一般的常识性手册,主要收集多个领域的基本知识和参考资料,概况的知识面比较广泛,但编写浅显简要,主要面向的是广大读者。它又可分为两种,一种是为各学科专业提供基本知识,如《世界新学科总览》、《当代外国社会科学手册》等;另一种是为日常学习工作提供常识知识,如《生活科学手册》、《大学生常用手册》等。

2. 专门性手册:侧重汇集某学科或某专业的实用知识和参考资料,内容一般只涉及某一领域的知识,比较专深、具体,主要面向的是专业工作者或专门人员。它又可分为 3 种:一是侧重为某一学科专业提供基础知识,如《数学手册》、《当代世界经济实用大全》等;二是侧重为某项具体工作活动提供实用知识,如《人民法院司法政务手册》、《图书馆管理工作指南》等;三是介绍生活实用知识,如《家用电脑使用手册》、《妇女实用大全》等。

4.2.7 类 书

一、类书的概述

类书是我国传统文化中独具特色的工具书,是古代百科全书式的资料汇编,其内容之广泛,材料之丰富,列古代各种工具书之首。类书就其内容的广泛性来说,与百科全书有些相似,但类书的编纂者在各条目下罗列古书记载的有关原始资料,与百科全书收集新科学知识做概括性论述有着本质的区别。唐代虞世南编的《北堂书钞》是我国现存最早的类书,可惜传本已非原来面貌。现存最早的一部完整类书,是欧阳询主编的《艺文类聚》100卷。元代类书不如宋代,只有阴时夫的《韵府群语》和赵世延的《经世大典》。明代类书有了新的发展,出现了我国历史上最大的一部类书《永乐大典》,又有专门辑录图谱资料的类书如王圻的《三才图会》、章潢的《图书编》。

二、类书的类型

类书的类量庞大,种类繁多,据统计列入《四库全书总目》的就有200余部,这些类书有多种划分方式,归纳起来,主要有以下几种:

1. 按收录内容划分:有包罗各类文献、各种事物的综合性类书,如《艺文类聚》、《太平御览》等;有专收一方面知识相关文献的专门性类书,如《全芳备祖》、《格致镜原》等。

2. 按材料性质划分:有以记载史实为主的类事类书,如《册府元龟》、《格致镜原》等;有以记载诗词文句为主的类文类书,如《佩文韵府》、《骈字类编》等;有二者兼收的事文并举类书,如《艺文类聚》、《古今图书集成》等。

3. 按编排体例划分:有依类别排列的类书,如《艺文类聚》、《册府元龟》等;有按韵目编排的类书,如《永乐大典》、《佩文韵府》等。

4. 按功能用途划分:有查考史实典故、名物制度的类书,如《玉海》、《古今图书集成》等;有查考辞藻典故、诗赋文章的类书,如《渊鉴类函》、《艺文类聚》等;有查考事物起源的类书,如《事物原会》、《壹是纪始》等;有查考岁时典故的类书,如《月令粹编》、《岁时广记》等;有供辑佚和校勘古籍的类书,如《初学记》、《永乐大典》等。

5. 按编撰情况划分:有由官府主持编写的官修类书,如《艺文类聚》、《文馆词林》等;有由个人私自撰写的私修类书《玉海》、《山堂考索》等。

三、类书的作用

类书作为封建社会的产物,其目的并不在于传扬文化,而首先是供封建帝王浏览,熟悉封建文化、治乱兴国的借鉴,巩固其封建统治;随着科举制度的发展,类书逐渐成为应试文人热衷之读物,为其作文采择辞藻、典故之用,还有人以翻阅类书作为读书的捷径。时至今日,对于这些保存了繁富资料、查阅方便的类书,仍有非常重要的作用和功用。概括起来,其作用大体有以下几方面:

1. 查找事物起源;
2. 查考典故出处;
3. 查检诗词文句;
4. 检索参考史料;
5. 校勘考证古籍;
6. 辑录散佚或残缺古书佚文。

4.2.8 政　书

一、政书的概述

政书,是专门记述典章制度的史书。政书范围极广,它广泛搜集、汇聚历代或者某一个朝代政治、经济、文化、军事等制度方面的文献材料,并分门别类地加以编排和叙述。政书在一定程度上具有文献编纂的性质,但由于其内容丰富,编排有序,有时又可以作为查阅某类历史事实的工具书使用。政书与类书虽然都具有对材料搜集和排序的特征,但二者是有着显著区别的:政书并不像类书那样直接整篇或整章地辑录史实典故、名物制度、诗赋文章、骈词丽语等各种现成材料,而是要进行融会贯通的论述。

二、政书的类型

根据政书的时限,可以将其分为通史与断代史两个大类。

所谓通史,是指历述各代典章制度的史书。通史体的政书,以杜佑《通典》为起始,历朝相继编纂或续编,学术领域先后出现了"三通"、"续三通"、"清三通"以及"十通"等各种不同称谓的政书。"三通"即是上文所提到的《通典》、《通志》和《文献通考》,因三种书皆以"通"字命名,并有"会通"之义,所以后人称其为"三通"。所谓"续三通"是指继"三通"之后,先后出现的《续通典》、《续通志》、《续文献通考》。"续三通"产生于18世纪中叶。当时,清乾隆帝标榜"稽古右文",命诸臣辑录宋、辽、金、元、明及本朝事迹,参考前"三通"体例,相继推出了《续通典》150卷、《续通志》640卷、《续文献通考》250卷。而"清三卷"是指清朝乾隆年间官修的《清朝通典》100卷、《清朝通志》126卷、《清朝文献通考》300卷。以上各书,也被称为"六通"、"九通"。"六通"是指"三通"加上"续三通",而"九通"则是在"六通"的基础上再加上"清三通"。到了清朝末年,学者刘锦藻又编出《续清文献通考》400卷,该书下限直至宣统三年(1911)清朝灭亡。于是,人们又将该书与"九通"归并一起,称为"十通"。

所谓断代史,是指专详一朝典章制度的史书。断代典制史又可以区分为两种类型:会典和会要。其中,"会典"如《唐六典》、《元典章》、《明会典》、《大清明会典》等;"会要"如宋代王溥编修的《唐会要》,南宋徐天麟的《西汉会要》、《东汉会要》,清代杨晨等修编的《春秋会要》、《秦会要》、《三国会要》、《明会要》等。同作为断代史政书,会要和会典也有显著差别:首先,在编排体例上,会要一般以事类为中心,分门别类地记载一代的典章制度。会典则以官署机构为中心,分门记述行政机构的职掌、事例。会要一般按材料性质分为食货、官制、宫殿、舆服、历象、学校、仪制、四裔等门类,所记典制史实都隶属于这些门类之下,古称"依类纪事"。会典一般按职官设置分为吏、礼、兵、户、刑、工等门类,所记典章制度及史实分别属于这些机构之下,古称"以官统事"。其次,从内容看,会要所记的多是典章制度的兴废沿革,但也涉及一般的史实,内容较广,资料较丰富。会典记述制度法令本身,是制度法令的抄录汇编,一般不记载史实。

再次,从编者上看,会要多为私人修纂,会典则纯属官修。

三、政书的作用

古代编纂政书的目的主要是记录前代典章制度的政治、经济、文化、军事状况,作为统治者安邦治国的借鉴。到了现代,利用政书,查检历代典章制度,可以了解我国几千年来政治、经济、文化、军事制度及其发展演变的情况,同时也可以查考人物和事物掌故,辑录亡佚的古籍、奏章。

4.2.9 图 录

一、图录的概述

图录,又称图册、图谱、图集、图鉴等,是通过若干图像汇集起来,并配有一定文字说明来反映人物形象或事物特征和发展情况的工具书。

图录在宋代已经很普遍了。著名的有宋代吕大临《考古图》、王黼《宣和博古图》、李诫《营造法式》等。近代以后,图录进入缓慢的发展时期。但随着考古热的兴起及文物的大量出土,图录之作相继问世,罗振玉《殷墟古器物图录》、容庚的《宝蕴楼彝器图录》《武英殿彝器图录》《海外吉金图录》、郭沫若《两周金文辞大系图录》、商承祚《十二家吉金图录》、陈梦家的《海外中国铜器图录》等。地图概括反映了地表事物和现象的地理分布情况,历史图谱、文物图录、人物图录、艺术图录、科技图谱则分别用图像反映各种事物、文物、人物、艺术、自然博物和科技工艺等的形象。它们都以图像为主体或附以文字说明,着重反映空间和形象概念,但内容有所不同。如《中国历代名人图鉴》、《中华人民共和国地图集》等。

二、图录的类型

最为常见、常用的图录是地图。地图可分为普通地图、历史地图和专业地图。普通地图,如《中华人民共和国地图集》、《世界地图集》;历史地图,如《中国历史地图集》、《中国近代史稿地图集》;专业地图,如《中国自然地理图集》、《中国土壤图集》、《中华人民共和国民族分布简图》。

其他图录性工具书包括文物图录、人物图录、历史图谱、艺术图谱、科技图谱等。

4.2.10 表 谱

一、表谱的概述

表谱是用编年、表格等形式来揭示时间概念或历史事实的工具书,表谱包括年表、历表和其他历史表谱。年表、历表是查考历史年月日的工具书。

年表是查考历史年代和检查历史大事件的工具书,历表是查考换算不同历法年月日的工具书。我国早在周代就有史馆记载帝王年代和世纪的"碟记",这是年表的雏形。到了汉代司马迁撰写了编年体著作《史记》,创制了各种年表,如《十二诸侯年表》、《秦楚之际月表》等,年表的体例已基本完备。

现代以来,关于历史方面的年表及大事表著作,内容比较丰富,体例也比较完整,多按公元来纪年,检查方便。有傅运森的《世界大事年表》、陈庆隆的《中国大事年表》、万国鼎的《中西对照历史纪年图表》等。新中国成立后出版的有荣孟源的《中国历史纪年》、万国鼎的《中国历史纪年表》、上海人民出版社出版的《中国历史纪年表》。

二、表谱的类型

表谱按内容可分为年表、历表和专门性年谱3类。

1. 年表:是汇集历史年代和历史大事的一种表谱,又分为纪元年表和大事年表。

(1)纪元年表:是以时间为主,不述史实,主要用于查考历史年代和历史记录(如帝王庙号、谥号、年号、干支、太岁等各种历史纪元)。常用的纪元年表是把公历纪年、帝王年号纪元和干支纪年进行对照。如《中国历史年代简表》、《中国历史纪念表》。

(2)大事年表:是以年月为纲,兼载历史大事,主要用于查考历史事件的原委及线索。大事年表又可分为综合性大事年表和专门性大事年表。如《中国历史大事编年》、《中华人民共和国经济大事记》等。

2. 历表:又称历书,是汇集不同的年月日资料,一般采用表格形式来对照不同历法的,除了检索历史年代和历史纪元外,主要用于查考和换算中、西、回等不同历法年、月、日。历表按其序列法,又可分为对照表和速查盘两种。如《两千年中西历对照表》、《公元干支纪日速查盘》等。

3. 专门性表谱:是汇集人物生平及历代职官、地理沿革等资料的一种表谱,主要用于查考人物生卒、生平及职官、地理之沿革情况,又分为人物表谱、职官表谱和地理表谱等。

(1)人物表谱:记载人物的生平事迹、字号、别名、籍贯、生年、卒年等情况,是查考人物传记资料的工具书。如《中国历史人物生卒表》、《刘少奇年谱》等。

(2)职官表谱:记载职官的名称、建置、职掌的变迁、品级、员额的增减等情况,是考察我国古代职官制度的工具书,如《历代职官表》等。

(3)地理表谱:记载我国历代疆域分合、地名演变等情况,是考证我国历代地理沿革的工具书,如《历代地理沿革表》等。

4.2.11 名 录

一、名录的概述

名录,是汇集机构名、人名、地名等专有名称及相关信息,按一定顺序编排而成的一种工具书。

我国的名录起源很早,从有文字记载开始,就有类似目前名录之作,古代名录多为人名录,如南朝梁萧绎编的《古今同姓名录》等。现代以来,随着工商、文教事业的发展,机构名录发展很快,较好的有《全国图书馆调查表》、《全国文化机关一览》等。

20世纪80年代后,随着改革开放的深入,名录工作有了很大发展,涌现大量机构名录、人名录和地名录。

名录具有资料性、实用性、专门性等特色,信息简明、及时、确切,一般提供的是有关专名的最新基本信息资料,因此有指引情报源、沟通信息、促进交流的作用。

二、名录的类型

名录按收录的内容对象分为人名录、地名录和机构名录等。

人名录:又称名人录,简要介绍某一方面人物的个人资料,主要包括姓名、生卒年月、学历、经历、籍贯、所从事的领域、主要著作及成果等,是著名人物简历的汇集,如《中国人民解放军将帅名录》、《中国普通高等学校教授人名录》、《中国科学院科学家人名录》等。

地名录:提供有关地名的正确名称(或加上译名)、所在地域(国别、省别)、地理位置(经纬度)等,如《世界地名录》、《全国乡镇地名录》、《亚洲十二城市街巷名称录》等。

机构名录:一般收录并简介有关机构的基本信息,诸如机构名称、地址、电话、邮编、机构、历史及现状、产品名称、人员结构等,如《中国政府机构名录》、《中国工商企业名录》、《中国高等学校大全》等。

4.3 网络工具书

网络工具书主要来源于传统工具书的数字化加工,但又不拘泥于印刷版的内容,而是在此基础上增加了许多新的内容。网络工具书以数量多、品种全、使用方便、查询便捷和优势迅速得到人们的认可和利用。

4.3.1 网络工具书特点

一、海量储存,内容更丰富

网络工具书依托网络技术和计算机软件技术,在传统工具书的基础上增加了许多新内容、新条目,其海量的信息是印刷型工具书无法比拟的。而且,大多数网络工具书界面友好,内容丰富,图文并茂。

二、检索途径多,使用更方便

除了保留印刷型工具书原有的检索途径外,网络版工具书往往利用先进的检索技术增加许多新的检索功能和检索入口,如逻辑检索、组合检索等,从而方便读者快速找到所需资源。另外,网络工具书可以随时联网使用,可以实现多个用户的共享。

三、更新速度快,内容更新颖

传统工具书的更新一般要经过相当长的一段时间,而网络版工具书的更新比较快,一般可以随时更新,因而在内容的新颖性方面占有很大的优势。

4.3.2 网络工具书举要

一、汉 典

汉典(http://www.zdic.net/)始建于 2004 年,是一个旨在弘扬中华文化、继承优良传统、推广学习汉语和规范汉字使用的免费在线辞典。汉典是一个免费的网站,不需注册就可随时登录查检。网站具有一定的开放性,允许用户参与讨论和增加字词的注释,这一点使得汉典具有现代网络词典的特点。

汉典也是一个拥有巨大容量的字、词、词组、成语及其他中文语言文字形式的综合性词典。汉典有 5 个附加的和辅助的网站,包括汉典古籍、汉典诗词、汉典书法、汉典中文论坛及新建的汉典英文论坛。其中,汉典收录了 75 983 个汉字、361 998 个词语、短语和词组,以及 32 868 个成语的释义。如图 4-1 所示,汉典古籍收录了总共包含有 38 529 章节的 1 055 部古典文献书籍、203 篇古文;汉典诗词收录了 268 886 首古典诗词;汉典书法收集 135 804 个著名的中国书法家汉字书法作品。

除了能够查检常用字词、成语的读音、释义和用法之外,汉典还有 3 个值得推荐的功能。一是可以在线发声,二是有《康熙字典》和《说文解字》的注释,三是有字源和字形,这对于学习和研究汉语汉字提供了方便。除此之外,汉典还有很多实用的资料,包括二十四节气表、常用标点符号用法简表、汉语拼音方案、计量单位简表、万年历、化学元素周表和中国少数民族分布简表等。

图 4-1 汉典页面

二、中华在线词典

中华在线词典(http://www.ourdict.cn/)发布于 2005 年 5 月,目前共收录了 12 部词典中的汉字 15 702 个,词语 36 万个(常用词语 28 770 个),成语 31 922 个,近义词 4 322 个,反义词 7 691 个,歇后语 14 000 个,谜语 28 071 个,名言警句 19 424,

第4章 工具书检索

可以按拼音、部首、笔画3种索引进行查找,如图4-2所示。

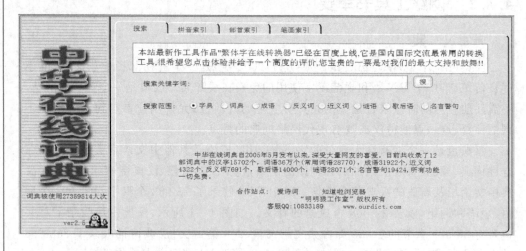

图4-2 中华在线词典页面

三、爱词霸

爱词霸(http://www.iciba.com/)是由我国金山公司研制的电子词典,中国第一英语学习社区,致力于英语学习交流、及时反馈英语相关问题的社区,如图4-3所示。提供在线翻译、英语学习、汉语词典、金山词霸下载等服务,资源丰富、使用方便、速度快。

图4-3 爱词霸页面

四、中国大百科全书(http://ecph.cnki.net/)

如图4-4所示,登录中国大百科出版社主页。单击"产品中心"的"数字出版"栏目,即可进入百科资料库。申请并付费后,可拥有检索账号,在它提供的对话框中输入账号和密码便可登录,如果采用匿名登录职能浏览条目的标题。目前,该网站上能检索到中国大百科全书74卷全文资料、《中国大百科全书(简明版)》12卷全文资料、百科术语、人名库,共计数7.9万个条目、1.35亿字、5万余幅图表。

图4-4 中国大百科全书在线版页面

五、互动百科

互动百科(http://www.baike.com/)由来自世界各地的志愿者共同维护与建设。互动百科以词条为核心,与图片、文章等其他产品共同构筑成一个完整的知识搜索体系。每个人都可以自由访问并参与撰写和编辑,分享及奉献自己的知识。截至2013年1月,互动百科词条拥有超过800万条、5万个分类、68亿文字、721万张图片。互动百科页面如图4-5所示。

六、百度百科

百度百科(http://baike.baidu.com/)是一部内容开放、自由的网络百科全书,旨在创造一个涵盖所有领域知识,服务所有互联网用户的中文知识性百科全书。于2006年4月20日正式上线,2008年4月21日推出正式版。所有互联网用户都可以免费使用百度百科提供的服务,包括浏览、创建、编辑等。目前,百度百科共收录11 628 265个词条。百度百科页面如图4-6所示。

七、维基百科

一个基于维基技术的全球性多语言百科全书协作计划,同时也是一部用不同语言写成的网络百科全书,其目标及宗旨是为全人类提供自由的百科全书,用他们所选择的语言来书写而成的,是一个动态的、可自由访问(绝大多数国家,但使用安全连接则也行)和编辑的全球知识体。

第4章 工具书检索

图 4-5　互动百科页面

图 4-6　百度百科页面

维基百科自 2001 年 1 月 15 日正式成立,由维基媒体基金会负责维持,其大部分页面都可以由任何人使用浏览器进行阅览和修改。因为维基用户的广泛参与共建、共享,维基百科也被称为创新 2.0 时代的百科全书、人民的百科全书。维基百科页面如图 4-7 所示。

八、世界年鉴(http://www.worldalmanac.com/)

最具代表性的一种年鉴,OCLC 中的重要数据库之一。1868 年首次出版,适用包括学生、图书馆的读者、图书馆的参考咨询人员和学者等几乎任何人的一个十分重要的参考工具。其涉及的内容属于国际性,又以美国的资料最为丰富。范围包括:艺术和娱乐、新闻人物、计算机、科学和技术、经济学、体育运动、环境、税收、周年纪念

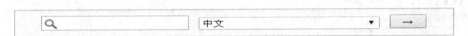

图4-7 维基百科页面

日、美国的城市和州、国防、人口统计、世界上的国家等。年鉴每年更新一次,页面如图4-8所示。

图4-8 世界年鉴页面

第4章 工具书检索

九、中国年鉴全文数据库(http://epub.cnki.net/kns/brief/result.aspx?dbPrefix=CYFD)

中国年鉴全文数据库是目前国内最大的连续更新的动态年鉴资源全文数据库。内容覆盖基本国情、地理历史、政治军事外交、法律、经济、科学技术、教育、文化体育事业、医疗卫生、社会生活、人物、统计资料、文件标准与法律法规等各个领域。收录了1912年至今中国国内的中央、地方、行业和企业等各类年鉴的全文文献。

年鉴内容按行业分类可分为地理历史、政治军事外交、法律、经济总类、财政金融、城乡建设与国土资源、农业、工业、交通邮政信息产业、国内贸易与国际贸易、科技工作与成果、社会科学工作与成果、教育、文化体育事业、医药卫生、人物等十六大专辑,其检索页面如图4-9所示。

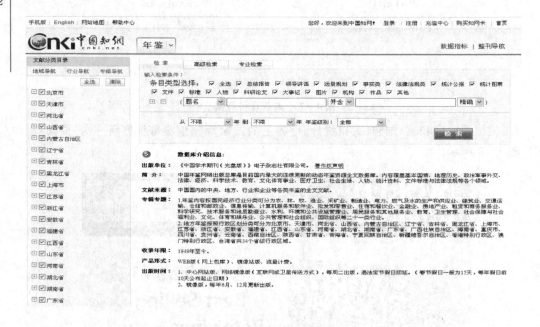

图4-9 中国年鉴全文数据库检索界面

十、中国工具书网络出版总库(http://epub.cnki.net/kns/subPage/Total.aspx)

《中国工具书网络出版总库》收录了200多家知名出版社近4 000余部工具书,约1 500万词条,70万张图片,类型包括:汉语词典、双语词典、专科辞典、百科全书、图谱年表、手册、名录、语录、传记等。其内容涵盖哲学、社会科学、文学艺术、文化教育、自然科学、工程技术等各个领域,是读者全方位了解科学知识,并向广度和深度进展的桥梁和阶梯。其主页如图4-10所示。

第4章 工具书检索

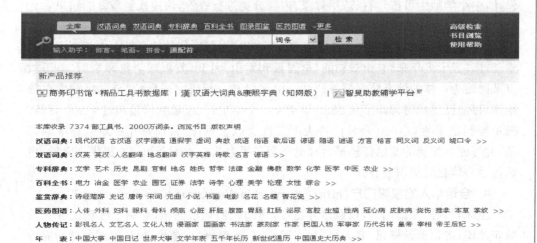

图4-10 中国工具书网络出版总库主页

十一、其他在网络工具书

1.《商务印书馆·精品工具书数据库》(http://www.icidian.com.cn/cpnet/)

《商务印书馆·精品工具书数据库》(简称"精品工具书数据库")(一期)是商务印书馆有限公司研制出版、同方知网(北京)技术有限公司完成技术开发的权威、专业、创新的在线工具书全文数据库,集成了商务印书馆出版的29部精品汉语言类工具书,类型包括字典、词典、成语词典、语典和专科辞典,共收词目(累计)约35万条,约6 000万字。

2.《智叟助教辅学平台》(http://zhisou.cnki.net/zhis/)

《智叟助教辅学平台》(以下简称《智叟》)是一款专为基础教育设计的数字出版产品,它的主要功能是:解决学生在自主学习中的疑难问题、系统地扩展知识面,为教师的教学提供良好的内容支持,构建教学相长的信息化学习环境。

《智叟》按照权威、全面、实用的原则收录了适合中小学生使用的工具书800多部,包含200多万知识条目,10多万张图片,类型主要有字典、词典、专科辞典、百科全书、图录图鉴等,内容涵盖了语文、英语、数学、文综、理综等学科,增设百科、图片两大知识拓展模块,能够全面满足师生的学习和教学需要。

《智叟》收录的工具书均来自如商务印书馆、上海辞书出版社、四川辞书出版社、中华书局、崇文书局(原湖北辞书出版社)、山东教育出版社、陕西人民出版社、广西师范大学出版社等知名出版社。

在功能上,《智叟》对这些知识条目按学科、适用对象和内容属性进行分类索引,

第4章 工具书检索

建立知识关联,构建知识地图,形成满足中小学生学习的知识资源库。提供丰富的检索入口,如简单检索、高级检索、精确检索、模糊检索等,对检索结果的呈现实行优化设计,中小学师生可按学科、适用对象、内容分类进行查看,快速找到需要的结果。

3.《全国报刊索引》(http://www.cnbksy.com/shlib_tsdc/index.do)

《全国报刊索引》创刊于1955年,是国内最早出版发行的综合性中文报刊文献检索工具。五十多年来,它由最初的《全国报刊索引》月刊,发展成为集印刷版、电子版以及网站为一体的综合信息服务产品。由编辑部自行研究开发的《全国报刊索引数据库》目前已建成时间跨度从1833年至今一个半世纪、报道数据量超过3 000万条、揭示报刊数量达20 000余种的特大型二次文献数据库,目前每年更新数据350万条,并可通过便捷的文献传递平台和电子商务平台为广大读者和用户提供全天候、售前售后一体化的知识服务。

4. 全球华人的家谱门户(http://www.chinajiapu.com/view/Index.asp)

全球华人的家谱门户,以家谱为纽带,帮助人们寻根问祖,介绍了姓氏的源流及分布范围,提供家谱资讯,名人研究、宗谱研究、族谱研究、堂号研究,家谱收藏研究等多方面的内容。网页制作精美,内容丰富,提供多个检索入口。

5. 中国植物图谱数据库(http://pcdb.wbgcas.cn/page/showEntity.vpage?uri=cn.csdb.whbgip.plantpic)

中国植物图谱数据库的内容包括两个方面,一是有关我国某些特殊类群植物的数据库,这些类群的植物往往在研究或应用上有其特殊性,而且自成为较为完整的体系;二是我国植物物种基础数据。

6. 中国免费名录资源(http://resource.emagecompany.com/)

中国免费名录资源是中国最大的名录研究开发组织,来自48大类超过5 000种名录数据产品,涉及1 500万中国机构名录和9 800万全球企业名录,是世界三大名录机构大中华区独家代理。

思考题:

1. 什么是工具书?工具书有哪些特点?

2. 什么是索引?《报刊资料索引》、《艺文志二十种综合引得》、《三国志地名索引》、《中国社会科学引文索引》分别属于哪种索引?

3. "工具书之王"指的是哪类工具书?国内、国外各列举出两部。

4. 查找国内某地方各方面或某方面的重要材料和基本情况,需要用哪种工具书?

5. 列举出10种网络工具书。

第 5 章

数据库检索

5.1 数据库定义和类型

5.1.1 数据库的定义

数据库是指在计算机存储设备上按一定的方式,合理组织并存储的相关数据有组织的集合,是计算机技术和信息检索技术相结合的产物,是网络信息资源的主体。"相关"和"有组织"的描述,是指数据库不是简单地将一些数据堆集在一起,而是把一些相互间有一定关系的数据,按一定的结构组织起来的数据集合。

5.1.2 数据库的结构

一、文 档

文档是书目数据库和文献检索中数据组成的基本形式,是由若干个逻辑记录构成的信息集合。从数据库的结构上看,通常一个数据库至少包括一个顺排文档和一个倒排文档。顺排文档是将数据库的全部记录按照记录号的大小排列而成的文献集合,它构成了数据库的主体内容。如果在顺排文档中进行检索,计算机就要对每个检索提问式逐一扫描数据库中的每一条记录,存储的记录越多,扫描的时间越长,这样检索效率就会降低。

倒排文档也称索引文档,是将全部记录中的某一文献或数据特征标识(不包括存取号),即把主文档中的可检字段(如主题词、著者)抽出,按一定的顺序(字母或数字顺序)排列而成的特征标识文档。不同的字段组成不同的倒排文档(如主题词倒排文档、著者倒排文档等)。在书目数据库中,著者是最常见的文献或数据特征标识之一,如果以它为标准生成倒排文档,实际上即是以著者为依据,将不同的著者姓名按字顺排列生成著者索引。倒排文档类似于检索工具中的辅助索引,大大加快了数据库的检索速度。在数据库中,建立倒排文档的字段越多,相应地检索途径越丰富,检索效率越高。倒排文档只有抽取字段的文献特征标识、文献篇数及文献存取号。因此,在实施检索时,必须和顺排文档配合使用,先在数据库的倒排文档中查得文献篇数及其记录存取号,再根据存取号从顺排文档中调出文献完整的记录。

二、记　录

记录是文档的基本单元,是对某一实体的全部属性进行描述的结果。在全文数据库中,一条记录相当于一篇完整的文章。而在书目数据库中,一条记录相当于一条文摘或题录。

三、字　段

字段是记录的基本单元,用它来描述实体的具体属性。在书目数据库中,记录中含有的字段主要有题名、著者、出版年、主题词、文摘、ISBN等。字段由字段名和字段内容构成。如果有些字段内容较多,还可以进一步划分为若干个子字段。

在书目数据库中,一条完整的记录由若干个字段及其内容构成,反映了一种图书较全面的信息,许多记录按照不同的方式排列,又组成顺排文档或不同的倒排文档,这些文档是若干数据的集合,进一步构成数据库的主体。

实际上,数据库即是长期存储在计算机内、结构化、可共享的数据集合。它具有较小的冗余度、较高的独立性、较强的易扩展性等优点,可以说是现实社会存储信息的主要形式。例如,进行数据库查询即是根据用户提供的限制查询语句返回一个数据库子集,这就像问一个数据库一个问题,然后由数据库给你想要的答案一样。对数据库的操作如打开、存储、组织、维护等由数据库管理系统统一完成,如 Visual Fox-Pro、Oracle 等都是常用的数据库管理系统。

5.1.3　数据库的类型

一、按照数据库的信息内容可分为参考型数据库、源数据库和混合型数据库

1. 参考型数据库

是指引用户到另一信息源以获得原文或其他细节的一类数据库,包括书目数据库和指南数据库。书目数据库就是指存储某个领域的二次文献的一类数据库。例如,中国机械工程文摘数据库等。

(1)书目数据库

又称为二次文献数据库,或简称文摘数据库,是文献检索中最常见的一种数据库,它提供文献的各种特征,如文章的标题、作者、文献出处(刊名、年、卷、期、页码)、馆藏单位等。检索书目数据库得到的最终结果是显示文献的基本信息,用户通过这些信息的指示,才能获得全文。

例如,各个国家发行的机读目录、著名的 OCLCFirstSearch 收录了 13 000 多种

期刊的文章索引,每个记录对应于期刊的一篇文章、新闻报道、信函或其他类型的资料。又如 SCI 数据库、EI 数据库都属于书目数据库的类型。

(2) 指南数据库

存储关于机构、人物、产品、活动等对象的数据库,也称为指示性数据库。与其他数据库相比,指南数据库为用户提供的有关信息多采用名称进行检索。如机构名录数据库、人物传记数据库、产品或商品信息数据库、基金数据库等。

2. 源数据库

源数据库主要存储全文、数值、结构式等信息,能直接提供原始信息或具体数据。主要包括全文数据库、数值数据库和图像数据库。

(1) 全文数据库

全文数据库提供原始文献的全文,是近年来发展迅猛和前景广阔的一类数据库。使用全文数据库,免去了查询书目数据库后还得去获取原文的麻烦。全文数据库可以分为两类:印刷型全文数据库、单纯电子出版物全文数据库。全文数据库可以快速地直接检索出用户所需要的原始文献,不必进行二次检索。例如:CNKI 的中国学术期刊网络出版总库、万方数据知识服务平台、维普期刊资源整合平台及超星数字图书馆等都属于全文数据库。另外还有 EBSCO 数据库,它提供期刊、文献订购及出版等服务,开发了近 100 多个在线文献数据库,涉及自然科学、社会科学、人文和艺术等多种学术领域。

(2) 数值数据库

数值数据库提供数值信息,包括统计数据、实验数据、人口数据、化学品理化参数等。数值数据库为用户提供直接可以使用的数据,不用再去查找原始文献,并根据需求对原始的数据进行计算,节省了大量的时间。

(3) 图像数据库

图像数据库以图像为信息主体,配有文字解释,如解剖图谱、中药图谱、诊断图谱、手术图谱;医学图像数据库中有用 CT 或 MRI 等制成的影像类图像数据库,也有照片类、绘画类图像数据库;美国国立医学图书馆的 The Visible Human Project(可视人计划)和哈佛大学医学院的 The Whole Brain Atlas(全脑图谱)就是高质量的影像类图像数据库。它是以图像为记录单位及与之有关的文字说明信息组成。随着计算机网络和存储技术的发展,图像数据库被越来越广泛地使用,尤其是近年来网络上提供免费使用的医学类图像数据库品种日益增多。已经成为数据库家族内引人注目的新星。

(4) 事实数据库

事实数据库提供问题的答案,如人物、机构、事件、疾病的诊断和治疗、药物的用法和不良反应等信息。例如,电子化的参考工具书,如词典、百科全书、指南等。

3. 混合型数据库

混合型数据库是同时存储参考型数据库和源数据的数据库。

二、按记录形式可分为文献型数据库和非文献型数据库

1. 文献型数据库

文献型数据库包括书目数据库和全文数据库。

2. 非文献型数据库

非文献型数据库包括数据值、事实数据库、词典型数据库、图像数型数据库和多媒体数据库。

三、按照数据库的载体可分为光盘数据库、联机数据库和网络数据库

1. 光盘数据库

光盘数据库是指利用光盘为主要载体的数据库,出现在 20 世纪 80 年代,它以光盘为介质存储文献信息。光盘与之前的文献载体(纸张、缩微胶片和磁存储器)相比,在信息的存储、传递、检索和利用的模式上发生了突破性的变化,开创了海量信息存储和自动化处理的新时代。

世界上真正意义上的光盘数据库出现于 1985 年,是美国国会图书馆出版的《美国国会图书馆的机读目录》(BIBLIOFILE)。自那时以来,光盘数据库技术得到极大的发展,数量急剧增加,类型不断丰富;数据库的软硬件也在不断升级,从最初的单机使用光盘到现在网络共享光盘塔数据,乃至光盘库上的全文信息共享,给读者检索信息带来了极大的方便。

2. 联机数据库

联机数据库是以一定的组织方式将有关的数据集合存储在一起的仓库,并以最快的速度、最佳的方式和最少的重复为用户提供信息服务,也可以通过网络实现一个国家、一个地区,甚至全世界范围的资源共享。

与联机数据库相对应的检索方式是联机信息检索,联机信息检索系统主要由终端设备、通信线路、计算机和数据库 4 部分组成。联机信息检索就是在终端设备上,使用一些指令和检索词,通过通信线路或网络,采用人机对话方式访问联机检索系统,检索并获得联机数据库资料的过程。

在世界上众多的联机信息检索系统中,影响较大并在我国使用的系统主要有 Dialog 系统、STN 系统和 ORBIT 系统。

3. 网络数据库

网络数据库是跨越计算机在网络上创建、运行的数据库。网络数据库中的数据之间的关系不是一一对应的,可能存在着一对多的关系,这种关系也不是只有一种路径的涵盖关系,可能会有多种路径或从属的关系。

网络数据库的含义有 3 个:①在网络上运行的数据库;②网络上包含其他用户地址的数据库;③信息管理中,数据记录可以以多种方式相互关联的一种数据库。网络数据库允许两个节点间的多个路径。

与网络数据库对应的是网络信息检索,它是用户通过网络接口软件,在任一终端

查询各地上网的信息资源。这一类检索系统都是基于互联网的分布式特点开发和应用的,即数据分布式存储,大量的数据可以分散存储在不同的服务器上;用户分布式检索,任何地方的终端都可以访问并存储数据;数据分布式处理,任何数据都可以在网上的任何地点进行处理。

网络信息检索与联机信息检索最根本的不同在于网络信息检索是基于客户机/服务器的网络支撑环境的,客户机和服务器是同等关系,而联机信息检索系统的主机和用户终端是主从关系。在客户机/服务器模式下,一个服务器可被多个客户访问,一个客户也可以访问多个服务器。因特网就是该系统的典型,网上的主机既可以作为用户访问的主机里的信息,又可以作为信息源被其他终端访问。在网络信息检索的冲击下,传统联机检索纷纷采取改进措施,将自己的系统安装在 Internet 服务器上,成为 Internet 的一个有机组成部分。如 Dialog、American、Online、CompuServe 等世界著名联机系统都建立了自己的 WWW 服务器,使用超文本技术,增加服务项目,改善用户页面等。

5.1.4 数据库的检索流程

虽然数据库检索依据信息内容、记录形式以及载体划分有不同类型,但是在检索具体实施的过程中,采用的基本方法和策略却有共同之处。检索流程如图 5-1 所示。

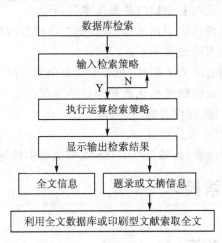

图 5-1 数据库信息检索流程

5.2 数据库的检索点和检索词

5.2.1 检索点

检索点是指检索信息资源所使用的题名、责任者、分类号、主题词等各种供检索使用的数据。信息描述的目的,是为了在确认信息资源、提供概要内容信息的同时,供检索使用。一般应根据检索的设备条件选择检索点,并进行相应处理,以便组织检索系统。

1. 题名检索点是建立题名目录的依据,可以从题名角度查找信息资源,是检索文献的重要途径之一。文献题名主要指书名、刊名、篇名等作品名称。

2. 通过著者(个人著者、团体著者)的名称来检索信息。

3. 按文献所属的学科类别来检索文献。在检索文献之前应根据课题的主要内容以及数据库所采用的分类表,确定分类号。

4. 从文献的主题概念出发,通过主题词或关键词检索信息。

5. 通过号码(1SBN 号、ISSN 号、专利号、报告号、标准号等)来检索文献。

5.2.2　检索词

检索词是表达信息需求和检索课题内容的基本单元,也是与系统中有关数据库进行匹配运算的基本单元,检索词选择恰当与否,直接影响检索效果。检索词分为 4 类:

1. 表示主题的检索词

——标题词:是从文献的题目、正文或摘要中抽选出来,经过规范化处理,用以描述文献内容特征的词和词组。

——单元词:指从信息内容中抽出的最基本的词汇。

——叙词:指从信息的内容中抽出的、能概括表达信息内容基本概念的名词或术语,它是经规范化处理的自然语言词汇。

——关键词:指从信息单元的题目、正文或摘要中抽出的能表征信息主体内容的具有实质意义的词语,它是未经规范化处理的自然语言词汇。

2. 表示作者的检索词,如作者姓名、机构名。

3. 表示分类的检索词,如分类号。

4. 表示特殊意义的检索词,如 ISBN、ISSN、引文标引词等。

5.3　数据库检索技术

5.3.1　布尔逻辑检索

布尔逻辑检索利用布尔逻辑算符"与"and、"或"or、"非"not 等对检索词进行组配,表达概念间的逻辑关系,限定检索词在记录中必须存在的条件或不能出现的条件。凡符合布尔逻辑所规定条件的文献,即为命中文献,布尔逻辑检索是目前最常用的一种检索技术。

一、逻辑"与"and

用符号"and"或"＊"表示,其逻辑表达式为:A ＊ B 或 A and B。

其意义为：检索记录中必须同时含有检索词 A 和 B 的文献，才算命中文献（图中阴影部分）。用于交叉概念或限定关系的组配，实现检索词概念范围的交集，以缩小检索范围，提高查准率，如图 5-2 所示。

二、逻辑"或"or

用符号"or"或"＋"表示，其逻辑表达式为：A or B 或 A＋B。

其意义为：检索记录中凡含有检索词 A 或检索词 B，或同时含有检索词 A 和 B 的，均为命中文献（图中阴影部分）。用于检索并列关系（同义词、近义词）的组配，实现检索词概念范围的并集，以扩大检索范围，提高查全率，如图 5-3 所示。

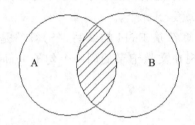

图 5-2　逻辑"与"and

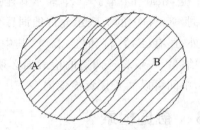

图 5-3　逻辑"或"or

三、逻辑"非"not

用符号"not"或"－"，其逻辑表达式为：A not B 或 A－B。

其意义为：检索记录中含有检索词 A，但不能含有检索词 B 的文献，才算命中文献（图中阴影部分）。用来从原来的检索范围中排除不需要的概念，以缩小检索范围，增强检索的准确性，如图 5-4 所示。

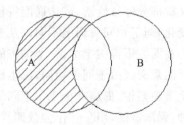

图 5-4　逻辑"非"not

5.3.2　位置检索

位置检索也叫邻近检索，即运用位置算符表示两个检索词间的位置临近关系。这种检索技术通常出现在西文数据库及全文检索中。

文献记录中词语的相对次序或位置不同，所表达的意思可能不同，而同样一个检索表达式中词语的相对次序不同，其表达的检索意图也不一样。所以，不少数据库检索系统设置了位置算符，用以规定检索词在原始文献中的相邻位置关系。位置算符的作用是对符合的检索词进行加工修饰，限定词与词之间的位置关系，弥补布尔逻辑检索中只规定检索词的范围的不足，使检索的准确性大大提高。

按照两个检索词出现的顺序和距离，可以有多种位置算符。对同一位置算符，检索系统不同，规定的位置算符也不同。常用的有（W）、（nW）、（N）、（nN）等。

第5章 数据库检索

一、(W)算符和(nW)算符

其中"W"算符是"With"的缩写,表示该算符两边的检索词按前后顺序排列,除空格、标点和连接号以外不得有其他单词或字母。

(nW)算符是从(W)算符引申出来的,它与(W)算符的不同点是(nW)算符允许在连接两个词的中间插入小于或等于 n 个单元词。表示在此算符两侧的检索词之间允许插入 n 个实词或虚词,两个检索词的词序不许颠倒。

二、(N)算符和(nN)算符

"N"是"near"的缩写。(N)表示其连接的两个检索词的顺序可以互易,两词间不允许插词。(nN)中的 n 表示允许插词量少于或等于 n 个。

此外,还有(F)算符和(S)算符,其中(F)算符是 Field 的缩写,(S)算符是 Sentence 的缩写,表示算符两边的检索词必须出现在文献记录的同一个句子中,词序没有限制,中间可以插入任意检索词。

5.3.3 截词检索

截词检索也是一种常用的检索技术,指在检索词的适当位置截断,用截断的词的一个局部进行的检索。由于检索词与数据库所存储信息字符是部分一致性匹配,所以又称部分一致检索,或称通配符检索。其作用主要是解决一个检索词的单复数、词性变化,词干相同而词尾不同以及英美词汇拼写差异等问题。

在西方语言文字中,一个词可能有多种形态,而这些不同的形态,多半只具有语法上的意义。由于词干相同,派生出来的词基本含义是一致的。截词检索在一定程度上避免漏检,提高查全率。不同的数据库有不同的截词符,通常使用的截词方法有两种:无限截断,用"*"作为截词符,代替任意一个或多个字符;有限截断,用"?"作为截词符,代表一个字符。

一、无限截断

指检索词与被检索词实现部分一致的匹配,也就是被截断的部分没有限定有多少个字符。被截取的部分用符号"*"表示。无限截断有 4 种截断方式:

1. 左截断:检索词与被检索词词头有所变化,也叫后方一致检索。例如输入"*leukemia"可以检索出"leukemia"或"PreIeukemia"等词的记录。

2. 右截断:检索词与被检索词词尾有所变化,也叫前方一致检索。例如输入"alloy*"可以检索出"alloying"或"alloys"等词的记录。

3. 中间截断:检索词与被检索词词头和词尾相同而中间部分有所变化。也叫中间屏蔽检索。例如输入"leu*ic"可以检索出"leukemic"或"leukemogenic"等词的记录。

4. 左右截断:检索词与被检索词中间部分相同而词头和词尾有所变化,也叫中间一致检索。例如输入"＊wave＊"可以检索出"wave"或"waves"、"wavelength"等词的记录。

二、有限截断

指检索词与被检索词只能在指定的位置可以有所变化,被截取的部分用符号"?"表示。每一个"?"只能代表一个字符。例如输入"leukemi?"可以检索出"leukemia"或"leukemid"、"Ieukemic"等词的记录。

5.3.4　指定字段检索

是对单个库进行字段检索,是指在具体指定字段上检索满足检索条件的记录。每次检索的条件最多包含选定数据库中的5个字段。有时同样的词出现在记录的不同位置对文献的主要内容所起的作用是不相同的。例如,人名在作者字段出现表示其为文献的作者,而在摘要和全文中出现则可能是对此人的评价等。使用指定字段检索简化了布尔检索中的逻辑功能,没有改变其检索性质,可以进一步提高信息的查准率。一般数据库指定字段代码有:文摘(AB)、作者(AU)、机构名称(CS)、标志词(ID)、语种(LA)、出版年代(PY)、题名(TI)等。

5.3.5　二次检索

在已有检索结果的基础上,重新设置检索式,进一步缩小检索范围,逼近检索目标。使检索结果更符合查询目标。

5.3.6　多媒体检索

随着多媒体计算技术的迅猛发展,各种音频、图像、视频信息开始层出不穷,人们已不再满足于传统的文字检索,提出了对多媒体信息的检索需求。

多媒体检索是一种基于内容特征的检索,是指根据媒体和媒体对象的内容及上下文联系,从图像中的颜色、纹理、形状,视频中的镜头、场景,声音中的音调、音色中提取信息线索,抽取特征和语义,利用这些内容特征建立索引并进行检索。在这一检索过程中,融合了图像处理、模式识别、计算机视觉、图像理解等多种技术。

一、基于内容的图像搜索

其过程就是图像特征的提取、分析及匹配过程。

特征提取:提取颜色、纹理、形状以及对象空间关系等信息,建立图像的特征索引库。

特征分析:对图像的各种特征进行分析,选择提取效率高、信息浓缩性好的特征,或者将几种特征进行组合,用到检索领域。

检索匹配:选择某种模型来衡量图像特征间的相似度。

二、视频信息的检索

视频信息的检索是通过对图像进行分割、特征提取、分类描述、索引建库,最后进行相似匹配,完成查询和检索的过程。

基于内容的视频检索系统主要由客户端、可视化界面和管理段3部分组成。

基于内容的视频信息检索系统常用的方法包括:基于图像的方式、基于视频的特有信息以及图像和视频的特有信息相结合的方式。

三、基于内容的声频检索

包括以语音为中心,采用语音识别技术的语音检索。

基于内容的多媒体检索技术的日益成熟不仅创造出巨大的社会价值,而且将改变人们的工作、学习和生活方式。目前,多媒体检索技术在知识产权保护、数字图书馆建设、交互电视、遥感和地球资源管理、远程医疗以及军事指挥系统等领域得到广泛应用。

5.3.7 超文本检索

超文本检索是一种包含多种页面元素(文字、图片、音频、视频)的高级文本,它以非线性方式记录和反映知识单元(结点)及其关系(链路),具有表达方式多样性、直观性,显示方式动态性及人机交互性和灵活性等特点。

有别于传统的检索方式,超文本检索的实现主要是依赖"结点"和"链"来实现的。检索文献时,结点间的多种链接关系可以动态地选择性地激发,从而根据思维联想或信息的需要从一个结点跳到另一个结点,形成适合人们思维需要的数据链,呈现出一种完全不同于过去的顺序检索方式的联想式检索。

由于超文本检索时其内容排列是非线性的,按照知识(信息)单元及其关系建立起知识结构网络,用户在操作时,用鼠标去单击相关的知识单元,检索便可追踪下去,进入下面各层菜单。允许用户在阅读过程中从其认为有意义的地方入口,直接快速地检索到所需要的目标信息。同时,超文本系统还可以作为一个独特的用户界面,将不同数据库的检索语言一体化,方便用户进行跨库检索。在实际检索中,往往根据情况将上述多种检索技术混合使用。

思考题:

1. 什么是参考型数据库?有哪几种类型?
2. 请画出数据库信息检索流程图。
3. 布尔逻辑检索表达式有哪几种?请举例说明。

第6章 搜索引擎

6.1 搜索引擎概述

6.1.1 搜索引擎的含义

搜索引擎(Search Engine)是互联网上专门用于信息搜集、信息组织和信息检索的一种工具。是基于 Web 平台提供网络信息检索服务的工具,因此广义上可以说,搜索引擎是指在互联网上或通过互联网能够响应用户提交的搜索请求,返回相应查询结果的信息技术和系统,这里所说的信息可以是任意的信息,如网站信息、商品信息等。从狭义角度上来看,"Search Engine"一词的最早出现和使用,主要是利用网络自动搜索软件,对 Internet 网络资源进行收集、整理与组织并提供检索服务的一类信息服务系统。

6.1.2 搜索引擎的起源与发展

一、搜索引擎的起源与发展

搜索引擎的祖先是 1990 年内蒙特利尔大学学生 Alan Emtage 发明的 Archie。虽然当时 World Wide Web 还未出现,但网络中文件传输还是相当频繁的,而且由于大量的文件散布在各个分散的 FTP 主机中,查询起来非常不便。因此 Alan Emtage 想到了开发一个可以以文件名查找文件的系统,于是便有了 Archie。美国内华达 System Computing Services 大学的研究员受到 Archie 的启发,在 1993 年开发了另一个与之非常相似的搜索工具 Veronica,不仅能检索文件,还能检索网页。美国犹他大学也随即推出了另一个检索工具——Jughead。

虽然 Archie、Veronica、Jughead 等这些检索工具虽然算不上是真正意义上的搜索引擎,但作为网络信息搜索的探索和先驱者,它们为后来搜索引擎的研制积累了宝贵的经验。

第6章 搜索引擎

1994年前后,网络上出现了最早的一批搜索引擎系统,至此,搜索引擎进入了快速发展阶段。最初的搜索引擎在解决信息查询问题时主要采取两种不同方式,一种主要采用关键词检索方式提供信息查询,如 AltaVista、Excite;另一种采用分类目录浏览方式服务于用户,如 Yahoo!。随后的几年中,一些著名的全文搜索引擎收集网页的数量已经达到千万计,提供的检索功能和一些附加服务功能也有了很大的提高。1998年以后,随着 Google、AnTheweb 等功能更为强大的新一代全文搜索引擎的出现,网络搜索的范围已达数十亿网页,并且在搜索速度、准确性和服务功能等方面有了更加显著的进步。

目前,互联网上有名有姓的搜索引擎已达数百家,其检索的信息量也与从前不可同日而语。随着互联网规模的急剧膨胀,一家搜索引擎已无法适应目前的市场状况,因此现在搜索引擎之间开始出现了分工协作,并有了专业的搜索引擎技术和搜索数据库服务提供商,如国内的百度就属于这一类,搜狐和新浪用的就是百度的技术。它们也被称作是搜索引擎的搜索引擎。

二、搜索引擎的发展方向

1. 更精确地搜索

搜索引擎技术本身的一个最重要的发展方向是提供更精确的搜索。当前的搜索引擎很多是"关键词搜索",不能处理复杂语义信息,功能比较强的也只能提供一些基本的条件组合查询功能和简单的语义查询。要想大幅度提供搜索引擎和搜索结果的准确度,必须建立在对收录信息和搜索请求的理解之上,即必须处理语义信息。未来人工智能技术将在搜索引擎方面大有作为。

2. 个性化搜索

提高搜索精确度的另一方面是提供"个性化搜索",也就是将搜索建立在个性化的搜索环境之下,个性化将使搜索更符合每个用户的需求,而不仅仅是准确度。

3. 更专业化的搜索引擎

各种专业搜索引擎和专门信息搜索引擎如雨后春笋般迅速发展起来。专业化的搜索引擎在提供专业信息方面有着大型综合引擎无法比拟的优势,它可以在某一个专业面上做得更好、更完善。

6.1.3 搜索引擎的类型

互联网上的搜索引擎种类繁多,其技术基础都是互联网技术和数据库技术,以及一些人工智能技术和多媒体技术。按照搜索引擎提供的功能和使用的技术来划分,目前互联网上的主要搜索引擎有:

一、目录搜索引擎

目录搜索引擎,也被称为网络资源指南,是浏览式的搜索引擎。它是由专业人员以人工或半自动的方式搜集网络信息资源,并将搜集、整理的信息资源按照一定的主题分类体系编制的一种可供浏览、检索的等级结构式目录（网站链接列表）。用户可以在分类目录中逐级浏览寻找相关的网站，分类目录中往往还提供交叉引，从而可以方便地在相关的目录之间跳转和浏览。目录型搜索引擎往往根据资源采集的范围来设计详细的目录体系，将网站信息系统地分类整理，提供一个按类别编排的网站目录，在每类中排列着属于这一类别的网站站名、网址链接、内容提要以及子分类目录，这就像一本电话号码簿一样，典型代表是Yahoo。国内的搜狐、新浪、网易搜索也都属于这一类。

目录型搜索引擎层次结构清晰、方便用户查询。而且所收录的网络信息资源经过了专业信息人员的鉴别、选择和组织，确保了检索工具的质量和检索的准确性。但目录搜索引擎的数据库规模相对较小，某些分类主题收录内容不够全面，系统更新、维护的速度受到很大的制约，查全率不高。目录型搜索引擎一般比较适合于查找综合性、概括性的主题概念或类属明确的课题。

二、全文搜索引擎

全文搜索引擎是通过从互联网上提取各个网站的信息（以网页文字为主）而建立的数据库中检索与用户查询条件匹配的相关记录，然后按一定的排列顺序将结果返回给用户。同分类目录搜索引擎的最大区别是搜索结果不是网站信息，而是符合检索条件的网页信息。

国外代表性的有Google、AltaVista、Teoma等，国内著名的有百度。从搜索结果来源的角度，全文搜索引擎又可细分为两种：一种是拥有自己的检索程序，并自建网页数据库，搜索结果直接从自身的数据库中调用；另一种则是租用其他引擎的数据库，并按自定的格式排列搜索结果。该类搜索引擎的优点是信息量大、更新及时、无须人工干预，缺点是返回信息过多，有很多无关信息，必须从结果中进行筛选。

三、元搜索引擎

元搜索自己并不收集网站或网页信息，通常也没有自己的数据库，而是将搜索请求同时发送到多个传统的搜索引擎，然后对各个搜索引擎的反馈结果再进行整理后返回给用户。元搜索引擎向其提交检索，请求的搜索引擎称为目标搜索引擎。

元搜索引擎是一种很有用的搜索工具，它特别适合两种搜索应用。

1. 使用单个关键词或词组进行检索，通过元搜索引擎一次提交就可以获得来自多个引擎的综合结果，显然比单独访问各个搜索引擎方便得多，而且元搜索引擎还可以自动过滤掉大量的重复信息。

2. 测试某个关键词检索在多个搜索引擎中的效果，使用元搜索显然是最方便的途径。

同时，元搜索引擎也存在很大的局限性。

（1）由于不同的搜索引擎所能支持的高级检索不同，处理方式也差别很大，因此现在的元搜索引擎都只能进行简单的关键词检索，不支持复杂的高级条件检索。

(2) 由于搜索处理时间的限制,现在的元搜索引擎一般在某一个目标搜索引擎上花费的时间都不长,所以一般对每个目标搜索引擎只获取了大约 10% 的信息。因此当你确实需要完整的信息时,元搜索引擎就无能为力了。鉴于这种情况,现在出现了一些专门的搜索软件,通过这样的软件可以向上百个搜索引擎提交请求,然后再对结果进行处埋。由于没有时间和带宽上的限制,所以可以长时间运行以得到更加丰富的检索结果。元搜索引擎中具有代表性是 Web-Crawler、InfoSpace 等。

6.2 搜索引擎的基本原理

6.2.1 搜索引擎的结构

无论是什么类型的搜索引擎,一般都由信息采集子系统、信息组织子系统与信息检索子系统 3 部分组成。

一、信息采集子系统

信息采集子系统负责发现、跟踪和采集网络信息资源。目前搜索引擎有人工和自动两种信息采集方式:人工采集是由专门的信息采集人员依据一定的采集原则,跟踪并选择实用的网站或网页,这种方式采集的资源质量较高,但成本高,效率低。自动采集是通过被称为"网络机器人"的计算机程序,定期对一定范围的网站进行搜索,用自动方式采集资源,速度快但资源质量不如人工。目前,一些搜索引擎采用人工、自动相结合的方式。

二、信息组织子系统

信息组织子系统负责组织所采集的网页信息,建立索引查询系统。即借助词位置认定、词频统计和一些特殊的算法,标引采集系统搜索到的网页信息,并抽取出索引项,建立索引数据库。索引数据库中的一条记录基本对应一个网页或网站。不同搜索引擎的标引方法和标引内容有所不同,有的是人工标引,有些是机器自动标引,有些对网页全文进行标引,有些只标引网页的地址、篇名、题名、特定段落和重要的词。不同的索引软件建立数据库的规模也不一样,数据规模大小决定查询的信息是否全面和查全率的高低。

信息组织子系统还需要针对不断更新内容的网页和不断变更的网页地址,完成索引数据的更新和维护,以保证索引数据库准确反映网络信息资源的当前状况。

三、信息检索子系统

信息检索子系统提供浏览器界面的信息查询。用户将检索要求提供给检索系统,搜索引擎根据输入的提问,在索引数据库中查找相应的语句,并进行必要的逻辑运算,将查询结果按相关程度排序并予以输出,只要通过搜索引擎提供的链接,就可以访问到相关信息。

6.2.2 搜索引擎的工作原理

搜索引擎并不是真正搜索互联网，它搜索的实际上是预先整理好的网页索引数据库。真正意义上的搜索引擎首先是通过网络机器人搜集信息，并对网页中的每一个关键词进行索引，建立网页索引数据库。在用户提交关键词后，网页索引数据库中相关的关键词都将作为搜索结果检索出来，通常搜索引擎会根据网页中关键词的匹配程度、出现的位置或频次、链接质量等，按照与关键词的相关度由高到低进行先后排序，再返回给用户。

搜索引擎的信息搜集是通过网络机器人或是网络蜘蛛来自动完成的。网络机器人或是网络蜘蛛从一组已知的文档出发，通过这些文档的超文本链接确定新的检索点，然后用"机器人"或"蜘蛛"周游这些新的检索点，标引这些检索点上的新文档，加入索引数据库组成倒排文档。

搜索引擎的自动信息搜集功能分两种：一种是定期搜索，即每隔一段时间，比如 Google 一般是 28 天，搜索引擎主动派出"蜘蛛"程序，对一定 IP 地址范围内的互联网站进行检索，一旦发现新的网站，它会自动提取网站的信息和网址加入自己的数据库；另一种是提交网站搜索，即网站拥有者主动向搜索引擎提交网址，它在一定时间内（2 天到数月不等）定向向你的网站派出"蜘蛛"程序，扫描你的网站并将有关信息存入数据库，以备用户查询。出于近年来搜索引擎搜索规则发生了很大变化，主动提交网址并不保证你的网站能进入搜索引擎数据库，因此目前最好的办法是多获得一些外部链接，让搜索引擎有更多机会找到你并自动将你的网站收录。

大型搜索引擎的数据库存储了互联网上几亿至几百亿个网页索引，数据量达到几千 GB 甚至几万 GB。但即使最大的搜索引擎建立超过两百亿网页的索引数据库，也只能占到互联网上普通网页的 30% 左右。而互联网上更多的内容，是搜索引擎无法抓取索引的，也是用户无法用搜索引擎检索到的。如何有效利用搜索引擎搜索到网页索引数据库里存储的相关内容是用户最为关心的问题。互联网虽然只有一个，但由于各搜索引擎的能力和偏好不同，索引抓取的网页各不相同，排序算法也不相同。有数据表明，不同搜索引擎之间的网页数据重叠率一般在 70% 以下。这就需要用户学习搜索技巧，灵活运用不同的搜索引擎去搜索不同的内容，从而大幅度地提高搜索能力和增强搜索效果。

6.2.3 搜索引擎的工作流程

搜索引擎是 Internet 上的一个网站，它的主要任务是在 Internet 上主动搜索 Web 服务器信息并将其自动索引，其索引内容存储于可供查询的大型数据库中。当用户输入关键字查询时，该网站会告诉用户包含该关键字信息的所有网址，并提供通向该网站的链接。

对于各种搜索引擎,它们的工作过程基本一样,包括以下 3 个方面:

一、在网上搜寻所有信息

访问网络中公开区域的每一个站点并记录其网址,从而创建出一个详尽的网络目录。各搜索引擎工作的最初步骤大致都是如此。

二、将信息进行分类整理,建立搜索引擎数据库

在进行信息分类整理阶段,不同的系统会在搜索结果的数量和质量上产生明显的不同。首先分析数据库中的地址,以判别哪些站点最受欢迎(比如:通过测定该站点的链接数量),然后再用软件记录这些站点的信息。记录的信息包括从标题到整个站点所有文本内容以及经过算法处理后的摘要。当然,最重要的是数据库的内容必须经常更新、重建,以保持与信息世界的同步发展。

三、通过 Web 服务器端软件,为用户提供浏览器界面下的信息查询

每个搜索引擎都提供了一个良好的界面,并具有帮助功能。用户只要把想要查找的关键字或短语输入查询栏中,并单击"搜索"按钮,搜索引擎就会根据用户输入的提问,在索引中查找相应的词语,并进行必要的逻辑运算,最后给出查询的命中结果。用户只需通过搜索引擎提供的链接,马上就可以访问到相关信息。有些搜索引擎将搜索的范围进行了分类,查找可以在用户指定的类别中进行,这样可以提高查询效率,搜索结果的"命中率"较高,从而节省了搜寻时间。

6.3 常用搜索引擎

6.3.1 Google

一、Google 简介

1996 年,斯坦福大学的博士研究生拉里佩奇(Larry Page)和谢尔盖·布林(Sergey Brin)在学生宿舍内共同开发了全新的在线搜索引擎"BackRub",后来命名为"Google"。1998 年 9 月 7 日,他们在美国正式创立了 Google 公司,公司总部位于加利福尼亚山景城。

Google 一词源于数学术语"googol",即 10 的 100 次方,表示数字 1 后跟 100 个零的巨大数字。Google 采用这个词作为公司的名称,反映了公司想征服互联网上海量信息资源的雄心和使命,使人人皆可访问并从中受益。2006 年,公司正式启用"谷歌"为中文名。

Google 网站于 1999 年下半年正式启动,公司始终坚持以"完美的搜索引擎"为口号,"不作恶"为原则,经过 14 年的发展壮大,目前被公认为是全球规模最大的搜索引擎。由于使用了 PageRank 技术,Google 在网络访问的广度和信息的相关性、时效

性、全面性、快速性方面始终领先于其他搜索引擎。它可以为用户提供简单易用的免费服务,用户可以在瞬间得到相关的搜索结果。目前,Google可以提供118种语言用来自定义界面,46种语言用以显示网页,均包括简体中文和繁体中文,用户可根据自己的需要自行选择。Google收录了10亿多个网址供搜索。

图6-1 Google基本搜索界面

二、Google常规主页介绍

Google中文网站的网址是www.google.com.hk,在浏览器的"地址栏"中输入后即可进入到Google的常规中文首页界面,各种功能如下所述。

1. 基本搜索框

Google常规主页搜索界面非常清爽,进入主页后,呈现在用户面前的就是醒目的Google彩色Logo,Logo下方便是基本搜索框。一般情况下,直接在搜索框内输入需要查询的关键词,单击搜索框下方的"Google搜索"按钮即可轻松完成搜索任务。关键词可以是单字、一个或几个词、短语或者一句话。

2. 高级搜索

Google常规主页的快速搜索框右边提供了"高级搜索"检索模式。单击"高级搜索"超链接,即可打开Google高级搜索的界面,如图6-2所示。与前面介绍的快速搜索模式相比较,Google的高级搜索功能增加了很多搜索条件的设置,操作相对复杂,但进行网页搜索以及其他各种信息的搜索能力却更强大,如果再结合Google高级搜索的搜索技巧,便可以大大提高搜索信息的准确度和效率,更快速地满足用户的信息需求。

Google的"高级搜索"功能主要是在某一搜索过程中通过限定主要关键词来缩小搜索网页的范围,而且可以同时通过设置需要查找的网页的"语言"、"地区"、"网站或域"等条件来缩小搜索结果范围,最终实现以下各种搜索功能。

"语言":限定搜索用户所选语言的网页。

"地区":搜索用户特定地区发布的网页。

"更新时间":限定搜索指定时间内更新的网页,如一天内、一周内、一个月内、一年内或任何时间。

"网站或域":将搜索范围限定在某个网站中,或将搜索结果限制为特定的域类型(例如:.edu、.org 或.gov)。

图 6-2　Google 高级搜索界面

6.3.2　百　度

Baidu(百度)是目前中国大陆市场占有率最高的搜索引擎,网址是 http://www.baidu.com,百度首页如图 6-3 所示。

一、选择适当的查询词

搜索技巧,最基本同时也是最有效的,就是选择合适的查询词。选择查询词是一种经验积累,在一定程度上也有章可循。

表述准确时百度会严格按照您提交的查询词去搜索,因此,查询词表述准确是获

图 6-3 百度首页

得良好搜索结果的必要前提。

一类常见的表述不准确的情况是,脑袋里想着一回事,搜索框里输入的是另一回事。

另一类典型的表述上的不准确,是查询词中包含错别字。

例如,要查找范冰冰的照片,用"范冰冰照片",当然是没什么问题,但如果写错了字,变成"范彬彬照片",搜索结果就差远了。

不过好在,百度对于用户常见的错别字输入,有纠错提示。您若输入"范彬彬照片",在搜索结果上方,会提示"您要找的是不是:范冰冰照片"。

二、查询词的主题关联与简练

目前的搜索引擎并不能很好地处理自然语言。因此,在提交搜索请求时,最好把自己的想法,提炼成简单的,而且与希望找到的信息内容主题关联的查询词。

还是用实际例子说明。某小学五年级的学生,想查一些关于时间的名人名言,他的查询词是"小学五年级关于时间的名人名言"。

这个查询词很完整地体现了搜索者的搜索意图,但效果并不好。

绝大多数名人名言,并不分小学、中学、大学,更不分年级,因此,"小学五年级"事实上和主题无关,会使得搜索引擎丢掉大量不含"小学五年级"但非常有价值的信息;"关于"也是一个与名人名言本身没有关系的词,多一个这样的词,又会减少很多有价值的信息;"时间的名人名言",其中的"的"也不是一个必要的词,会对搜索结果产生干扰;"名人名言",名言通常就是名人留下来的,在名言前加上名人,是一种不必要的重复。因此,最好的查询词,应该是"时间名言"。

三、下载软件

日常工作和娱乐需要用到大量的软件,很多软件属于共享或者自由性质,可以在网上免费下载到。

1. 直接找下载页面是最直接的方式。软件名称,加上"下载"这个特征词,通常

第6章 搜索引擎

可以很快找到下载点。

例如:Photoshop 下载。

2. 在著名的软件下载网站找软件。由于网站质量参差不齐,下载速度也快慢不一。

如果我们积累了一些好用的下载网站,如天空网、华军网、电脑之家等,就可以用site 语法把搜索范围局限在这些网站内,以提高搜索效率,写法是:网际快车 site:网址。

四、搜索产品使用教程

安装了一个新软件购买了新的产品,如笔记本计算机、数码相机等,通常需要一个详细的教程。此类教程在书店里常可以买到,但在网上一样也可以搜索到。教程的搜索有两个要点,第一个要点是,这个教程是针对什么产品做的,这点比较好确定,比如说,我们想找 Office 2010 的教程,这第一个要点就是 Office 2010 了;第二个要点是,教程里出现的关键词汇,通常出现的特征关键词有:教程、指南、使用指南、使用手册、从入门到精通等,通常会有汉语拼音的"jiqiao"来标注这个页面是技巧帮助性页面。通过一次搜索就达到目的通常会有些困难,但多次试验,总会构建出一个非常好的搜索关键词。

例如:3ds Max 使用技巧。

例如:数码相机使用指南。

五、英汉互译

每个人都有英文词典,但翻词典一是麻烦,速度慢,二是可能对某些词汇的解释不够详尽。中译英就更是如此了,多数词典只能对单个汉字词语做出对应的英文解释,但该解释在上下文中并不贴切,利用搜索引擎进行英汉互译的一个长处就在于,可以比较上下文,使翻译更加精确。

百度本身提供了英汉互译功能。对找到释义的汉字词语或者英文单词词组,在结果页的搜索框上面会出现一个"词典"的链接,单击链接,就可以得到相应的解释。

六、搜索专业报告

很多情况下,我们需要权威性的、信息量大的专业报告或者论文。例如,我们需要了解中国互联网的状况,就需要找一个全面的评估报告,而不是某某记者的一篇文章;我们需要对某个学术问题进行深入研究,就需要找这方面的专业论文。找这类资源,除了构建合适的关键词之外,我们还需要了解一点,那就是:重要文档在互联网上存在的方式,往往不是网页格式,而是 DOC 文档或者 PDF 文档。我们都熟悉 DOC 是 Office 中的 Word 文档,PDF 文档是 Adobe 公司开发的一种图文混排的电子文档格式,能在不同平台上浏览,是电子版的标准格式之一。

百度以 filetype:这个语法来对搜索对象做限制,冒号后是文档格式,如 PDF、

DOC、XLS 等。

例如:金庸　武侠 filetype:PDF。

七、查找论文

1. 找论文网站

网上有很多收集论文的网站。先通过搜索引擎找到这些网站,然后再在这些网站上查找自己需要的资料,这是一种方案。找这类网站,简单地用"论文"做关键词进行搜索即可。比如:中文网站有 CNKI,万方和维普等。

2. 直接找特定论文

除了找论文网站,我们也可以直接搜索某个专题的论文。看过论文的都知道,一般的论文,都有一定的格式,除了标题、正文、附录外,还需要有论文关键词、论文摘要等。其中,"关键词"和"摘要"是论文的特征词汇。而论文主题,通常会出现在网页标题中。例如:关键词摘要 intitle:软件。

八、查找范文

1. 写应用文的时候,找几篇范文对照着写,可以提高效率

找市场调查报告范文、市场调查报告的网页,有几个特点:第一是网页标题中通常会有"×××调查报告"的字样;第二是在正文中,通常会有几个特征词,如"市场"、"需求"、"消费"等。于是,利用 intitle 语法,就可以快速找到类似范文。

例如:市场消费需求 intitle:调查报告。

2. 找申请书范文

申请书有多种多样,常见的有国外大学申请书。申请书有一定的格式,因此只要找到相应的特征词,问题也就迎刃而解。比如国外大学申请书最明显的特征词就是"我申请某某大学"。

3. 找工作总结范文

首先要了解总结会有什么样的特征词,总结有一定的固定模式,"一、二、三","第一,第二,第三","首先,其次,最后"。而且总结的标题中,通常会出现"总结"两个字,于是,问题就很好解决了。

例如:第一第二第三 intitle:总结。

九、找医疗健康信息

互联网上有大量的健康和疾病治疗方面的资料信息,它就像一个三级甲等医院。

1. 根据已知疾病查找治疗方式

这类资料通常有这样的特点,在标题中会注明疾病的名称,同时会有诸如"预防"、"治疗"、"消除"等特征性关键词。于是,用疾病名称和特征性关键词,就可以搜到相关的医疗信息,如"减肥",又如"预防感冒"。

2. 找专业疾病网站

对于某些综合类疾病,如心脏病、高血压等,可以先用搜索引擎查找这类疾病的权威专业网站,然后到这些专业网站上求医问药,获取有关知识。找这类网站很简单,就是用疾病名称作关键词搜索。搜索引擎通常会把比较权威、质量比较高的网站列在前面,如"心脏病"。

3. 根据症状找疾病隐患

经常还会有这样的需求,已知身体不舒服的症状,希望知道可能的疾病隐患是什么。这也可以通过搜索引擎解决问题。一般的疾病介绍资料,通常会有疾病名称、疾病症状、治疗方法等部分。我们描述的症状,如果和某个网页中的疾病症状刚好符合,搜到这样的网页,疾病名称也就知道了。做这类搜索的关键是,如何把症状现象用常用的表达方式提炼出来。

十、找明星资料

很多年轻人都有偶像,搜罗这些偶像的资料,是对偶像表示崇拜的一种方式。

1. 搜索明星官方网站

很多大牌明星都有自己的官方网站,用以发布自己的最新消息,以及与崇拜者做线上交流,这样的网站叫 Official Site(官方网站)。还有一些崇拜者,收集的偶像资料比较丰富,就自己做了一个网站以示崇拜,这样的网站叫作 Fans Site。而大型的门户网站,通常为明星建有专门的娱乐频道。这些网站或者频道,通常信息比较丰富。直接找到这类网站,资料收集也就轻松很多了。找这类网站很简单,就是在搜索引擎中输入明星的名字,排在前列的网站,通常都具有比较丰富的内容。

例如:成龙。

2. 搜索明星图片

明星图片除了在官方网站、Fan site、明星频道中出现,还会在其他的图片网站栏目中出现。用明星的名字,加上"图片"、"写真"、"相册"、"图集"等图片特征关键词进行搜索。

例如:章子怡写真。

3. 搜索明星档案

想了解明星的生日或主要成就,除了到官方网站和门户网站的明星频道中找,也可以通过网页搜索直接获取。这些档案页面,通常有一些特定的词汇,如"身高"、"籍贯"、"生日"等;而明星的名字,则通常出现在网页标题中。用明星名字加上这些特征词,就可以快速找到明星档案。

例如:施瓦辛格 身高。

例如:档案 intitle:史泰龙。

十一、查找产品信息

对于高价值的产品,我们在购买之前通常会做一个细致的研究,通过对比,择优而购。研究过程中,会需要很多资料,如产品规格、市场行情、别人对产品的评价等。

如何通过搜索引擎获取这些资料呢?

1. 到制造商的官方网站上找第一手产品资料

对于高价值的产品,制造商通常会有详细而且权威的规格说明书。很多公司不但提供网页介绍,还把规格书做成 PDF 文件供人下载。利用前面小节谈到的企业网站查找办法找到目标网站,然后利用 site 语法,直接在该网站范围内查找需要的产品资料。

例如:mp3 播放器 site:Samsung.com.cn。

2. 找产品某个特性的详细信息

我们可能非常关注特定产品的某个特性。举例说,我们想了解一下著名剃须刀品牌吉列产品的情况,就可以直接用产品型号,以及"旋转"这个特征词搜索媒体或者其他用户对这个产品的这个特性的评价。

例如:吉列 旋转。

十二、查找网上购物信息

1. 直接找商品信息

网络商城的页面都具有一定的特点,除了商品名称会被列举出来外,页面上通常会有一些肯定会出现的特征词,如"价格"、"销量"等。于是,用商品名称加上这些特征词,我们就能迅速地找到相关的网页。

2. 找购物网站

除了直接搜商品信息外,我们也可以先找一些著名的购物网站,然后在站内进行搜索。找这类购物网站比较简单,就是用类似"购物"这样的查询词进行搜索。

例如:购物。

十三、查找企业或者机构的官方网站

很多时候,我们需要到企业或者机构的官方网站上查找资料。如果不知道网站地址的话,首先就需要通过搜索引擎获得企业或者机构的网站域名。通过企业或者机构的中文名称查找网站,这是最直接的方式。我们可以直接利用企业在网络用户中最为广泛称呼的名称作为关键词进行搜索。

例如:海尔电冰箱。

例如:奥迪汽车。

6.3.3 专题性搜索引擎

一、地图搜索引擎

1. 百度地图搜索引擎

网址:http://map.baidu.com

百度地图是百度提供的一项网络地图搜索服务,覆盖了国内近 400 个城市、数千

个区县。在百度地图里,用户可以查询街道、商场、楼盘的地理位置,也可以找到离您最近的所有餐馆、学校、银行、公园等等。2010年8月26日,在使用百度地图服务时,除普通的电子地图功能之外,新增加了三维地图按钮。2014年12月15日,百度与诺基亚达成协议,未来诺基亚地图及导航业务Here将向百度提供中国内地以外的地图数据服务。

2. Google地图搜索引擎

网址:http://www.google.cn/maps

谷歌地图是Google公司提供的电子地图服务,包括局部详细的卫星照片。此款服务可以提供含有政区和交通以及商业信息的矢量地图、不同分辨率的卫星照片和可以用来显示地形和等高线地形视图。在2014年3月5日谷歌表示印度22个城市的用户已经可以访问谷歌地图中75个在当地比较流行的室内场地地图,包括位于古尔冈的Ambience Mall,以及德里的Select City Walk购物中心等。

3. 中搜地图搜索引擎

网址:http://map.zhongsou.com/

中搜地图能帮助用户查找指定城市的建筑、餐厅、超市、商业公司等最新资料,提供了公交及地铁换乘查询服务,也提供了"驾车路线"查询服务。

二、新闻搜索引擎

1. 百度新闻搜索

网址:http://news.baidu.com/

百度新闻是目前世界上最大的中文新闻搜索平台,每天发布多条新闻,新闻源包括500多个权威网站,热点新闻由新闻源网站和媒体每天"民主投票"选出,不含任何人工编辑成分,没有新闻偏见,真实反映每时每刻的新闻热点。百度新闻为从媒体从业人员、公司管理人员、专业营销人员到Blogger等各类人士提供功能强大的新闻浏览及搜索服务,方便他们更好地进行工作与生活。

2. 网易新闻搜索

网址:http://news.163.com/

网易新闻以满足用户的个性化需求为目标,随时向用户呈现最新最热的新闻。同时网易新闻手机版客户端,因体验最流畅、新闻最快速、评论最犀利而备受推崇。

3. 中搜咨询搜索

网址:http://zixun.zhongsou.com/

中搜咨询搜索的主要特点是即时性和全面性,搜索超过1 500家新闻网站的1分钟内的新闻,充分体现信息时代瞬息万变的特性需求,同时中搜咨询搜索将新闻结果自动分类,帮助用户更快的查找所需的内容。提供时间和相关性两种排序方式,也可以采用智能排序方式,用户可以定制自己的排序方式。

三、音乐搜索引擎

1．SoGua

网址：http://sogua.com

SoGua依托国际先进的引擎技术对全球网络娱乐资源进行检索服务，为用户提供海量的娱乐数据资源，被美国权威的zdnet评为2001年度百佳中文网站，Alexa全球五星级网站，是目前国内受到较高美誉的音乐类网站。

2．百度音乐搜索

网址：http://music.baidu.com/

百度音乐提供正版高品质音乐、最权威的音乐榜单、最优质的歌曲整合歌单推荐、最契合你的主题电台、最全的MV视频库、最人性化的歌曲搜索，可以更快地找到喜爱的音乐。

百度音乐在重视并支持正版的事业上付出了巨大努力，同时也开始与民间独立音乐人的世界接轨，通过百度音乐人社区，融合了多方优秀的音乐制作人、原创艺人、甚至草根艺人，百度音乐将这些音乐整合打包向用户输出，也更加体现了对原创音乐的支持和推广。

四、视频搜索引擎

1．新浪视频搜索

网址：http://video.sina.com.cn/

2004年底，伴随网络视频刚刚在世界范围内兴起，宽带时代和流媒体技术发展的必然，新浪视频的前身新浪宽频成立。经过多年的发展和壮大，成立了门户网站中第一个视频频道——新浪视频。

新浪视频在2006～2009年连续四年荣获最受网民信赖的新闻媒体，被誉为"世界各地及时快速的新闻线报"。5 000位资深拍客爆料全球事件，1 000档国内外优秀电视栏目提供内容，2 000家原创社团提供作品。

2．百度视频搜索

网址：http://video.baidu.com/

百度视频搜索是全球最大的中文视频搜索引擎。百度汇集几十个在线视频播放网站的视频资源而建立的庞大视频库。百度视频搜索拥有最多的中文视频资源，提供用户最完美的观看体验。内容包括互联网上用户传播的各种广告片、预告片、小电影、网友自录等视频内容，以及WMV、RM、RMVB、FLV、MOV等多种格式的视频文件检索。

五、图片搜索引擎

1．百度图片搜索

网址：http://image.baidu.com/

第6章 搜索引擎

百度图片搜索引擎是世界上最大的中文图片搜索引擎,百度从8亿中文网页中提取各类图片,建立了世界第一的中文图片库。截至2004年底,百度图片搜索引擎可检索图片已超过7千万张。百度新闻图片搜索从中文新闻网页中实时提取新闻图片,它具有新闻性、实时性、更新快等特点。

2. 必应图片搜索

网址:http://cn.bing.com/images/

微软必应(英文名:Bing)是微软公司于2009年5月28日推出,用以取代Live Search的全新搜索引擎服务。为符合中国用户使用习惯,Bing中文品牌名为"必应"。作为全球领先的搜索引擎之一,截至2013年5月,必应已成为北美地区第二大搜索引擎。微软必应图片搜索拥有来自国内和海外的海量图库,致力于为中国用户提供最好的国内外图片搜索服务。

6.4 如何使用搜索引擎

搜索引擎为用户查找信息提供了极大的方便,你只需输入几个关键词,任何想要的资料都会从世界各个角落汇集到你的电脑前。然而如果操作不当,搜索效率也是会大打折扣的。比方说你本想查询某方面的资料,可搜索引擎返回的却是大量无关的信息。这种情况责任通常不在搜索引擎,而是因为你没有掌握提高搜索精度的技巧。

一、选择合适的搜索引擎

由于各搜索引擎的能力和偏好不同,所以抓取的网页不相同,排序算法也不相同。一般来说,如果是搜索英文信息,使用Google会更为有效,搜索中文信息则倾向于使用百度。但根据笔者个人的使用经验,即使是在中文信息领域,如果单就搜索的准确性而言,目前Google仍占据着明显优势,应成为首选。另外要注意的是,不同搜索引擎之间的网页数据重叠率一般在70%以下。当使用某搜索引擎搜索结果不佳时,有必要尝试更换搜索引擎。

二、搜索关键词提炼

选择正确的关键词是一切的开始。学会从复杂搜索意图中提炼出最具代表性和指示性的关键词对提高信息查询效率至关重要,这方面的技巧(或者说经验)是所有搜索技巧之母。搜索条件越具体,搜索引擎返回的结果就越精确,有时多输入一两个关键词效果就完全不同,在确定检索词时要缩小检索范围。应避免使用没有检索意义的虚词,这是搜索的基本技巧之一。

三、选择合适的检索表达式

由于网上信息量巨大,泛指词汇的使用或截词过短,将直接影响所查信息的准确性。因此,搜索逻辑命令通常是指布尔命令"AND"、"OR"、"NOT"及与之对应的"＋"、"－"等逻辑符号命令。用好这些命令同样可使我们日常搜索达到事半功倍的效果。

四、利用二次检索功能

当第一次查询的结果数据量太大不能让用户满意的时候,可以利用二次检索功能,进行进阶查询。就是利用第一次检索的结果作为信息源,在这个范围内再确定新的检索词继续查找,缩小检索范围。

思考题:

1. 搜索引擎分为哪几种类型?
2. 什么是全文搜索引擎?列举有代表性的国内外全文搜索引擎。
3. 简述搜索引擎的工作流程。
4. 如果要检索音乐或视频文件,可以选择哪些搜索引擎?
5. 如何利用"百度"查找国内著名旅游景点介绍的相关信息,写出详细过程。

第 7 章

图书馆文献检索

7.1 图书馆的类型

图书馆作为文化、科学、教育机构,种类繁多,大小规模不一,按其所属主管和服务对象不同,可将图书馆划分为 3 种类型:一是为社会公众提供服务的公共图书馆;二是存在于高校内的高等院校图书馆;三是依附于科研院所的专业图书馆。

7.1.1 公共图书馆

公共图书馆是面向社会公众开放的图书馆,担负着为大众服务和科学研究的双重任务,其中为大众服务,普及科学文化知识,提高全民科学文化水平是它的首要任务。它的藏书非常广泛,大多比较综合,内容涉及各个学科,通俗性、学术性兼顾。除满足一般读者需求外,公共图书馆都会有一些独具地方特色的馆藏,如图书馆的地方志文献特藏。国际图联 1975 年将公共图书馆的社会职能概括为 4 条:①保存人类文化遗产;②开展社会教育;③传递科学信息;④开发智力资源。

公共图书馆的服务对象包括各种类型、各种层次、各种年龄、各种文化程度、各种民族的读者,特别注意为少年儿童、老人和残疾人服务。业务活动除书刊借阅、参考咨询外,还经常举办文化艺术展览或科普讲座活动。

我国的公共图书馆按行政区划建立,包括省、市、自治区图书馆,地、市图书馆和县(区)图书馆等。中国国家图书馆是我国最大的公共图书馆,是国家的藏书中心、书目中心、图书馆研究中心、馆际互借中心和国际书刊交换中心。它代表了一个国家图书馆事业的发展水平。中国国家图书馆是亚洲最大的图书馆,是世界五大图书馆之一,以其善本图书丰富而著称。它是中国图书馆事业发展的重要标志之一。服务网址:http://www.nlc.gov.cn。

中国国家图书馆(National Library of China)(如图 7-1 所示)是国家总书库,国家书目中心,国家古籍保护中心,国家典籍博物馆。履行国内外图书文献收藏和保护的职责,指导协调全国文献保护工作;为中央和国家领导机关、社会各界及公众提供文献信息和参考咨询服务;开展图书馆学理论与图书馆事业发展研究,指导全国图书馆业务工作;对外履行有关文化交流职能,参加国际图联及相关国际组织,加强与国内外图书馆的交流与合作。中国国家图书馆旧称为北京图书馆,一般简称"国图"。1987年落成的白石桥新馆(现称总馆南区)建筑面积14万平方米,裙楼分布在主楼两侧,并形成两个面积甚大的天井,天井内为花园,形成楼中有园的独特景致,裙楼地上5层地下1层,分布着图书馆的各个功能单元,设有各具特色的阅览室46个,其中开架阅览室23个,日均可接待读者六七千人次。该建筑还曾被评为"八十年代北京十大建筑"榜首(2011年起闭馆维修改造,2014年初改造完成后重新开馆)。总馆南区包括北海公园附近的文津街分馆,馆舍面积共17万平方米。2008年9月9日二期馆舍(现称总馆北区)建成并投入使用,国家图书馆建筑总面积增至28万平方米。国家图书馆每年大约要接待海内外读者400多万人次。

图7-1　中国国家图书馆

中国国家图书馆馆藏丰富,品类齐全,古今中外,集精结粹。作为国家藏书机构,中国国家图书馆依法接收中国大陆各出版社送缴收藏的出版样书,此外还收藏中国大陆的非正式出版物,例如:各高校的博士学位论文均在中国国家图书馆的收藏之列。是图书馆学专业资料集中收藏地和全国年鉴资料收藏中心。从藏书量和图书馆员的数量看,中国国家图书馆是亚洲规模最大的图书馆,世界上最大的国家图书馆之一,是世界著名的国家图书馆。中国国家图书馆的藏书可上溯到700多年前的南宋皇家缉熙殿藏书,最早的典藏可以远溯到3 000多年前的殷墟甲骨。国家图书馆的馆藏文献中珍品特藏包括善本古籍、甲骨金石拓片、中国古旧舆图、敦煌遗书、少数民族图籍、名人手稿、革命历史文献、家谱、地方志和普通古籍等290多万册(件)。截至2013年底,中国国家图书馆的藏书容量达3 244.28万册(件),居世界国家图书馆第五位,并以每年百万册(件)的速度增长,其中价值连城的古籍善本就有200余万册,著名的《永乐大典》、《四库全书》等举不胜举。其中尤以"四大专藏"即"敦煌遗书"、"赵城金藏"、"永乐大典"和"文津阁四库全书"最受瞩目。随着信息载体的变化和电子网络服务的兴起,国家图书馆不仅收藏了丰富的缩微制品、音像制品,还拥有了大量数字资源,截至2013年底,数字资源总量874.5 TB,其中自建数字资源总量737.9 TB,提供使用的中外文数据库达273个。

经过百余年不懈努力,国家图书馆已建成富有自身特色的藏用并重的格局,形成了精华尽收、从传统到现代的民族文化宝库。

7.1.2 高等学校图书馆

高等学校图书馆是学校的文献情报中心,是为教学和科学研究服务的学术性机构,图书馆工作是学校教学和科学研究工作的重要组成部分,承担着教育职能与信息服务职能。教育部颁发的《普通高等学校图书馆规程(修订)》规定的高等学校图书馆的主要任务是:①采集各种类型的文献资料,进行科学的加工整序和管理,为学校的教学和科学研究工作提供文献情报保障;②开展流通阅览和读者辅导工作;③开展用户教育,培养师生的情报意识和利用文献情报的技能;④开发文献情报资源,开展参考咨询和情报服务工作;⑤统筹、协调全校的文献情报工作;⑥参加图书情报事业的整体化建设,开展多方面的协作,实行资源共享;⑦开展学术研究和交流活动。

在国内众多的高校图书馆中以北京大学图书馆、清华大学图书馆最为著名。清华大学图书馆(如图7-2所示)前身为1911年4月创办的清华学堂图书室,1928年清华学堂正式命名为国立清华大学,图书室改名为清华大学图书馆,1919年和1931年分批兴建了馆舍。朱自清、潘光旦曾任馆长。新馆于1987年开始兴建,1991年7月竣工。清华大学图书馆系统由校图书馆及文科、经管、法律、建筑、美术、医学和金融7个专业图书馆组成,建筑总面积约57 229平方米,阅览座位3 500余席;实体馆藏总量463.0万册(件),包括22万多册古籍和一批甲骨、青铜器和名人字画等文物珍品。到2013年底,清华大学图书馆的馆藏总量约有463.0万册(件),形成了以自然科学和工程技术科学文献为主体,兼有人文、社会科学及管理科学文献等多种类型、多种载体的综合性馆藏体系。除中外文图书外,馆藏资源还包括:古籍线装书22万多册;期刊合订本约有56万余册;年订购印刷型期刊3 103种;本校博、硕士论文11.6万余篇;缩微资料2.8万种;各类数据库464个;中外文全文电子期刊6.5万余种;中外文电子图书超过640.9万册,电子版学位论文约有235.5万篇。

图7-2 清华大学图书馆外观

7.1.3　科学和专业化图书馆

这类图书馆是指中国科学院、中国社会科学院及研究所的图书馆,还有政府部门及其所属研究院(所)和大型厂矿企业的技术图书资料室,以及一些专业性的图书馆。其服务对象主要是各种专业人员,主要任务是为科学研究和生产技术开发服务。其藏书的学科专业性强,一般按所属单位的科研、生产任务建立藏书体系,同时注重国内外专业信息资料的搜集,其收藏重点是能够支持本单位科学科研的专著、学术会议录、学术期刊和参考工具书,国外文献占很大比例,特别是国外期刊。

中国科学院国家科学图书馆(如图7-3所示)于2006年3月由原科学院所属的文献情报中心、资源环境科学信息中心、成都文献情报中心和武汉文献情报中心4个机构整合组成,实行理事会领导下的馆长负责制。总馆设在北京,下设兰州、成都、武汉3个二级法人分馆,并依托若干研究所(校)建立特色分馆。

图7-3　中国科学院国家科学图书馆

该馆立足科学院、面向全国,主要为自然科学、边缘交叉科学和高技术领域的科技自主创新提供文献信息保障、战略情报研究服务、公共信息服务平台支撑和科学交流与传播服务,同时通过国家科技文献平台和开展共建共享为国家创新体系其他领域的科研机构提供信息服务。

该馆现有馆藏图书1 145余万册(件)。近年来,国家科学图书馆大力加强网络化、数字化文献资源建设,启动了国家科学数字图书馆建设项目,已逐步完成了从传统图书馆向数字图书馆的模式转变,而且开始走上知识情报研究与知识服务中心的发展道路。

该馆是图书馆学和情报学两个学科的硕士学位和博士学位授予单位,现有在读研究生近100人;常年接收高级访问学者和组织专业继续教育。

中国科学院国家科学图书馆是国际图书馆协会与机构联合会(IFLA)的重要成员。近年来,国家科学图书馆积极组织、参与高层次专门化的国际学术交流活动,目前已经与美国、德国、韩国、俄罗斯等多个国家的文献情报机构建立了稳定的合作关系。

7.2 图书馆分类及排序方法

7.2.1 国内常用图书分类法简介

随着社会的进步和科技的发展,人们对文献资料的需求量将越来越大,要求也越来越高。同时,文献资料又时刻处在动态之中。图书馆作为文献信息中心,是搜集、整理、收藏文献资料的机构。任何一个图书馆,不论其藏书量多少,都必须对馆藏文献资源进行科学的分类和排架,以便读者有效、充分地利用。作为读者必要了解和熟悉图书馆的图书分类体系和排架规则,方能有的放矢。而图书分类就是依据图书资料的内容和形式等特征,科学地揭示和组织图书资料的一种方法。

图书分类就是根据图书的科学知识内容,按知识门类进行排列、组合。在组合中,给某种图书一定位置,并规定类号,把内容相同或相近的图书集中,使之条理化、系统化。这对科学管理图书,提高图书发行统计质量,具有重要意义。对图书进行分类,不仅便于陈列,方便读者选购,而且便于了解各类图书流转的过程。

用来划分某一类图书资料时所依据的某种属性特征,称为分类的标准,分为基本标准和辅助标准。基本标准包括:内容标准、形式标准、社会作用标准;辅助标准包括:时间标准、地区标准、内容的组织结构标准、文种标准、表达方式标准、著述方式标准、版式标准、装帧形式标准、制作方法标准等。辅助标准可与基本标准配合使用,也可单独使用。对整体来说,是把具有不同属性的图书加以区分,把具有相同属性的图书加以类集,并用排列次序来标志它们之间的相互关系和内在联系,组成一个系统,以便按知识的逻辑系统来分类排架,以便利用。这样,就能够集中反映了图书的类别,读者要借阅哪方面的图书,便可按类寻找,并从分类体系中了解到内容相近的其他图书,从而扩大了查找范围。

图书分类必须有一个标准可依据,这个标准就是图书分类法。图书分类法是按照一定的思想观点,以科学分类为基础,结合图书资料的内容和特点,分门别类组成的分类表。

我国的图书分类法历史悠久,被公认的我国最早反映图书分类体系的著作,是公元前28年的《七略》。"略"就是"类"的意思。这是西汉成帝时由刘向、刘歆父子编成的一部图书分类目录,也可以说是我国最早的一部图书分类法。此后的历代政府都编有反映历代藏书或一代藏书的分类目录,还有一些私人编制的分类目录。

新中国成立以后,有关人士对图书分类的方法进行了诸多探索,创立了很多种分类方法。现在全国推行较广、影响较大的图书分类法有:《中国图书馆分类法》、《中国科学院图书馆分类法》、《中国人民大学图书馆图书分类法》等。

一、中国图书馆分类法

1. 产生背景

《中国图书馆分类法》(Chinese Library Classification,CLC)(原称《中国图书馆图书分类法》))是新中国成立后编制出版的一部具有代表性的大型综合性分类法,是当今国内图书馆使用最广泛的分类法体系,简称《中图法》。它由北京图书馆、中国科学技术情报所等单位共同编制完成。《中图法》初版于1975年,到2010年出版了第5版。目前,《中图法》是当今国内图书馆使用最广泛的分类法体系,国内主要大型书目、检索刊物、机读数据库,以及《中国国家标准书号》等都按《中图法》进行分类。

基本部类是图书分类法最核心的部分,是分类表的骨架,也是类目表纲目。它的主要功能是给整个分类表构造一个框架。同时它也是编制分类表的基本指导思想。

《中图法》将知识门类分为"哲学"、"社会科学"和"自然科学"三大部类。马列主义、毛泽东思想是指导我们思想的理论基础,作为一个部类,列于首位。此外,根据图书本身的特点,将一些内容庞杂、类无专属,无法按某一学科内容性质分类的图书,概括为"综合性图书",也作为一个基本部类,置于最后。由此形成了五大部类:马克思主义、列宁主义、毛泽东思想,哲学,社会科学,自然科学,综合性图书。

2. 体系结构

《中图法》在5个基本部类的基础上展开为22个基本大类,基本大类是揭示分类法的基本学科范畴和排列次序,是分类法中的第一级类目。《中图法》的标记符号采用的"字母—数字"混合标记方法,大类用字母来表示,小类用字母加数字来表示,例如文学类大类用字母"I"表示,中国文学用"I2"表示。若有必要,则小类还可继续划分类目,数字超过3个时,每3个数字用一小点隔开。

表 7-1 《中图法》分类简表

五大部类	22个基本大类
马克思主义、列宁主义、毛泽东思想、邓小平理论	A 马克思主义、列宁主义、毛泽东思想、邓小平理论
哲学、宗教	B 哲学、宗教
社会科学	C 社会科学总论
	D 政治、法律
	E 军事
	F 经济
	G 文化、科学、教育、体育
	H 语言、文字
	I 文学
	J 艺术
	K 历史、地理

续表 7-1

五大部类	22 个基本大类
自然科学	N 自然科学总论 O 数理科学和化学 P 天文学、地球科学 Q 生物科学 R 医药、卫生 S 农业科学 T 工业技术 U 交通运输 V 航空、航天 X 环境科学
综合性图书	Z 综合性图书

3.《中图法》的主要特点

(1)《中图法》是一部大型的综合性的分类法,它既适合大型综合性图书馆分类的需要,也适合各类型图书馆和情报单位分类图书和资料的需要。

(2)分类体系以马克思主义、列宁主义、毛泽东思想为编制依据,以科学分类为基础,采取从总到分,从一般到具体的逻辑系统。同时兼顾图书资料分类的特点,既能容纳古代的和外国的图书资料,也能充分反映新学科和新事物。

(3)标记符号采用拼音字母和阿拉伯数字相结合号码制。号码的设置基本上遵从层累制原则,号码的配备具有一定的灵活性,采用了八分法、双位制,借号法及组配编号法。特别是组配编号法增加了图书分类法的细分能力,起到多途径检索的效果。

(4)对于具有共性的类目,尽量采取通用复分表、专类复分表和仿分的办法,以避免多重列类,有一定的助记作用。

(5)并配有较为详细的相关索引,在一定程度上能起到主题检索的功能。

总之,《中图法》是一部既可以组织藏书排架,又可以分类检索的列举式等级式体系组配分类法,它的优异性能得到了全国图书馆和情报单位的高度认可和普遍使用。该分类法主要供大型综合性图书馆及情报机构类分文献、编制分类检索工具、组织文献分类排架使用,同时也可供其他不同规模和类型的图书情报单位根据自己的需要调整使用。

二、中国科学院图书馆分类法

1. 产生背景

《中国科学院图书馆图书分类法》(Classification for Library of the Chinese Academy of Sciences),简称《科图法》,是中国科学院图书馆针对科学院系统图书馆藏书特点编制的一部综合性分类法,并在中国科学院系统内应用。《科图法》于 1954 年开始编写,1957年4月完成自然科学部分初稿,1958年3月完成社会科学部分初稿,1958年11月科学出版社出版。1959年10月出版索引。1970年10月开始修订,1974年2月出版第2版的自然科学、综合性图书和附表部分;1979年11月出版第2版的马克思列宁主义、毛泽东思想,哲学和社会科学部分;1982年12月出版第2版的索引,1994年出版第3版。

2.《科图法》的体系结构

《科图法》设有马克思列宁主义、毛泽东思想,哲学,社会科学,自科科学,综合性图书等5大部类,共25大类。包括主表和附表两部分。主表设有大纲、简表和详细表。附表又分为通用附表和专类附表两种。第1版共设有8个通用附表:总类复分表、中国时代排列表、中国地域区分表、中国各民族排列表、国际时代表、世界地域区分表、前苏联地域区分表、机关出版品排列表。第2版删去了使用较少的后两种附表。第1版和第2版均编有索引。

3. 标记符号

《科图法》采用阿拉伯数字为类目的标记符号,号码分为两部分:第一部分为顺序数字,即用00～99标记5大部类25大类及主要类目;第二部分为"小数制",即在00～99两位数字后加一小数点".",小数点后基本上按小数体系编号,以容纳细分的类目。类号排列时,先排顺序数字,后排小数点后的层累制数字。例如,11.1,11.11,11.12,11.13,……;11.2,11.21,11.22,11.23,……;11.29;11.3,……;12,13,……。

4. 特　点

(1)较好地体现了马克思列宁主义、毛泽东思想对编制图书分类法的指导作用;

(2)自然科学部分,列类较为详细,系统性较强,能较好地反映当前科学技术发展的水平;

(3)于类目中采用了交替、参见等多种办法,对于解决等级体系分类法所产生的集中与分散的矛盾,能在一定程度上起到缓和的作用;

(4)采用单纯的阿拉伯数字作为类目的代号,单纯、简洁、易读、易记、易于排检。

三、中国人民大学图书馆分类法

1. 产生背景

《中国人民大学图书馆图书分类法》(Classification for Library of the People's University of China)是中国人民大学图书馆集体编著,张照、程德清主编的等级列举式分类法,简称《人大法》。1952年编成草案,1953年出版。1954年出版初稿第2版,1955年出版增订第2版,1957年出版增订第3版,1962年增订第4版,1982年出版第5版。

2. 体系结构

《人大法》设立了总结科学、社会科学、自然科学、综合图书4大类,总共17个大类,包括主表和复分表两部分,主表设有大纲、简表、基本类目表和详表。复分表有9

个。另有"书次号使用方法说明"和"文别号使用方法说明"两个附录。第1~4版编有类目索引。

3. 特点

(1)《人大法》是中国第一部试图以马克思列宁主义、毛泽东思想为指导而编制的分类法,首次将"马克思列宁主义、毛泽东著作"列为第一大类(第5版)改为"马克思主义、列宁主义、毛泽东思想";

(2)在中国分类法中首次使用展开层累制的标记制度,用双位数字加下圆点的办法,使类目的展开不受十进号码的限制;

(3)类目注释较多,特别是增订第4版,几乎所有重要的类目都加了注释。

7.2.2 文献排架方法

一、文献排架概述

文献排架(Shelving)是图书馆按一定的次序将馆藏文献排列存放在书架上的活动,又称藏书排架,用于文献排架的编码称为排架号。排架的方法主要有两大类:一类是内容排架法,即按出版物的内容特征排列文献,包括分类排架法和专题排架法,其中分类排架法使用范围较广;另一类是形式排架法,即按出版物的形式特征排列文献,包括字顺排架法、固定排架法、文献登录号排架法、文献序号排架法、文种排架法、年代排架法和文献装帧形式排架法等,其中字顺排架法、固定排架法和登录号排架法较常见。上述各种排架法中,除固定排架法和文献登记号或文献序号排架法可单独用于排列某些藏书外,其他任何一种排架法都不能单独使用。图书馆通常是用由两种以上的排架法组配而成的复合排架法排列馆藏文献;对于不同类型、不同用途的文献采用不同的排架法,例如对于图书多采用分类排架法,对于期刊则综合采用多种排架法。

图书馆排序形式主要有分类排序法、字顺排序法(包括著者、题名和主题字顺)、年代排序法、地域排序法和文献序号排序法等。一般目录往往采用一种以上的排序方法,即以一种排序法为主,辅以其他排序方法。

二、文献排架法

1. 分类排架法

(1)先按图书分类体系排架

以文献分类体系为主体的排架方法,多用于排列图书。它由分类号和辅助号两组号码组成分类排架号,分类号代表图书内容所属的学科类目,辅助号为同类图书的区分号。一般先按分类号顺序排列,分类号相同,再按辅助号顺序排列,一直区分到各类图书的不同品种。

(2)同类图书排列方法先按图书的分类体系顺序排架,同类图书排列在一起,对同类图书排列法通常有4种:

① 按著者名称字顺排列，即相同类号的图书再依据著者号码的次序排列。用这种排列法可集中同类中同一著者的不同著作，附加区分号后，还可集中同一著作的不同版本、不同译本、不同注释本、同一传主的各种传记等，是各国图书馆普遍采用的排列方法。

② 按书名字顺排列，即相同类号的图书再依据一定的检字法按书名的字顺排列。由于它只能集中题名相同的图书，而不能集中同一著者的各种著作，故采用此种方法的图书馆不多。

③ 按出版时间排列，即相同类号的图书再依其出版年月顺序排列。它能在分类目录的学科系统性基础上显示出学科发展的阶段性。如要集中同一著者的不同著作和同一著作的不同版本，还需附加相应的区分号。

④ 按图书编目种次排列，即相同类号的图书再依同类号图书编目的种次数序排列。其号码简短，便于使用，但仅按图书编目的偶然顺序编号，缺乏科学性。

(3) 分类排架法的优点

① 以文献分类表为依据，主要按文献内容所属学科体系排列，成为既有内在联系又有层次级别和逻辑序列的体系：在书架上，内容相同的文献被集中在一起，内容相近的文献被联系在一起，内容不同的文献被区别开来。

② 便于文献工作人员系统地熟悉和研究馆藏。按类别宣传、推荐文献，可以有效地指导阅读和解答咨询问题。

③ 在开架借阅情况下便于读者直接在书架上按类获取文献，便于读者检索利用。

(4) 分类排架法的缺点

① 必须预留一定空位以便排列未上架的同类文献或复本，不能充分利用书库空间。

② 需要经常倒架，造成人力、物力的浪费。

③ 分类排架号码较长，排架、提取和归架的速度较慢，易出差错。

2. 专题排架法

专题排架法是指按文献的内容特征将一定专题范围内的文献集中排架的方法。通常带有专题陈列、专题展览的性质。专题排架法有利于向读者宣传推荐文献；机动灵活，适应性强，通常在外借处、阅览室及开架书库用来宣传某一专题的新文献。但该法只是一种辅助性的内容排架法，只能按它排列部分藏书。

3. 文献序号或登录号排架法

这是指按每一件文献特有的文献序号如国际标准书号、国际标准连续出版物号、标准号、专利号、报告号等，或按入藏登录号顺序排架的方法。由于排架号简单清楚，一件文献一个号码，提取、归架、清点都很方便，但不能反映文献的内容范围，不便于直接在架上按类查找文献，一般只适用于排列备用书刊和专利、标准等特种文献资料。

第 7 章　图书馆文献检索

4. 固定排架法

这是指将每件文献按入藏先后编制一个固定的排架号,以此排列馆藏的方法。其排架号一般由库室号、书架号、格层号和书位号组成。固定排架的优点是号码单一,位置固定,易记易排,节省空间,无须倒架。其缺点是同类文献及同种文献的复本不能集中在一起,不便直接在书架上熟悉、研究和检索藏书,一般只适用于保存性藏书及储存书库的密集排架。

5. 字顺排架法

这是指依据一定的检字方法,按照文献题名或编著者名称字顺排架。例如,中文书刊通常可采用某种汉字排检法。字顺排架法可以单独用来排列期刊。

6. 年代排架法

这是指按出版物的出版年代顺序排架的方法。一般按年代顺序倒排,即近年的排在前面,远年的排在后面,同年代的再按出版物字顺号或登记号顺序排列;也有按年代先后顺序排列的,常用于报纸、期刊合订本的排架。

7. 文种排架法

这是指按文献本身的语言文字排架的方法。文种排架号通常由两组或两组以上的号码组成,即文别号、分类号、著者号,或者文别号、年代号、字顺号等。排架时,先区分文别,再区分类别、著者或其他号码。图书馆一般按文种划分书库,因此文种排架法是一种辅助排架法。

8. 文献装帧形式排架法

这是指按文献外形特征,分别排列特种规格或特殊装帧的文献的排架法。这是一种辅助性组配排架法。这种排架法常用不同的符号将不同类型、不同规格的文献区别开来。

7.2.3　图书检索方法

现在高校图书馆普遍采用了 OPAC(Online Public Access Catalogue System)联机公共检索系统,这是利用计算机终端来查询基于图书馆局域网内的馆藏数据资源的一种现代化检索方式。OPAC 检索系统除了能够满足馆藏书刊查询,还具有预约服务、读者借阅情况查询、发布图书馆公告、读者留言等一系列功能。

一、藏书查询

查询范围包括馆藏的中外文图书、中外文期刊、非书资料、预订图书等,检索途径有题名、作者、分类号、关键词、ISBN/ISSN、出版社、主题词、排架号等。其检索点多、灵活的检索策略及超文本链接方式为读者提供了先进的检索手段,同时检索结果会显示该书的馆藏地点、借阅状态(可借、已借)、借书时间、还书时间,使馆藏对读者完全透明。

二、读者查询

输入读者证条码号和密码或姓名登录后,即可显示借书情况、借阅历史、欠款及违约情况。

三、网上预约与续借

读者可通过利用 OPAC 实现图书预约和续借。当检索到一本需要的图书,而该书被借出时,可以在局域网内的任何一台终端机上使用 OPAC 预约该书,当该书还回时,系统会为其保留该书,同时在网上发布消息。当读者手中的一本书还没有看完时,可以通过 OPAC 续借该书。

7.3 图书馆服务

图书馆服务是指图书馆利用馆藏资源和设施直接向读者提供文献和情报的一系列活动,服务原则是"读者第一"、"用户至上"一切从读者需求出发,对不同类型的读者提供有区别的服务。现代图书馆不仅通过阅览和外借的方式向读者提供印刷型书刊资料,而且还提供文献缩微复制、参考咨询、编译报道、情报检索、定题情报检索以及专题讲座、展览等服务。

7.3.1 文献流通服务

文献的流通服务是指图书馆根据读者的阅读需求,直接为读者提供馆藏文献的服务活动。文献流通服务是图书馆的基础服务内容。一般来说,文献流通服务主要包括文献外借服务、阅览服务、馆际互借、馆外流通等几个方面。

一、文献外借服务

文献外借服务是指为满足读者阅读需求,通过一定的手续,允许读者将文献借出馆外,进行自由阅读,并在规定的期限内归还的服务方式。外借服务是图书馆为读者服务的最主要形式,也是图书馆最基本的服务工作之一,是读者利用图书馆文献的首要渠道和图书馆传递文献信息的主要手段。

二、阅览服务

阅览服务是指图书馆利用一定的空间和设施,组织读者在图书馆内进行图书文献阅读的服务方式。它是图书馆的一项重要服务内容,是读者利用文献信息进行学习研究的重要形式。阅览服务旨在以最少的书刊文献最大限度地满足读者的各类需求。开展阅览服务,不仅可以提高文献的利用率。同时在阅览室中,读者还可以得到工作人员的辅导和各种帮助。

7.3.2 参考咨询服务

参考咨询服务主要由图书馆专业馆员承担,负责解答读者在利用图书馆资源过程中遇到的各种问题,并提供信息研究服务。最常见的方式有 FAQ(Frequently Asked Questions),即常见问题解答,是把咨询中常见的、具有共性的问题建立基本问题咨询库,再有同类问题即由计算机自动给出问题的答案,以便提高服务效率,降低服务成本。除此以外,还有电话咨询、总咨询台咨询及现场咨询等方式。

随着网络技术在参考咨询中的应用,参考咨询的方式方法也发生了根本性的变化。一方面是虚拟参考咨询的兴起,馆员与用户之间的联系、文献传递等都是依靠网络进行的。另一方面是联合咨询的出现,参考咨询问题的解答往往依靠一馆之力是不够的,需要联合多个图书馆的咨询专家共同完成。于是又出现了"网络参考咨询"、"虚拟参考咨询"、"实时参考咨询"、"合作参考咨询"等概念。

一、读者培训

读者教育与培训是图书馆的一项长期工作内容。图书馆越来越重视利用馆藏资源开展用户教育与培训。文献检索课一直是图书馆指导学生利用文献资源、掌握文献检索方法、培养学生独立获取文献信息能力所不可缺少的一项工作。同时,面向全校新生开设图书馆利用课,介绍图书馆学的基础知识、图书馆利用的方法和技巧。根据图书馆资源结构调整情况,以及网络资源迅速增加的现状,进一步增加并扩大培训范围。通过不定期举办电子资源讲座,介绍图书馆所购置的电子资源的相关信息和检索的技巧与方法,让更多的读者了解和利用图书馆的馆藏资源,学会运用现代信息检索手段获取知识信息。

读者要想利用好图书馆,就要主动选择与自己相关的读者培训,学习利用图书馆的基础知识,掌握查阅文献的技巧,以提高利用图书馆的效益。

二、学科导航

虽然互联网拥有较为丰富的学术性资源,但网络资源的无序化,使得用户需要花大量的时间和精力对海量的信息进行筛选。要有效地利用网络资源,就需要对大量无序的资源进行搜集、整理和加工。图书馆参考咨询人员是承担着搭建起资源与用户之间桥梁的作用,需要借助工作经验和专业知识对网络资源进行检索、选择、整理、组织和评价,提供各具特色的学科导航服务。

学科导航的主要内容有以下方面:

最新消息:有关本专题或学科的最新进展、研究方向、学术动态、重要成果等信息。

综合站点:有关本专题或学科的综合性内容的网站。

电子文献:电子出版物,包括网络数据库、电子期刊、电子图书。

教授学者:介绍本领域的著名学者、教授、专家的有关情况。

科研机构：国内外的相关机构、高校、实验室及其他科研机构，可以了解世界上各著名科研机构的研究侧重点和最新工作进展。

会议展览：相关会议展览的信息，包括会展预报、会展通报、会议论文等内容。

学会协会：国内外的相关学会、学术团体、专业协会、组织和非营利性组织。

教育信息：有关本领域的教育机构、博士点、招生信息等内容。

学术论坛：包括讨论组，帮助同行进行相互交流、学术探讨。

专利标准：相关的专利文献、标准、行业规范、行业通告等。

产品市场：有关本学科的产品、公司、市场等信息的商业站点。

搜索引擎：有关本学科的专业搜索引擎和通用搜索引擎。

三、文献传递与馆际互借

文献传递服务是指将特定文献从文献源传递给索要文献者的一种服务。图书馆的文献传递是指用户为获取已出版的某种特定的文献，向图书馆提出申请，馆员把用户申请从借用馆传递到资料提供单位，再从资料提供单位接收用户所申请的资源，以满足用户需要而开展的中介服务。这种服务扩大了读者获取文献信息资源的范围，解决了利用非本馆文献资源的难题，提高了文献保障能力，是文献信息资源共享得以实现的有效方式。

馆际互借服务是图书馆之间或图书馆与其他文献情报部门之间利用对方的文献来满足读者需求的一种服务方式。这种服务方式，有助于实现跨馆、跨地域的藏书资源共享。

文献传递服务的主要方式有手工传递，即馆际互借；自动化传递，即利用计算机、传真、电子邮件等信息传递设备，向远距离用户提供文献信息。文献传递是在信息技术的支撑下，从馆际互借发展而来，具有快速、高效、简便的特点。文献传递的内容主要有图书、期刊论文、会议论文、学位论文、专利、标准及科技报告等。

文献传递服务机构主要包括商业性文献信息服务商，出版社和学术性研究团体，图书馆和文献情报机构，数据库集成开发商及信息代理机构。

国外主要文献传递服务系统有大英图书馆文献供应中心的 BLDSC 系统，美国联机计算机图书馆中心的 IL Liad 系统，德国教育科研部的 SUBITO 系统。

目前国内图书馆的三大文献传递与馆际互借系统，是网络环境下资源共享服务模式的具体体现。即全国高等院校图书文献保障体系（CALIS）、中国高校人文社科文献中心（CASHL），国家科技图书文献中心（NSTL）；其他可提供文献传递与馆际互借的系统与平台还有万方外文文献数据库（免费），超星读秀知识平台（免费、中、外文），中国国家图书馆（中国国家数字图书馆）。

下面主要介绍 CALIS、CASHL 和 NSTL。

1. CALIS(http://www.calis.edu.cn)

CALIS(China Academic Library & Information System)，中国高等教育文献保

第7章 图书馆文献检索

障系统,是经国务院批准的我国高等教育"211 工程"、"九五"、"十五"总体规划中 3 个公共服务体系之一。CALIS 的宗旨是,在教育部的领导下,把国家的投资、现代图书馆理念、先进的技术手段、高校丰富的文献资源和人力资源整合起来,建设以中国高等教育数字图书馆为核心的教育文献联合保障体系,实现信息资源共建、共知、共享,以发挥最大的社会效益和经济效益,为中国的高等教育服务。主要提供中外文学位论文、期刊、电子图书、科技查新以及收录引证等服务。1998 年成立 CALLS 组织,率先实现了网络环境下高校图书馆的公共检索、协调采购、联机合作编目并建立文献传递服务系统平台,使我国高校图书馆的馆际互借与文献传递服务得以迅速开展。目前该系统的服务馆主要有北京大学、清华大学等 46 所重点大学图书馆,参加 CALIS 项目建设和获取 CALIS 服务的成员馆已超过 3 500 家。

CALIS 的检索地址为:http://opac.calis.edu.cn 或者 http://www.yidu.edu.cn。

(1) 检索系统介绍

CALLS 联合目录公共检索系统(以下简称 OPAC)采用 Web 方式提供查询与浏览,分为简单检索和高级检索。简单检索如图 7-4 所示,提供题名、责任者、主题、全面检索、分类号、所有标准号码、ISBN、ISSN 共 8 个检索项。高级检索如图 7-5 所示,提供多条件的逻辑关系检索,同时提供字段内的"前方一致"、"精确匹配"和"包含"3 种匹配方式的检索选择。

多库分类检索:OPAC 中的数据,按照语种划分,可分为中文、西文、日文、俄文 4 个数据库;按照文献类型划分,可分为图书、连续出版物、古籍。

二次检索:单击"二次检索"按钮,可返回检索页面,用户可修改检索条件重新进行检索。不提供对结果集的二次检索。

图 7-4 简单检索界面

(2) 怎样进行馆际互借

① 已在 CALIS 馆际互借成员馆注册的用户操作流程如下:

利用简单检索或者高级检索查询记录,对需要借阅的记录单击"馆藏"列中的"Y",显示该记录的"馆藏信息"(如图 7-6 所示),查看用户所在馆是否有馆藏。如果有馆藏,用户可以到本地图书馆进行借阅;如果没有馆藏,在"馆藏信息"页面的底

第 7 章　图书馆文献检索

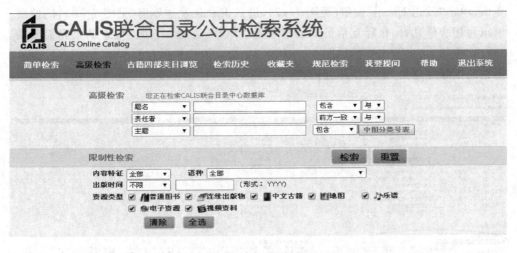

图 7-5　高级检索界面

端,在"选择馆发送馆际互借请求"项中选择"用户所在图书馆"选项,单击"请求馆际互借"按钮,进入注册馆的馆际互借网关,输入馆际互借的用户名与密码,直接进入提交页面,填写补充信息,发送馆际互借请求。

图 7-6　CALIS 检索结果页面

② 尚未在 CALIS 馆际互借成员馆注册的用户推荐流程如下:

利用简单检索或者高级检索查询记录,对需要借阅的记录单击"馆藏"列中的"Y",显示该记录的"馆藏信息",查看用户所在馆是否有馆藏。如果有,用户可以到本地图书馆进行借阅。如果没有,有两种方法请求文献传递:方法一,在"馆藏信息"

第7章 图书馆文献检索

界面,单击"发送 Email"按钮(见图 7-7),进入 Email 发送界面(见图 7-8),按照要求填写相应信息,向馆际互借员发出馆际互借申请;方法二,回到检索结果界面单击"输出"按钮,结果输出界面如图 7-9 所示,把记录的信息保存到本地,然后再发送给本馆的馆际互借员,请求馆际互借。

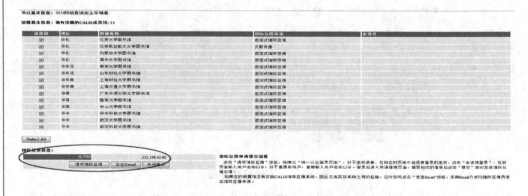

图 7-7 CALIS 馆藏信息和馆际互借申请界面

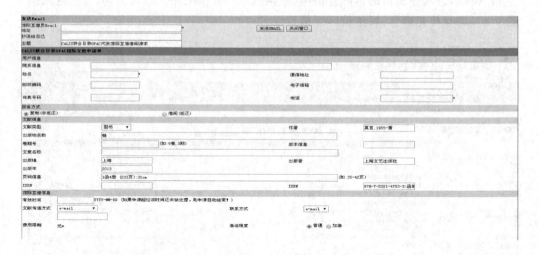

图 7-8 Email 发送界面

(3) CALLS 文献传递的其他细则

① 注册申请

用户携带身份证、学生证(或教师证、工作证)直接到自己所在高校图书馆负责文献传递工作的老师处提交注册申请。

② 服务周期

普通文献传递请求,在 1 个工作日内做出响应,3 个工作日内送出文献,遇节假日顺延。加急文献传递请求,在 1 个工作日内做出响应并送出文献,遇节假日顺延。如需转到其他图书馆获取文献,则服务时间有一定顺延。

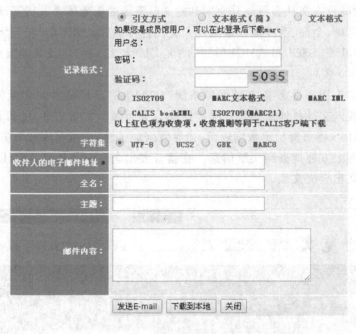

图7-9 结果输出界面

(4)收费标准

文献传递费用构成部分:文献查询费+复制、传递费+(加急费+(邮寄费))。

① 文献查询费:文献传递服务网内成员馆为2元/篇;国内文献传递服务网外图书馆为5元/篇;国外查询文献为10元/篇。

② 复制、传递费:从国内CALIS协议馆获取文献为¥1.00元/页(复印+扫描+普通传递);从国内其他图书馆或国外获取文献按照文献提供馆实际收取的费用结算。

③ 加急费:10.00元/篇。

注意:需要邮寄的文献所产生的费用由用户自付;CALIS的收费标准在不同时期可能会有所不同,此标准仅作参考。

2. CASHL(http://www.cashl.edu.cn)

CASHL(China Academic Humanities and Social Sciences Library),中国高校人文社会科学文献中心,是在教育部的统一领导下,本着"共建、共知、共享"的原则、"整体建设、分布服务"的方针,为高校哲学社会科学教学和研究建设的文献保障服务体系,是教育部高校哲学社会科学"繁荣计划"的重要组成部分,也是全国性的唯一的人文社会科学文献收藏和服务中心,其最终目标是成为"国家级哲学社会科学资源平台"(见图7-10)。资源特点是外文期刊、图书、特色资源、特藏文献等。可为用户提供的服务内容有:高校人文社科外文期刊目次数据库查询、高校人文社科外文图书联合目录查询、高校人文社科核心期刊总览、国外人文社科重点期刊订购推荐、文献传递服务(见图7-11)以及专家咨询服务等。项目建设内容分为以下两部分。

第7章　图书馆文献检索

(1) 建设高校人文社会科学外文期刊的文献资源的保障体系,以若干所高校图书馆的馆藏为基础,全面、系统地收藏国外人文社会科学重点学术期刊。预计总引进量为 12 000 种,其中 SSCI 和 AHCI 所列的核心期刊 2 528 种,以及其他重点学科所需的期刊为 9 000 多种。

(2) 依托"中国高等教育文献保障系统"(CALLS)已经建立的文献信息服务网络,建设"高校人文社科外文期刊目次数据库",全面揭示文献信息,进而开展文献传递服务。CALIS 将负责制定数据规范、指导数据加工、维护数据库和服务器等,保证读者可以在网上方便地查到文献信息。在读者发出全文请求后,CASHL 将在 1~3 个工作日内送出全文文献。

图 7-10　CASHL 页面

3. NSTL(http://www.nstl.gov.cn)

NSTL(National Science and Technology Library),国家科技图书文献中心,是根据国务院的批示于 2000 年 6 月 12 日组建的一个虚拟的科技文献信息服务机构(见图 7-12),由中国科学院文献情报中心、工程技术图书馆(中国科学技术信息研究所、机械工业信息研究院、冶金工业信息标准研究院、中国化工信息中心)、中国农业科学院图书馆、中国医学科学院图书馆组成。根据国家科技发展需要,按照"统一

第7章 图书馆文献检索

图 7-11 文献传递申请界面

采购、规范加工、联合上网、资源共享"的原则,采集、收藏和开发理、工、农、医各学科领域的科技文献资源,面向全国开展科技文献信息服务。其发展目标是建设成为国内权威的科技文献信息资源收藏和服务中心,现代信息技术应用的示范区,同世界各国著名科技图书馆交流的窗口。

图 7-12 NSTL 页面

7.3.3 情报信息服务

所谓情报信息服务,就是运用科学的方法,把国内外有关科学知识和最新的科研成果有计划、有目的、准确、及时地提供给读者使用的一项科学技术工作。主要有书目服务、定题服务、编译服务、文献检索服务、科技查新服务、信息调研服务等。实际工作中编译服务、科技查新服务、信息调研服务应用较为广泛。

一、编译服务

编译服务是指图书馆和文献信息部门针对社会需要,组织专门力量代替读者直接翻译和编写外文书刊资料,扩大外文文献的利用。它是提高读者获取信息能力的有效手段,可以节约读者翻译外文文献的时间,是读者获取外文文献的捷径。通过编译服务,能够集中原文精华,提供查找外文文献的线索。方法主要有两种:

1. 登记性代译

接受读者委托,由读者填写申请代译登记,提出需翻译的材料的具体要求及交付期限等详细情况,由图书馆和文献信息部门根据译文要求,组织翻译人员进行原文直接翻译或课题参照翻译,并按期保质保量提供给读者,供用户参考使用。

2. 交流性编译

即汇集若干同类外文著述,按照一定问题系统,编译整理成为某种独立形态的文献,如翻译人员将自己的翻译成果出版发行或用于学术交流等属于交流性编译。

二、科技查新工作

所谓科技查新工作,就是针对某一特定课题,搜集国内外相关文献,结合必要的调查研究,对有价值的文献进行综合分析,以审查其新颖性,并在此基础上写出有根据、有分析、有对比、有建议的报告,为科研项目的立项以及成果的鉴定和管理提供一种可靠的文献依据。目前,国家科研立项、成果鉴定、申报专利、奖项等都必须附有查新单位出具的查新证明。

原国家科委在 1994 年 10 月发布的《科学技术成果鉴定办法》中要求,技术资料中必须包括有国家科委、国务院有关部门和省(自治区、直辖市)科委认定的,有资格开展检索任务的科技信息机构出具的检索材料和查新结论报告。查新单位中包括具备条件的图书馆。

三、信息调研服务

信息调研服务是指图书馆根据国家、地区、单位等有关部门的需要,对大量的一次文献和二次文献进行系统搜集、分析研究、归纳整理,并将研究成果用综述、述评、研究报告、专题总结等三次文献形式编写出来,提供给决策部门和人员研究参考的一种服务形式。这是提供一种创造性的再生信息的服务,属于高级形式的文献信息服务。它是以已有的知识成果为基础,以研究性、预测性信息内容为手段,以提供最新的文献信息为目的的服务方法。

信息调研的范围很广,难度也很大,是一项学术性、专业性、政策性很强的信息服务工作。要求信息调研人员要具有很高的业务知识水平,而且调研成果具有很高的信息实用价值。通过信息调研服务,使图书馆和文献信息部门真正起到参谋、耳目的作用。

7.3.4 宣传报道与导读服务

为了充分发挥图书馆馆藏文献的作用,提高服务质量,在做好各项业务工作的同时,图书馆还要注意进一步做好文献的宣传报道和导读工作,主动向读者指示馆藏,辅导读者提高利用图书馆的效率和效果,对于读者的阅读目的和倾向给予积极的引导,以充分发挥图书馆的教育职能。

一、宣传报道服务

宣传报道服务是指图书馆和文献信息部门利用书目形式或群众活动等形式,主动向读者揭示文献内容、宣传先进思想、科学知识以及广泛的文化信息,把读者最关心、最需要的文献及时展现在他们面前,以利于读者利用图书馆多种文献的活动。

二、导读服务

导读又称阅读指导,是图书馆和文献信息部门根据社会发展的要求,采取各种有力措施主动地吸引和诱导读者,使其产生阅读行为,以提高他们的阅读意识、阅读能力和阅读效益为目的的一种教育活动,是图书馆工作者工作中最主动、最有活力和最有前景的一项工作。

导读最基本的功能就是保证文献充分和有效交流,其主要作用是提高读者的阅读修养和阅读效益。图书馆通过导读服务,可以促使潜在读者转化为现实读者;可以提高读者的文献鉴赏能力,自觉地吸取先进的思想,树立正确的世界观和高尚的道德情操;可以使读者掌握一定的治学方法,取得较理想的阅读效果从而形成良好的知识结构和丰富的知识储备。

7.3.5 现代化技术服务

现代化技术服务已在图书馆工作中得到广泛的应用。图书馆的现代化技术服务主要包括计算机检索服务、光盘技术服务、文献复制服务、视听技术服务等多种形式服务。

第 7 章 图书馆文献检索

7.3.6 数字图书馆

数字图书馆是用数字技术处理和存储各种文献的图书馆,实质上是一种多媒体制作的分布式信息系统。它把各种不同载体、不同地理位置的信息资源用数字技术存储,以便于跨越区域、面向对象的网络查询和传播。它涉及信息资源加工、存储、检索、传输和利用的全过程。通俗地说,数字图书馆就是虚拟的、没有围墙的图书馆。是基于网络环境下共建共享的可扩展的知识网络系统,是超大规模的、分布式的、便于使用的、没有时空限制的、可以实现跨库无缝链接与智能检索的知识中心。数字图书馆是一门全新的科学技术,也是一项全新的社会事业,是一种拥有多种媒体内容的数字化信息资源,是一种能为用户方便、快捷地提供信息的高水平服务机制。其服务是以知识概念引导的方式,将文字、图像、声音等数字化信息,通过互联网传输,从而做到信息资源共享。每个拥有任何电脑终端的用户只要通过联网,登录相关数字图书馆的网站,都可以在任何时间、任何地点方便快捷地享用世界上任何一个"信息空间"的数字化信息资源。数字化图书馆具有信息储存空间小、不易损坏、信息查阅检索方便、远程迅速传递信息、同一信息可多人同时使用等优点。

7.3.7 移动图书馆

近年来,随着无线网络、3G 等为代表的移动网络技术的发展、普及和完善,手机已经成为除报纸、电台、电视、互联网以外的第五媒体。一直紧跟数字化、网络化发展的图书馆当然也不会忽视新技术的应用,以手机图书馆为代表的移动图书馆便应运而生。移动图书馆译自英文 Mobile Library 一词,最初是指专门用来作为图书馆的比较大型的交通工具,即"汽车图书馆",里面设计有放置图书的书架以供读者取阅,空间比较大的车辆里还可容纳读者就座阅读。移动图书馆是图书馆利用当前日臻成熟的移动通信、无线网络以及多媒体技术,将图书馆中的各类数字信息资源转换成无线移动信息资源,为读者提供全方位的电子信息资源服务,读者可以不受时间、地点和空间的限制,使用多种移动终端设备(如智能手机、掌上电脑、平板电脑、E-Book、Kindle、IPad、MP3/MP4、PSP 等)方便灵活地进行图书馆各类数据信息的查询、浏览与获取的一种新兴的图书馆信息提供服务模式。

由于移动网络技术等方面的原因,我国移动图书馆起步滞后于国外,无论是应用实践还是理论研究,目前都还处于初级阶段,与国外图书馆相比存在着明显的差别。据有关调查统计结果显示,国内移动图书馆服务自 2000 年开始起步,2005 年开始进入集中发展阶段,最近两三年发展很快。2003 年 12 月,北京理工大学图书馆开通了国内最早的手机短信息服务平台,随后上海图书馆、国家图书馆、吉林省图书馆、厦门图书馆、深圳图书馆、浙江大学图书馆、清华大学图书馆、重庆大学图书馆等大型图书馆也相继开通了不同规模的移动图书馆服务。上海图书馆在 2005 年率先开通了全国首家"手机图书馆",并且在随后几年内陆续推出了手机短信服务、数字移动阅读器、手机二维码应用、手机网站等移动图书馆服务。国家图书馆于 2008 年 12 月 22 日推出了以短信、Wap 等技术为主的移动数字图书馆,第二年便以"掌上国图"的品牌将移动服务打包推出。2010 年 9 月,国图又将其开发的针对移动服务的应用程序,如 OPAC 检索等,正式向国内读者发布。

纵观我国移动图书馆的现状,我国移动图书馆服务比较普遍采用的是 Wap 和短信模式,其中又以短信模式为主,有个别图书馆也采用了二维码和 Application 应用模式,但仅局限于实力比较强的大馆,如上海图书馆、国家图书馆等。在服务内容方面,我国移动图书馆服务主要集中在图书馆新闻、讲座、新书通报、书目检索、预约、续借等图书馆基本服务,虽然也有部分图书馆在移动图书馆服务中为读者提供电子书和音视频资源,但均处于实验或者初始阶段,数量和质量上都不尽如人意。但近两年,随着业内对移动图书馆的逐渐重视和在移动服务方面的尝试与努力,我国移动图书馆正向更加深入和成熟的阶段发展,与发达国家的差距也会逐渐缩小。目前,国内做得较好的是书生移动图书馆和超星移动图书馆。下面以超星移动图书馆为例,介绍目前我国移动图书馆的功能。

超星移动图书馆依托集成的海量信息资源与云服务共享体系,为移动终端用户提供了资源搜索与获取、自助借阅管理和信息服务定制的一站式解决方案,具有十分突出的特点与技术优势。

1. 具备对已有图书馆应用系统的高度集成

移动图书馆不仅仅是一个孤立的软件平台,它是对性能优良的图书馆集成管理系统、OPAC 系统、数字图书馆资源、一站式搜索系统、文献传递系统等应用系统服务的高度集成,系统具有强大的应用服务能力。

2. 拥有功能强大的一站式搜索引擎

系统应用元数据整合技术对馆内外的中外文图书、期刊、报纸、学位论文、标准、专利等各类文献进行了全面整合,在移动终端上实现了资源的一站式搜索、导航和全文获取服务。

3. 集成了丰富多样的海量信息资源

通过移动图书馆并依托云服务架构,读者可以查找和获取的内容包括电子图书、期刊论文、报纸,以及学位论文、会议论文、标准、专利等中外文文献。同时,充分考虑到手机阅读的特点,移动图书馆还专门提供 3 万多本 e-pub 电子图书、7 800 多万篇报纸全文供手机用户阅读使用。另外,提供 215 万种中文电子图书、9 亿页全文资料的文献传递,内容涉及文学、历史、哲学、医学、旅游、计算机、建筑、军事、经济、金融和环保等数字图书资源。

4. 先进高效的云服务共享架构

系统可以接入文献共享云服务的区域与行业联盟已达 78 个,加入的图书馆已有

723家。24小时内,文献传递请求的满足率:中文文献96%以上,外文文献92%以上。

5. 自由而个性化的服务体验

通过设置个人空间与图书馆 OPAC 系统的对接,实现了馆藏查询、续借、预约、挂失、到期提醒、热门书排行榜、咨询等自助式移动服务,并可以自由选择咨询问答、新闻发布、公告(通知)、新书推荐、借书到期提醒、热门书推荐、预约取书通知等信息交流功能。

总之,移动图书馆依托资源、技术优势,深入分析移动图书馆读者的需求,帮助任何用户(Anyuser)在任何时候(Anytime)、任何地点(Anywhere)获取任何图书馆(AnyLibrary)的任何信息资源(Any Information Resource),是一种新兴的图书馆信息服务,是数字图书馆电子信息服务的延伸与补充。

思考题:

1. 图书馆分为哪几种类型?请详细列出。
2. 请列举3种图书分类法。
3. 《现代酒店管理理论、实务与案例》属于《中图法》中的哪一基本大类?
4. OPAC 联机公共检索系统有哪些功能?至少列举出3种。
5. 图书馆提供哪些服务?请列举。
6. 列举目前国内图书馆的三大文献传递与馆际互借系统名称及英文缩写。
7. 简述利用 CASHL 进行文献传递的过程。
8. 利用移动图书馆可以实现哪些自助功能?

第 8 章

主要中外文数据库

8.1 常用中文数据库

8.1.1 CNKI 数据库

一、CNKI 中国知网数据库(http://www.cnki.net)

中国知识基础设施工程(China National Knowledge Infrastructure),简称 CNKI,始建于 1995 年,是以实现全社会知识信息资源共享与增值利用为目标的国家信息化重点工程,由清华大学发起,同方知网技术产业集团承担建设,是"十一五"国家重大出版工程项目。

1. CNKI 数据库的资源介绍

CNKI 的源数据库主要包括《中国学术期刊网络出版总库》(CAJD)、《中国博士学位论文全文数据库》(CDFD)、《中国优秀硕士学位论文全文数据库》(CMFD)、《中国重要会议论文全文数据库》(CPCD)、《中国重要报纸全文数据库》(CCND)等;特色资源主要包括《中国年鉴网络出版总库》(CYBD)和《中国工具书网络出版总库》(CRFD)等;国外资源主要包括 EBSCO ASRD—学术研发情报分析库、EBSCO BSC—全球产业(企业)案例分析库等;行业知识库主要包括医药、农业、建筑、城建、法律及党和国家大事;作品欣赏主要包括中国精品文化期刊文献库、中国精品文艺作品期刊文献库、中国精品科普期刊文献库;指标索引主要包括全国专家学者、机构、指数等。

(1)《中国学术期刊网络出版总库》(CAJD)

《中国学术期刊网络出版总库》(简称 CAJD)是连续动态更新的中国学术期刊全文数据库。出版内容以学术、技术、政策指导、高等科普及教育类期刊为主,内容覆盖自然科学、工程技术、农业、哲学、医学、人文社会科学等各个领域。目前,收录国内学术期刊 8 064 多种,全文文献总量 43 546 223 篇。产品分为十大专辑:基础科学、工程科技Ⅰ、工程科技Ⅱ、农业科技、医药卫生科技、哲学与人文科学、社会科学Ⅰ、社会科学Ⅱ、信息科技、经济与管理科学。十大专辑下分为168个专题,收录自1915年至今出版的期刊,部分期刊回溯至创刊。

(2)《中国博士学位论文全文数据库》(CDFD)

《中国博士学位论文全文数据库》简称CDFD,是国内内容最全、质量最高、出版周期最短、数据最规范、最实用的博士学位论文全文数据库。出版内容覆盖基础科学、工程技术、农业、医学、哲学、人文、社会科学等各个领域。目前,收录来自423家培养单位的博士学位论文259 910篇,收录全国985、211工程等重点高校,中国科学院、社会科学院等研究院所的博士学位论文。产品分为十大专辑:基础科学、工程科技Ⅰ、工程科技Ⅱ、农业科技、医药卫生科技、哲学与人文科学、社会科学Ⅰ、社会科学Ⅱ、信息科技、经济与管理科学。十大专辑下分为168个专题,收录从1984年至今的博士学位论文。

(3)《中国优秀硕士学位论文全文数据库》(CMFD)

《中国优秀硕士学位论文全文数据库》简称CMFD,是国内内容最全、质量最高、出版周期最短、数据最规范、最实用的硕士学位论文全文数据库。出版内容覆盖基础科学、工程技术、农业、哲学、医学、哲学、人文、社会科学等各个领域。目前,收录来自665家培养单位的优秀硕士学位论文2 333 691篇。重点收录985、211高校、中国科学院、社会科学院等重点院校、高校的优秀硕士论文、重要特色学科如通信、军事学、中医药等专业的优秀硕士论文。产品分为十大专辑:基础科学、工程科技Ⅰ、工程科技Ⅱ、农业科技、医药卫生科技、哲学与人文科学、社会科学Ⅰ、社会科学Ⅱ、信息科技、经济与管理科学。十大专辑下分为168个专题,收录从1984年至今的硕士学位论文。

(4)《中国重要会议论文全文数据库》(CPCD)

《中国重要会议论文全文数据库》(简称CPCD)收录了国内重要会议主办单位或论文汇编单位书面授权,投稿到"中国知网"进行数字出版的会议论文,是《中国学术期刊(光盘版)》电子杂志社编辑出版的国家级连续电子出版物。重点收录1999年以来,中国科协、社科联系统及省级以上的学会、协会,高校、科研机构,政府机关等举办的重要会议上发表的文献。其中,全国性会议文献超过总量的80%,部分连续召开的重要会议论文回溯至1953年。目前,已收录出版15 607次国内重要会议投稿的论文,累积文献总量1 872 361篇。产品分为十大专辑:基础科学、工程科技Ⅰ、工程科技Ⅱ、农业科技、医药卫生科技、哲学与人文科学、社会科学Ⅰ、社会科学Ⅱ、信息科技、经济与管理科学。十大专辑下分为168个专题,收录自1953年至今的会议论文集。

(5)《中国重要报纸全文数据库》(CCND)

《中国重要报纸全文数据库》(CCND)收录2000年以来中国国内重要报纸刊载的学术性、资料性文献的连续动态更新的数据库。至2012年10月,累积报纸全文文献 1 000 多万篇。文献来源于国内公开发行的 500 多种重要报纸。产品分为十大专辑：基础科学、工程科技Ⅰ、工程科技Ⅱ、农业科技、医药卫生科技、哲学与人文科学、社会科学Ⅰ、社会科学Ⅱ、信息科技、经济与管理科学。十大专辑下分为 168 个专题文献数据库和近 3 600 个子栏目，收录年限为 2000 年至今。

2. CNKI 数据库的检索特点

CNKI 数据库为方便读者检索，知识发现网络平台（简称 KDN）在 KNS 基础上进行了全新改版。KDN 不同于传统的搜索引擎，它利用知识管理的理念，实现了知识汇聚与知识发现，结合搜索引擎、全文检索、数据库等相关技术达到知识发现的目的，可在海量知识及信息中发现和获取所需信息，简洁高效、快速准确。

KDN 的主要目标是更好的理解用户需求，提供更简单的用户操作，实现更准确的查询结果。KDN 着重优化页面结构，提高用户体验，实现平台的易用性和实用性。实现检索输入页面、检索结果页面的流畅操作，减少迷失度和页面噪声干扰。提供标准化的、风格统一的检索模式，提供多角度、多维度的检索方式，帮助用户快速定位文献。

主要新特性如下：

(1) 一框式检索，检索平台提供了统一的检索界面，采取了一框式的检索方式，对输入短语经过一系列分析步骤，更好的预测读者的需求和意图，给出更准确的检索结果。用户只需要在文本框中直接输入自然语言(或多个检索短语)即可检索。一框式的检索默认为检索"文献"。文献检索属于跨库检索，目前包含文献类数据库产品有期刊、博士、硕士、国内重要会议、国际会议、报纸和年鉴 7 个库。一框式检索的优点：简单易用，风格统一。

(2) 智能提示功能给用户带来了极大的方便，而且能智能建议检索词对应的检索项。

(3) 在线预览是 KDN 推出的一项新功能，该功能极大地满足了读者的需求，使读者由原来的"检索—下载—预览"三步走，变成"检索—预览"两步走，节省了读者的宝贵时间，让用户第一时间预览到原文，快捷方便。

(4) 改版后的文献导出功能实现了多次检索结果一次性导出，并生成检索报告。

(5) 平面式分类导航帮助用户快速找到数据来源。

(6) 用户可以方便地把自己感兴趣的文献分享到新浪、人人网、开心网等各网站的微博。

(7) 推送功能可以关注文献的引文频次更新、检索主题的更新、几种期刊的更新，Email、手机短信订阅更新提醒功能。

总之，KDN 兼顾了不同层次用户群的需求，简化默认检索模式，重点功能、用户重点关注的内容更突出。

3. CNKI 数据库的检索方法

CNKI 检索方法主要有一框式检索、高级检索和出版物检索等检索方式。

第8章 主要中外文数据库

(1) 一框式检索

1) 一框式检索的几种检索方法

① 输入检索词直接检索

选择数据库(默认为文献,文献为跨库检索,包括期刊、博硕士论文、国内重要会议、国际会议、报纸和年鉴数据库)以及检索字段,在检索框中直接输入检索词,单击检索按钮进行检索。

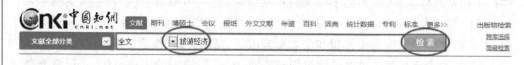

图 8-1 输入检索词直接检索

② 数据库切换直接检索

选择字段以及输入检索词,切换数据库则直接检索,如果检索框为空,则不检索。

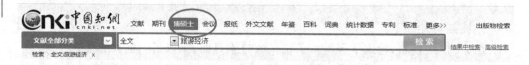

图 8-2 数据库切换直接检索

③ 文献分类检索

文献分类检索,提供以鼠标滑动显示的方式进行展开,包括基础科学、工程科技、农业科技等领域,每个领域又进行了细分,根据需要单击某一个分类,即进行检索。

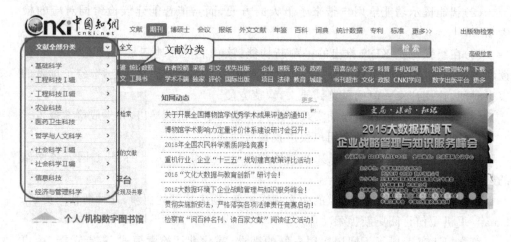

图 8-3 文献分类检索

④ 智能提示检索

当输入检索词"动画"时,系统会根据输入的词,自动提示相关的词,通过鼠标或键盘选中提示词,鼠标单击检索按钮(或者单击提示词,或者直接回车),即可实现相关检索。

⑤ 相关词检索

在检索结果页面的下方,提供了输入检索词的相关词,单击相关词即可进行检索,如图 8-4 所示。

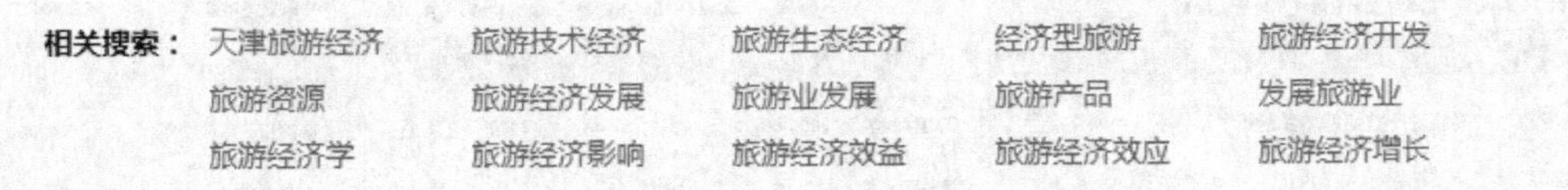

相关搜索:	天津旅游经济	旅游技术经济	旅游生态经济	经济型旅游	旅游经济开发
	旅游资源	旅游经济发展	旅游业发展	旅游产品	发展旅游业
	旅游经济学	旅游经济影响	旅游经济效益	旅游经济效应	旅游经济增长

图 8-4 相关词检索

⑥ 历史记录检索

在检索结果的页面右下方,有检索历史记录。单击历史检索词,同样可以检索出数据。

2)跨库选择

在"文献"检索中,提供了跨库选择功能,单击 跨库选择 ,弹出的界面如图 8-5 所示。

图 8-5 跨库选择

可以选择想要的数据库进行组合检索。选择完成之后,显示如图 8-6 所示。

图 8-6 跨库选择结果

3)一框式检索实例

以"会展旅游"为检索词,以数据库"文献"(跨库)为例进行检索。检索的结果如图 8-7 所示。

根据检索需要,可选取不同检索项来提高检索的查准率。单击图 8-8 中下拉框切换检索项,数据库不同检索项不同。

第8章　主要中外文数据库

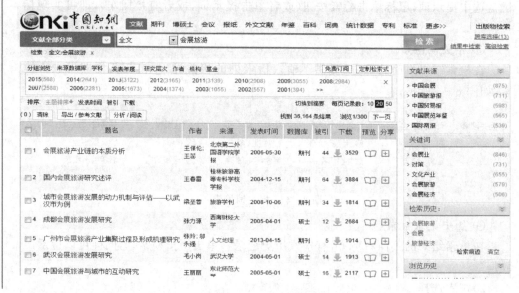

图 8-7　文献检索界面

图 8-8　选取检索项

在检索结束后，如果对检索结果不满意，可以选择在"结果中检索"，单击 ，这样检索的结果范围缩小，更加精确，更符合检索的要求，见图 8-9。

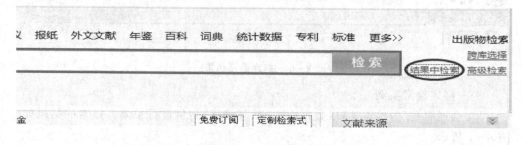

图 8-9　结果中检索

以上述检索结果为例，如果某个库有分组，则在检索结果中显示相关的分组详细情况,且分组中若包含年份,则默认展开,并且每一个分组后面都显示了该组的数量。单击某个分组之后,背景色为红色(表示选中),下方结果则发生相应的变化,见图 8-10。

图 8-10　分组

在检索结果的下方,可以选择按照某个字段进行排序,默认为"主题排序"降序,再次单击之后则按照升序排列,如图 8-11 所示。

图 8-11　排序

检索结果中,每页默认检索的记录数是 20 页,共有显示 10、20、50 三种。设置之后,每次检索则按照之前设置的记录数进行显示,例如上述检索,设置每页显示 20 条记录,之后检索结果都显示 20 条。

单击 ,则可以将检索结果变为摘要模式,如果选择"切换到列表"可变为列表模式。如图 8-12 所示,选择摘要模式之后,检索结果都是以这种模式进行显示。

在检索结果页中,单击 ,可以下载该篇文献,登录之后图标变为 ,如果订购了该产品,则可以下载。否则会提示"没有订购该产品",如图 8-13 所示。

(2) 高级检索

对于需要专业检索和组合检索的用户可以进入高级检索模式进行检索。在检索

第8章 主要中外文数据库

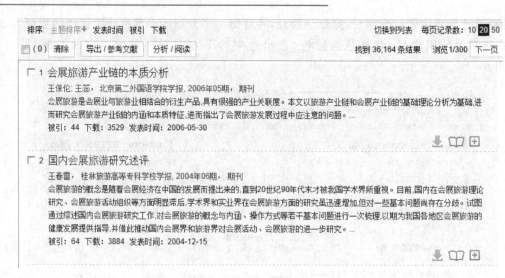

图 8-12 切换到摘要模式

图 8-13 订购下载

的首页中,选择要检索的库,再单击"高级检索",直接进入高级检索页面,这里以"期刊"高级检索为例,如图 8-14 所示。

图 8-14 高级检索位置

单击 <高级检索>,进入高级检索(分为多个检索,不同的数据库则检索种类不同)页面。

1)高级检索模式

高级检索模式分为检索、高级检索、专业检索、作者发文检索、科研基金检索、句子检索、来源期刊检索。

① 检索

第8章 主要中外文数据库

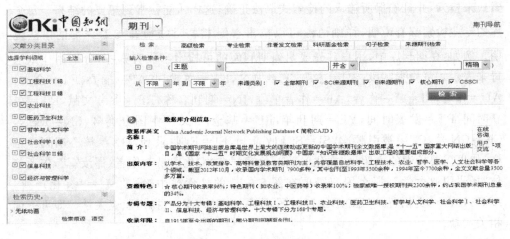

图 8-15　高级检索期刊界面

进入高级检索之后,默认为"检索"模式。

检索功能实现了简单的组合检索,适合大多数用户使用。图中 ➕ 和 ➖ 按钮,用来添加或者减少检索条件,可以选择年限和期刊的来源类别进行组合检索,同时也提供了精确和模糊的选项,满足用户的需求。

② 高级检索

高级检索如图 8-16 所示,其中 ➕ 和 ➖ 按钮用来增加和减少检索条件,"词频"表示该检索词在文中出现的频次。在高级检索中,还提供了更多的组合条件,来源、基金、作者以及作者单位等。

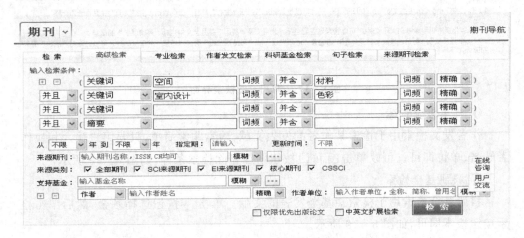

图 8-16　期刊高级检索界面

③ 专业检索

专业检索是所有检索方式里面比较复杂的一种检索方法。需要用户自己输入检索式来检索,并且确保所输入的检索式语法正确,这样才能检索到想要的结果。每个库的专业检索都有说明,详细语法可以单击右侧 检索表达式语法 参看详细的语法说明。例如:在期刊库中,用户首先要明确期刊库的可检索字段有哪些,分别用什么字母来表示。可检索字段:SU=主题,TI=题名,KY=关键词,AB=摘要,FT=全文,AU=作者,FI=第一作者,AF=作者单位,JN=期刊名称,RF=参考文献,RT=更新时间,PT=发表时间,YE=期刊年,FU=基金,CLC=中图分类号,SN=ISSN,CN=CN号,CF=被引频次,SI=SCI收录刊,EI=EI收录刊,HX=核心期刊。这样,如果需要检索的主题是"文化产业",关键词是"文化贸易",作者"邵汝军",作者单位"扬州职业大学",那么用户需要在图8-17的检索框中输入"SU='文化产业' AND KY='文化贸易' AND AU='邵汝军' AND AF='扬州职业大学'"即可查询相关文献。

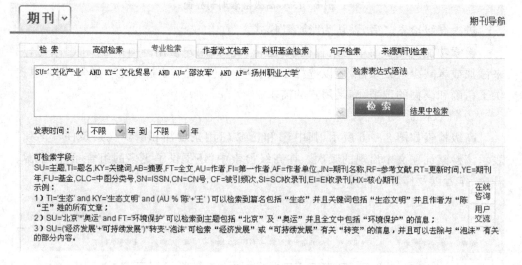

图8-17 期刊专业检索界面

④ 作者发文检索

作者发文检索用于检索某作者的发表文献,检索非常简单,只要用户输入相应作者姓名、单位即可。可以单击 和 按钮增加删除检索条件,如图8-18所示。

⑤ 科研基金检索

科研基金检索用于检索某基金发表的文献。单击 按钮选择基金,然后单击检索按钮检索即可,如图8-19所示。

⑥ 句子检索

句子检索用来检索文献正文中所包含的某一句话,或者某一个词组等文献,可以单击 和 按钮,在同一句或者同一段中检索,如图8-20所示。

⑦ 来源期刊检索

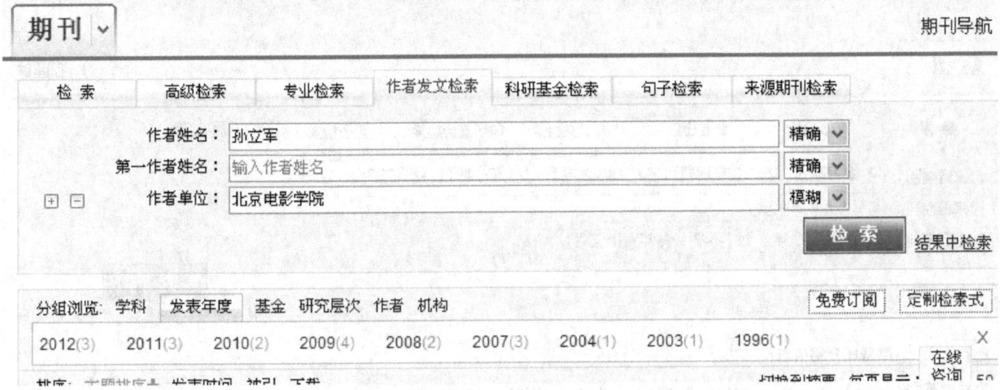

第8章 主要中外文数据库

图 8-18 期刊作者发文检索界面

图 8-19 期刊科研基金检索界面

图 8-20 期刊句子检索界面

来源期刊数据库主要针对想了解期刊来源的用户,检索某个期刊的文献,包括期

第8章　主要中外文数据库

刊的来源类别、期刊名称、年限等进行组合检索，如图8-21所示。

图8-21　来源期刊检索界面

2)高级检索实例

在高级检索模式里的检索结果功能，基本和一框式检索类似，包括分组、排序、导出、设置摘要模式、输出关键词等，这里不再重复介绍功能使用。在高级检索结果页面的左侧，文献分类目录如图8-22所示，单击任意一个分类，结果发生相应的变化，选中某个分类，再选择条件检索，将会缩小检索范围、提高检索效率。

例如，查找关于粒子系统制作的游戏场景自然现象特效方面的文献。

在"文献"高级检索中，文献分类目录选择"信息科技"，检索项选择"全文"，检索词和逻辑关系为"游戏特效"并且"粒子系统"并且"自然现象"，但不含"角色特效"，单击检索，如图8-22所示。

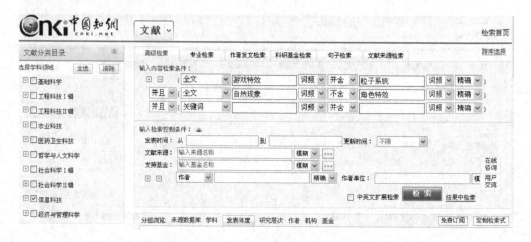

图8-22　文献分类及检索结果

3)出版物检索

第8章 主要中外文数据库

在 CNKI 中国知网首页单击出版物检索进入导航首页,如图 8-23 所示。

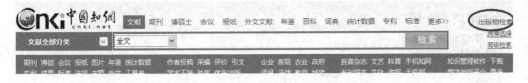

图 8-23 首页出版物检索位置

进入导航首页,在该页中有字母导航和分类导航,见图 8-24。左侧文献分类目录帮助用户快速定位导航的分类;导航首页有推送的栏目,是当前热门的期刊论文等文献;下面是一些热门的特色导航的推荐文献:期刊、会议、年鉴、工具书、报纸、博士学位授予单位、硕士学位授予单位。

图 8-24 出版物检索首页

利用期刊来源导航,以查找"设计"类相关期刊为例,在检索框中输入"设计",系统根据选项名称自动地输出与之对应的信息,如图 8-25 所示,出现的提示词都是期刊名称。

例如检索《创意与设计》期刊,在检索框中输入"创意与设计",单击检索,结果如图 8-26 所示。

单击期刊名称"创意与设计",则进入该期刊的导航界面(其他来源导航类似),在期刊导航中,选中某一年某一期,页面的目录随之变化,如图 8-27 所示。

若初次使用 CNKI 中国知网,须下载 CAJ 全文浏览器或 PDF 浏览器(在 CNKI 主页下载),其中任何一个浏览器都可以,建议下载最新版本。从 CNKI 下载的文章,有文本格式和非文本格式两种。如果是文本格式,则可以单击浏览器工具栏中的图

第 8 章 主要中外文数据库

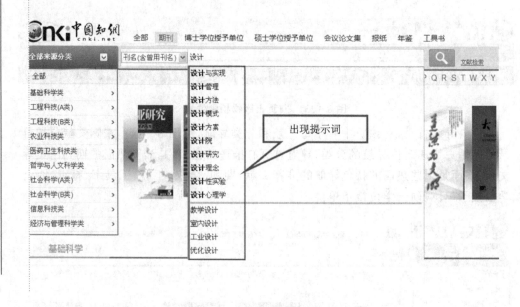

图 8-25 提示词位置

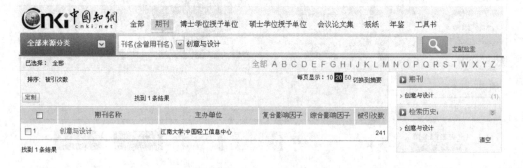

图 8-26 检索结果

标"选择文本",用鼠标选中您所需要的文章内容,复制粘贴到文本编辑器(如 Word 等);如果是非文本格式,则图标不可用,可以单击浏览器工具栏中的"文字识别",用鼠标选中您所需要的文章内容,单击鼠标右键,选择"文字识别",这样识别出来的结果就可以进行编辑,对识别结果进行修改,再将识别结果复制粘贴到文本编辑器。

二、CNKI E-Learning——数字化学习与研究平台

1. CNKI E-Learning——数字化学习与研究平台简介

CNKI E-Learning 数字化学习与研究平台通过科学、高效地研读和管理文献,以文献为出发点,理清知识脉络、探索未知领域、管理学习过程,最终实现探究式的终身学习。CNKI E-Learning 基于全球学术成果,为读者提供面向研究领域或课题,收

第8章 主要中外文数据库

图 8-27 期刊浏览

集、管理学术资料,深入研读文献,记录数字笔记,实现面向研究主题的文献管理和知识管理,实现在线写作、求证引用、格式排版、选刊投稿等功能,为用户提供与 CNKI 数据库紧密结合的全新数字化学习体验。

数字化学习与研究平台的六大功能:

(1)一站式阅读和管理平台

支持目前全球主要学术成果文件格式,包括:CAJ、KDH、NH、PDF、TEB,以及 Word、PPT、Excel、TXT 等格式将自动转化为 PDF 文件进行管理和阅读。

(2)文献检索和下载

支持 CNKI 学术总库检索、CNKI Scholar 检索等,将检索到的文献信息直接导入到学习单元中;根据用户设置的账号信息,自动下载全文,不需要登陆相应的数据库系统。

(3)深入研读

支持对学习过程中的划词检索和标注,包括检索工具书、检索文献、词组翻译、检索定义、Google Scholar 检索等;支持将两篇文献在同一个窗口内进行对比研读。

(4)记录数字笔记实现知识管理

支持将文献内的有用信息记录笔记,并可随手记录读者的想法、问题和评论等。支持笔记的多种管理方式:包括时间段、标签、笔记星标;支持将网页内容添加为笔记。

(5)写作和排版

基于 Word 的通用写作功能,提供了面向学术等论文写作工具,包括:插入引文、

第8章　主要中外文数据库

编辑引文、编辑著录格式及布局格式等;提供了数千种期刊模板和参考文献样式编辑。

(6) 在线投稿

撰写排版后的论文,作者可以直接选刊投稿,即可进入期刊的作者投稿系统。

使用 CNKI E-learning 前,需要在下载页面中下载客户端并安装在本地磁盘中,如图 8-28 所示。

图 8-28　下载 E-Learning 客户端

2. E-Learning 页面简介

E-Learning 的页面主要分为 5 个部分,如图 8-29 所示。

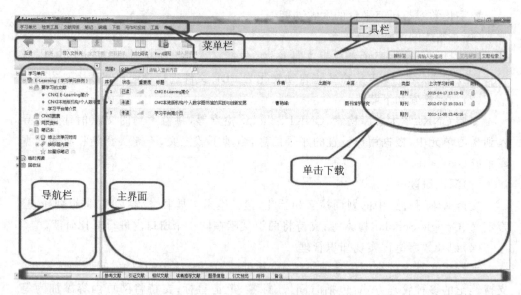

图 8-29　E-Learning 页面

菜单栏:包括学习单元、检索工具、文献阅读、笔记、编辑、下载、写作和投稿、工具和帮助。

工具栏：每个界面的工具栏显示内容不同，包括每个界面的常用功能、搜标签、文内搜索及文献检索功能导航。

导航栏：包括学习单元、临时阅读和回收站，通过树的形式来管理。

主界面：文献题录信息列表，包括：序号（是否有全文标识）、状态（已读和未读）、重要度、标题、作者、发表时间、来源、类型、上次学习时间和附件。

底边栏：对应于列表中文献的题录、备注、附件和引文预览。

用户可以根据自身阅读需要，单击导航栏上的 ◀ ，将导航栏隐藏，界面如图8-30所示。

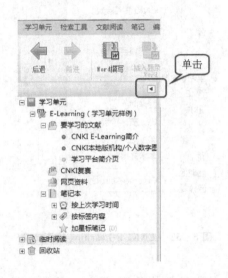

图8-30　隐藏导航栏

隐藏后界面如图8-31所示。

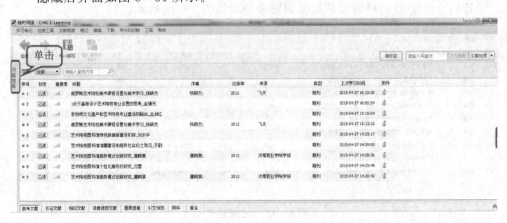

图8-31　隐藏后的界面

单击"功能导航"，即可出现导航栏界面。

3. 检索工具简介

CNKI E-Learning 的检索工具包括 CNKI 学术搜索、CNKI 总库检索、学者检索、科研项目检索、工具书检索、学术概念检索、翻译助手、统计指标检索、学术图片检索、学术表格检索和 Google Scholar。读者可以在菜单栏的"检索工具"中找到,见图 8-32。

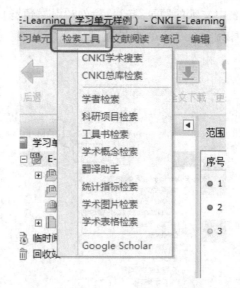

图 8-32　CNKI E-Learning 检索工具

4. 文献题录

题录是描述文献的外部特征的条目,例如文献的重要度、标题、作者、发表时间等。

E-Learning 的主界面即是文献的题录列表如图 8-33 所示。

图 8-33　文献题录

5. 参考文献的格式化

用户用 Microsoft Office Word 撰写论文的过程中,如果需要 E-Learning 中的文献作为论文的参考文献,可以通过 E-Learning 在 Word 中的加载项来实现,如图 8-34 所示。

图 8-34　Microsoft Office Word 界面

三、CNKI 学术趋势搜索

CNKI 学术趋势搜索以 CNKI 的海量资源为基础,深入分析 CNKI 收录的 1997 年后发表的期刊文献的发展趋势和关注度,为用户绘制学术关注趋势图和用户关注趋势图,并统计全部年度及各个年度的热门被引文章、近一年及各个月份的热门下载文章,帮助用户迅速了解研究领域或方向的发展趋势。

使用方法:

第一步:输入想要搜索的关键词。

在首页输入关键词(多个词之间用逗号分隔),单击搜索按钮 🔍 如图 8-35 所示。

图 8-35　输入关键词

第二步:查看搜索结果页的学术关注度、热门被引文章、用户关注度和热门下载文章。

可以看到,如果输入 2 个关键词,趋势图中也会展现 2 条曲线,用不同的颜色标识,趋势图右侧展现热门被引文章和热门下载文章。默认列出第一个关键词的全部年份的热门被引文章和近一年的热门下载文章。单击 阅读推广 即可查看另外一个关键词的热门被引和下载文章如图 8-36 所示。

第8章 主要中外文数据库

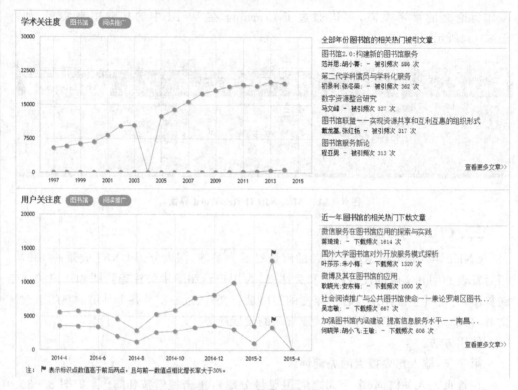

图 8-36　搜索结果页面

第三步：查看热点年份的相关热门被引文章或热点月份的相关热门下载文章；单击左侧学术关注度趋势图中▇所在的圆点，即可在右侧查看相关的热门被引文章；同样，单击用户关注度趋势图中▇所在的圆点，即可在右侧查看相关的热门下载文章如图 8-37 所示。

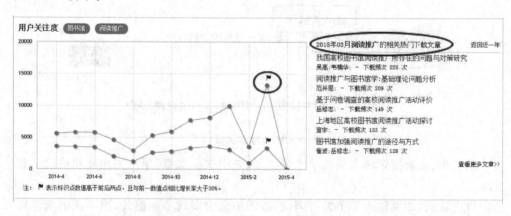

图 8-37　查看热点年份及相关文章

第四步：查看更多文章。

单击想要查看年份或月份的热门被引文章或文章右下角的"查看更多文章>>"即可查看所有的文章列表,如图8-38所示。

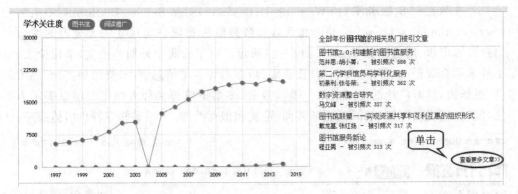

图8-38 查看更多文章

单击"查看更多文章>>"见图8-39。

全部年份图书馆的热门被引文章

共有记录298365条

序号	文献名称	作者	文献来源	发表时间	被引频次
1	图书馆2.0:构建新的图书馆服务	范并思;胡小菁;	大学图书馆学报	2006-01-21	586
2	第二代学科馆员与学科化服务	初景利;张冬荣;	图书情报工作	2008-02-18	362
3	公共图书馆精神的时代辩护	范并思	中国图书馆学报	2004-03-15	341
4	数字资源整合研究	马文峰	中国图书馆学报	2002-07-15	327
5	图书馆联盟——实现资源共享和互利互惠的组织形式	戴龙基,张红扬	大学图书馆学报	2000-05-20	317
6	图书馆服务新论	程亚男	图书馆	2000-06-30	313
7	云计算给图书馆管理带来挑战	胡小菁;范并思;	大学图书馆学报	2009-07-21	297
8	再论图书馆服务	程亚男	中国图书馆学报	2002-07-15	294
9	Web2.0的含义、特征与应用研究	孙茜;	现代情报	2006-02-25	283
10	开放存取环境下的信息共享空间	吴建中	国家图书馆学刊	2005-07-20	278

1 2 3 4 5 6 7 8 9 10 11 下页

图8-39 文章列表

第五步:查看与关键词相关的其他搜索词。

单击页面下方的相关搜索中的推荐词,可以查看相关研究内容的发展趋势,如图8-40所示。

相关搜索					
	图书馆员	信息服务	高校图书馆	图书馆工作	读者服务
	图书馆事业	网络环境下	信息资源	图书馆管理	图书馆服务
	网络环境	以人为本	知识管理	文献信息资源	更多...

图8-40 推荐词

第8章 主要中外文数据库

8.1.2 万方数据知识服务平台

万方数据知识服务平台(Wanfang Data Knowledge Service Platform,http://www.wanfangdata.com.cn)是由北京万方数据股份有限公司建立的大规模的综合信息资源出版、增值服务平台,如图8-41所示。该平台集中外期刊论文、学位论文、中外学术会议论文、标准、专利、科技成果、新方志等各类信息资源,资源种类全、品质高、更新快,具有广泛的应用价值。提供检索、多维浏览等多种人性化的信息揭示方法,同时,还提供了知识脉络、查新咨询、论文相似性检测、引用通知等特色增值服务。

图8-41 万方数据知识服务平台首页

一、万方数据知识服务平台主要数据库

1. 中国学位论文全文数据库

《中国学位论文文摘数据库》资源由国家法定学位论文收藏机构中国科技信息研究所提供,并委托万方数据加工建库,收录了自1977年以来我国自然科学领域博士、博士后及硕士研究生论文,已达238万余篇,并年增全文30万篇,合作单位580余家,建成中国学位论文全文数据库。《中国学位论文全文数据库》精选相关单位近几年来的博硕论文,涵盖自然科学、数理化、天文、地球、生物、医药、卫生、工业技术、航空、环境、社会科学、人文地理等学科领域。

2. 中国学术期刊数据库

收集了1998年后全国大部分正规刊物,共7 339种,收齐率高,拥有数量众多的高品质核心刊,论文数量达1 989万余篇,年增加200万篇。资源更新频率快、数量大。

3. 中国学术会议数据库

主要收录1985年以来一级会议以上的高质量学术会议论文,收录数量达到190万余篇,具有高质量、高权威、收录年限广、中西文合璧等特点。

4. 中外专利数据库

中外专利数据库包括中国专利文献、国外与国际组织专利两部分,内容涉及自然科学各个学科领域,包括七国两组织(中国、美国、日本、德国、英国、法国、瑞士、欧洲专利局和世界知识产权组织)的专利信息数据,其中中国563万,外国2 348万,采用国际通用的IPC国际专利分类,方便海量专利文献的组织、管理和检索,是科技机构、大中型企业、科研院所、大专院校和个人在专利信息咨询、专利申请、科学研究、技术开发、以及科技教育培训中不可多得的信息资源。

5. 中国特种图书数据库

中国特种图书数据库收录了1949年以来2万多册方志、工具书、专业书,年增加1万多册,更新频次不定。

二、万方数据知识服务平台的检索方法

1. 一框式检索

单击选择检索范围的文献类型,在检索编辑区进行引擎式学术搜索。系统默认在学术论文(跨期刊、学位、会议、外文期刊、外文会议多库)范围内快速检索文献,如图8-42所示。

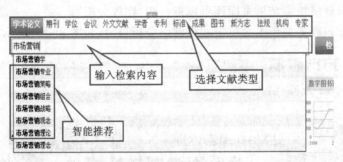

图8-42 一框式检索

2. 高级检索

在首页一框式检索按钮右侧,单击"高级检索"进入高级检索页面,选择检索字段并输入检索词,如图8-43所示。

3. 专业检索

单击"专业检索"进入检索页面,在检索框右侧单击"可检索字段"构造检索表达式,或在高级检索中构造检索条件,由系统生成表达式,如图8-44所示。

第8章 主要中外文数据库

图8-43　高级检索

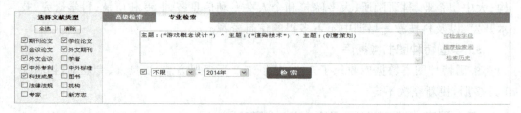

图8-44　专业检索

三、知识脉络分析

知识脉络检索是以年度为横坐标,以年度每百万篇期刊论文的命中数为纵坐标对检索结果作趋势图。在趋势图的下方列出了与检索词相关的热词(热词是指与被检索词共同出现在关键词字段较多次数的词),可以了解相关主题的学术研究趋势及热点。在知识脉络检索结果页面还可以进一步"比较分析"。

在万方知识服务平台主页单击知识脉络分析页面,如图8-45所示,

图8-45　知识脉络分析在主页的位置

在检索框内输入需要分析的检索词,例如对"会展"进行知识脉络分析时得到的检索结果如图 8-46 所示,从图中可以直观地看到对"会展"研究热度的变化。

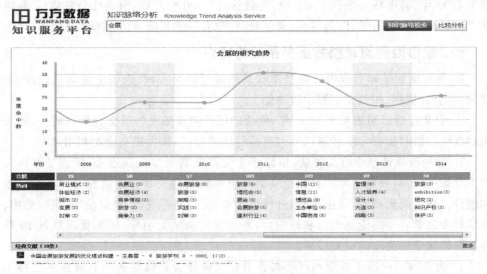

图 8-46　研究趋势图

单击"比较分析"按钮,显示如图 8-47 所示的页面,该页面对与"会展"相关的词作趋势图,可以了解相关学科的发展趋势。

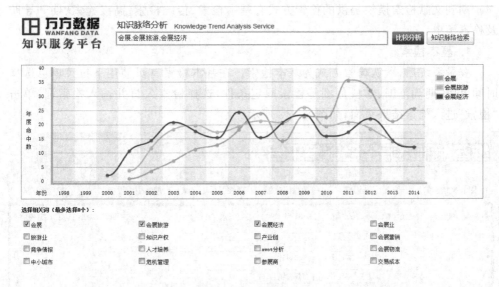

图 8-47　比较分析

8.1.3　维普期刊资源整合服务系统

《维普期刊资源整合服务系统》(CSTJ)V6.5 版(http://lib.cpvip.com),是中文

第8章 主要中外文数据库

科技期刊资源服务平台,是一个由单纯提供原始文献信息服务过渡延伸到提供深层次知识服务的整合服务系统。收录了自1989年后的12 000余种期刊,部分期刊回溯至1955年,其中核心期刊1 957种,文献总量3 000余万篇,覆盖社会科学、自然科学、工程技术、农业科学、医药卫生、经济管理、教育科学和图书情报等学科内容。

一、维普期刊资源整合服务系统的特点

1. 具有期刊被知名国内外数据库收录的最新情况查询、查询主题学科选择、在线阅读、全文快照、相似文献展示等功能。

2. 引文数据回溯加工至2000年,除帮助用户实现强大的引文分析功能外,还采用数据链接机制实现与维普资讯系列产品的功能对接,极大提高资源利用效率。

3. 运用科学计量学有关方法,以维普中文科技期刊数据库近10年的千万篇文献为计算基础,对我国近年来科技论文的产出和影响力及其分布情况进行客观描述和统计。从宏观到微观,逐层展开,分析了省市地区、高等院校、科研院所、医疗机构、各学科专家学者等的论文产出和影响力,并以学科领域为引导,展示我国最近10年各学科领域最受关注的研究成果。

4. 为机构用户基于谷歌和百度搜索引擎面向读者提供服务的有效拓展支持工具,既是灵活的资源使用模式,也是图书馆服务的有力交互推广渠道。

二、维普期刊资源整合服务系统的检索方式

期刊文献检索模块提供的检索方式有基本检索、传统检索、高级检索、期刊导航及检索历史。

1. 基本检索

登录系统后,默认检索方式为基本检索。在基本检索首页使用下拉菜单可选择时间范围、期刊范围、学科范围等检索限定条件,选择检索入口并输入检索词,单击"检索"进入检索结果页面,如图8-48所示。

图8-48 基本检索

2. 传统检索

单击"传统检索"进入检索界面进行检索操作,可进行中文科技期刊文章题录文

摘浏览、下载及全文下载,如图 8-49 所示。

图 8-49　传统检索

3. 高级检索

提供向导式检索和直接输入检索式检索两种方式。运用逻辑组配关系,查找同时满足几个检索条件的中文科技期刊文章,如图 8-50 所示。

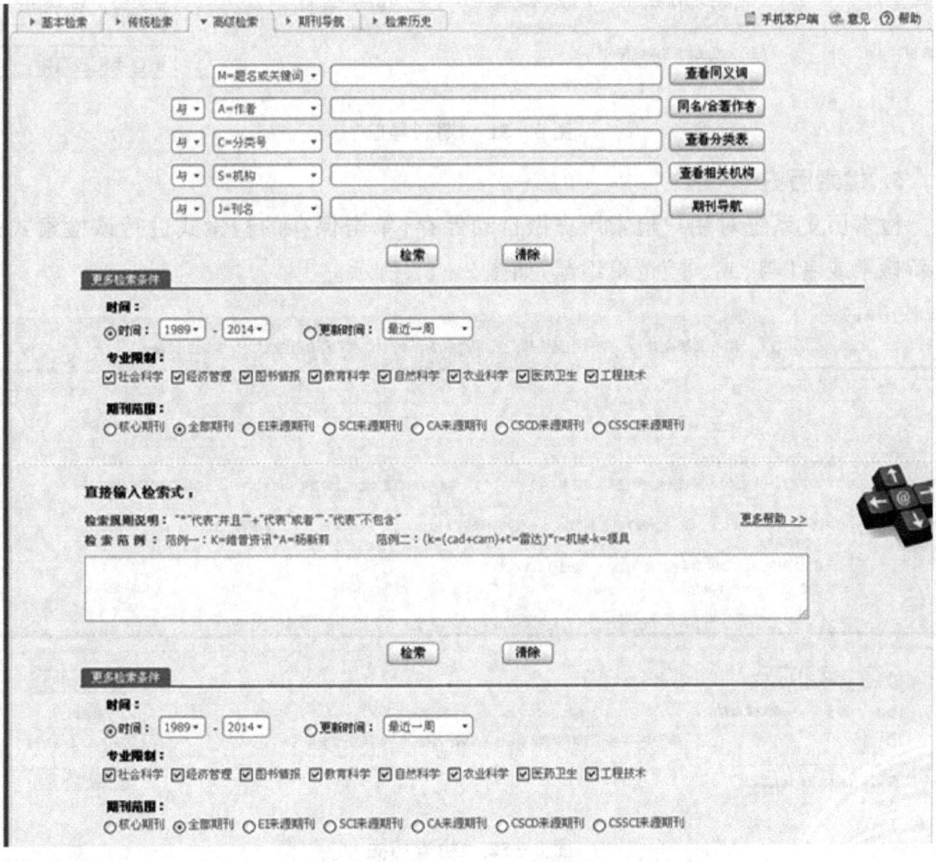

图 8-50　高级检索

4. 期刊导航

输入刊名单击"期刊导航"按钮,可链接到期刊检索结果页面,查找相关的期刊并查看期刊详细信息,如图8-51所示。

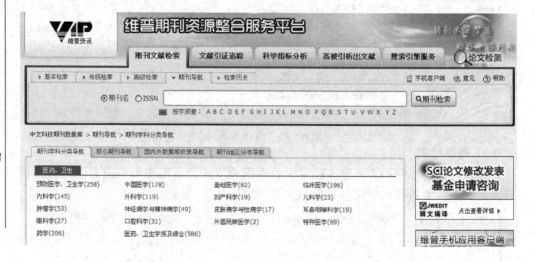

图 8-51　期刊导航

5. 检索历史

检索历史系统对用户检索历史做自动保存,单击保存的检索式进行该检索式的重新检索或者"与、或、非"逻辑组配,如图8-52所示。

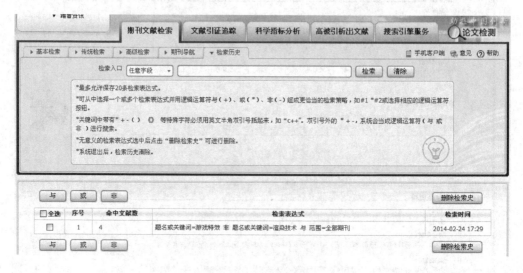

图 8-52　检索历史

8.1.4　读秀中文学术搜索

读秀中文学术搜索(http://www.duxiu.com)是由北京世纪读秀技术有限公司自行开发,是图书搜索及文献传递服务的系统平台,由海量图书、期刊、报纸、会议论文、学位论文等文献资源组成的庞大知识系统,是一个可以对文献资源及其全文内容进行深度检索,并提供原文传送服务。

目前已实现了本馆购买的纸质图书和超星电子图书的整合,同时实现了资源的一站式检索,即输入检索词,检索结果可延展到相关图书、期刊、会议论文、学位论义、报纸等文献资源。并且提供了图书封面页、目录页以及部分正文内容的试读。本馆购买的资源,用户可以通过本馆馆藏纸本书的借阅、电子资源的挂接获取全文,未购买的资源可以通过文献传递、按需印刷等途径获取。

一、读秀中文学术搜索的特点

1. 资源特点

读秀拥有中文图书全文 275 万种,中文图书书目 420 万种,中文图书目次 3.8 亿条,知识全文 13 亿页,中文报纸篇目 1 亿页,中文报纸全文 8 000 万篇,文档资料 7 700 万篇,词条 1 300 万个,人物 140 万个,课程 3 万门,考试资料 800 万份,网络视频 350 万部等。

2. 检索特点

(1)检索的深度和广度

读秀不仅可以以图书的基本信息作为检索点进行检索,获取图书的详细信息,而且可以以知识点作为检索点进行检索,深入到图书的章、节、正文,可以检索到一句话、一句诗词的出处,找到任何一幅插图、图表。检索结果更全面、更深入。

除了中文图书外,读秀集成了海量的各类文献的元数据,可以检索到中文其他类型文献资料,同时可提供搜索主题分析发展趋势。

(2)检索的全面性

读秀与本地 OPAC 挂接,直接整合本地纸本文献、电子文献,因此,可提供在线试读、在线全文阅读、馆藏纸本借阅、本馆馆藏电子书全文下载,并提供文献传递服务。同时,还提供了全国其他馆藏的揭示、按需印刷等多种其他获取文献的方法。

二、读秀中文学术搜索的检索方法

1. 读秀频道

读秀中文学术搜索分为知识、图书、期刊、报纸、学位论文、会议论文、文档、电子书、视频、考试辅导及课程等频道,读者可根据学术资源类型,选择相应的频道进行检索。

第8章 主要中外文数据库

2. 知识搜索

知识搜索是将所有图书打碎,以章节为基础,重新整合在一起的海量数据库中深入到图书资料的章节、内容中搜索包含有检索词内容的知识点,为读者提供了更全面、更深入的搜索结果,如图 8-53 所示。

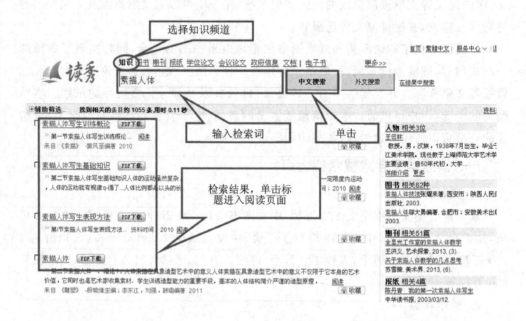

图 8-53 知识检索页面

3. 图书搜索

(1) 快速检索

选择图书频道,检索框下端提供了全部字段、书名、作者、主题词等几个检索字段,根据需要选择相应字段,默认为全部字段,匹配方式为精确。

例如,查找刘林清所著的《现代广告学》,可以按照下列步骤进行:

第一步:进入读秀中文学术搜索首页;

第二步:选择图书频道,在检索框中输入检索词"现代广告学",单击"中文搜索",如图 8-54 所示。

第三步:浏览检索结果。可以使用左侧的导航聚类按照图书类型、年代、学科、作者显示图书,还可以在右上角选择将图书按照时间降序、时间升序、访问量、个人收藏量、单位收藏量、引用量、电子馆藏、本馆馆藏排序,选择需要的图书,如图 8-55 所示。

第四步:单击所选择图书的书名,进入图书的详细页面,查看图书详细信息。

第五步:读秀提供借阅馆藏纸书、阅读并下载本馆电子书全文、图书馆文献传递、

第 8 章　主要中外文数据库

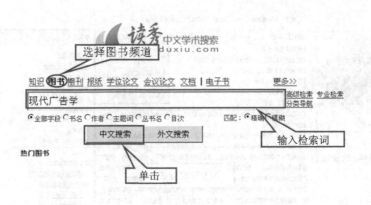

图 8-54　图书检索界面

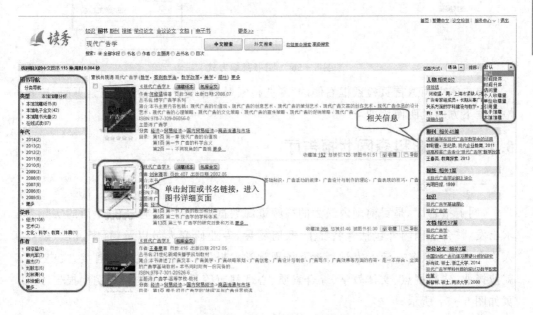

图 8-55　图书检索结果页面

其他文献服务机构馆藏信息以及网上书店购买等多种获取本书的方式，如图 8-56 所示。

(2) 高级检索

单击图书频道首页检索框右侧的"高级检索"链接，进入图书高级检索页面。在这里提供了书名、作者、主题词、出版社、ISBN 号、分类、年代多个检索项，读者可根据需要，完成一个或多个检索项的填写，还可以对检索结果显示的条数进行选择。完成之后单击"高级检索"按钮即可。

(3) 专业检索

第8章 主要中外文数据库

图 8-56　图书获取方式

单击图书频道首页检索框右侧的"专业检索"链接,进入图书专业搜索页面,按照检索框下方的说明使用即可。

8.1.5　爱迪科森网上报告厅

一、概　况

《网上报告厅》是目前国内最大的视频资源数据库,它从师生学习、生活的实际需求出发,整合了国内外包括著名院士、政府领导、专业研究人员以及《百家讲坛》热点人物在内的千余名一流专家学者近万场视频学术报告,包括理工类、经管类、文史类、就业择业、法律视点、文体教学、综合素质、心理健康等系列。爱迪科森网上报告厅主页如图 8-57 所示。

二、检索功能

《网上报告厅》提供字段检索、高级检索、二次检索及热门关键词检索等专业检索功能。字段检索可选择视频名称、视频讲师、视频分类和视频简介。字段检索如图 8-58所示,高级检索界面如图 8-59 所示。

三、检索结果

检索结果列表:检索结果包括视频缩略图、主题(视频名称)、演讲人、所属系列和视频内容简介等,单击缩略图或主题可以在线播放该视频,如图 8-60 所示。

第8章 主要中外文数据库

图 8-57　爱迪科森网上报告厅主页

图 8-58　字段检索

8.1.6　新东方多媒体学习库

一、数据库概况

新东方多媒体学习库是由新东方在线（www.koolearn.com）推出的"一站式"综合学习平台。该平台凝聚了新东方教育科技集团多年的教学精华，由国内考试类、出国考试类、应用外语类、实用技能、职业认证与考试、模考专辑类六大系列几百门新东方精品网络课程组成，可以满足在校大学生考试、外语学习、出国、求职等多种实际需求。

第8章 主要中外文数据库

图 8-59 高级检索界面

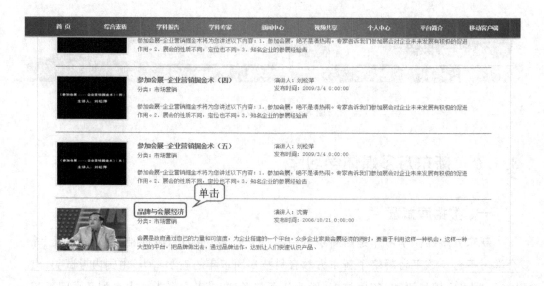

图 8-60 检索结果

《新东方多媒体学习库》的课程由新东方面授班原堂录制下来并经过后期多媒体技术制作而成,互动性强,采用音频、视频形式,由新东方名师讲授,能满足读者不同层次的不同学习需求。具体课程包括:

1. 国内考试类:大学英语四级、大学英语六级、考研英语、考研政治、考研数学。

2. 应用外语类:新概念英语、英语语法、英语词汇、英语口语、商务英语、日语、韩语、德语、法语、西班牙语。

3. 出国考试类:TOEFL课程、GRE课程、GMAT课程、IELTS课程、出国文书写作。

4. 职业认证/考试类:大学生求职指导、大学生实用技能、程序设计、平面设计、三维设计、网络管理、网页设计、英文法律法规等。

数据库网址:http://www.koolearn.corn/

二、检索和浏览功能

检索:《新东方多媒体学习库》的课程可按照课程名称进行检索,在检索框中输入关键词可以搜索到名称中含有该关键词的所有课程。

浏览:《新东方多媒体学习库》的课程可以按照"出国留学/移民"、"研究生"、"大学"、"中小学"等八大类或子类进行浏览,如图8-61所示。

图8-61 检索和浏览功能

三、检索结果

检索结果列表:检索结果按课程人气、销量和价格排序,单击课程名称可进入课程页面,查看课程详情、课程表、名师介绍、课程咨询等,如图8-62所示。

图8-62 检索结果

8.1.7 森图就业、创业数字图书馆

一、森图就业数字图书馆

1. 数据库概况

《就业数字图书馆》是北京森图华睿教育科技有限公司开发,以引导大学生正确认识就业环境与现状为目的,在立足于"纵向提升就业能力、横向定位就业空间"的同时,具有面向各大门户招聘网站的招聘信息进行企业互动与"微简历"发送功能,实现了通过图书馆的就业知识学习与应聘求职一条龙服务。

数据库立足于为学生提供一个从入校到毕业的全程化个人就业能力培养与就业知识学习中心,从学生自身专业、性格出发,通过相关行业、职业与学生目标就业城市的多个维度,为学生建立一个针对性、个性化的就业知识空间,并且通过就业能力测评、各类专业与职业技能考试题库、海量招聘企业互动等功能实现就业全程化服务,如图8-63所示。

第8章　主要中外文数据库

图8-63　就业数字图书馆主页

2. 功能介绍

（1）职业深度解析知识库

通过4个方面的功能，为用户提供职业推荐、执业行为与选择、职业发展路径分析、职业供求状况分析等功能，让用户结合自身，进行相关职业的认知、分析、以及职业发展前景的深度了解。

（2）个人就业力测评数据库

通过就业能力测试、霍兰德职业心理学测试、MBTI性格测试等功能，对用户进行就业力的测试，最终提供包括就业综合能力、个人求职倾向等内容的测试报告，为高校学生与就业人群提供就业能力补充学习、个人择业侧重方面的指导。

（3）行业就业指导知识库

为用户提供100～200个行业的知识、发展状况、前景分析和行业人才需求分析；并通过行业薪资分析、行业重点企业介绍、行业就业文献解读，帮助大学生与就业者了解行业人才需求状况，合理地做出就业决策。

（4）城市求职攻略知识库

提供100～200个城市的求职攻略，按照"认识城市、熟悉衣食住行、了解重点产业、就业服务向导"的步骤，让大学生与就业者能迅速了解就业目标城市或者对本人已定居城市进行重点产业、就业服务信息的了解，节约就业时间和费用成本。

（5）云职微聘

30秒完成名片式微简历，即可浏览海量招聘信息，在海量招聘信息中完成个人招聘咨询定制与实时更新，3分钟即可完成个人资料与招聘企业互动。

（6）政策法规指南知识服务库

帮助用户以"问题驱动"的方式、快速找到个人所需的就业创业热点问题法律、政策法规知识服务，并针对每个法条与政策法规分别进行案例解析资料提供，帮助用户

第 8 章　主要中外文数据库

进行法律与政策法规条文解读。

(7) 知之考题库

以近 4 万套涵盖各类专业技能认证、职业与语言能力测试等真题与模拟题为基础试题资源,同时围绕公务员、考研等热门考试进行专业的互动式答题设计,包括精细到知识点的用户答题分析,以及用户娱乐参与形式的考场竞技。

(8) 求职与应聘技能知识库

按照用人单位与企业、网络与现场招聘、人力资源与档案管理部门等各类模拟场景,帮助大学生与就业者熟悉求职、应聘、入职所涉及的各类问题,并给出解析、样题等知识准备。实际解决大学生与就业者在求职过程中所涉及相关问题。

(9) 个人就业知识服务应用中心

为了更好地贴近大学生与就业者的性格特征、专业背景,个性化地提供就业指导服务,就业知识管理平台提供了"个人就业知识应用服务空间"(并取名为"我的职业生涯"),为用户提供一个全程化的个人职业学习指导中心。

二、森图创业数字图书馆

1. 数据库概况

《创业数字图书馆》,是北京森图华睿教育科技有限公司完全根据教育部《普通本科学校创业教育教学基本要求(试行)》(详见教高厅[2012]4 号文件)的要求,并结合高校创业教育的实际需要,以创业知识为基础,以素质和能力提升为主要目的,力求打造专业的创业教育辅助平台,如图 8-64 所示。

图 8-64　森图创业数字图书馆主页

《创业数字图书馆》借助"创业"这一话题，将社会阅历、企业运作、职场经验、行业知识、职业定位、专业技能、事业规划、人格塑造等内容以高度浓缩的方式，让学生在知识、能力、性格各方面获得综合性提升。在力求培养创业型人才的同时，兼顾所有学生的未来人生需要，无论是否去实施创业，《创业数字图书馆》将所有即将走向社会的大学生打造不容错过的创业教育培训。

2. 功能介绍

(1) 创业力测评系统

以大学生创业素质模型的构建理论为基础，科学划定创业力构成。创业力从创业性格、创业精神、创业能力、创业兴趣 4 个方面来进行测评，通过测评及结果的分析，创业者能了解自身的创业力水平。针对能力不足的方面还能通过具体的学习来不断完善。

(2) 创业计划书文库

为了给大学生创业提供案例化的指导、促进快速入手和正确实施，创业计划书文库在充分考虑大学生自身条件、创业项目可操作性的基础上，在近年来多个热点创业行业中，分别收集加工了一批项目主题明确、撰写内容完整、具有参考价值的创业计划书案例。该文库的设计目的是希望大学生能够快速找到贴合自身条件与创业方向的具体成功案例，一方面可以促进对于具体项目的全面了解和实施指南，另一方面也可以促进对于投资、人力等方面的引入与筹备。

(3) 创业项目精品项目库

筛选并提供了 100 个适合大学生创业的项目。涉及餐饮、服装、互联网、生产制造等行业。该项目库的所有创业项目都是经过认证和实际考察过的精品项目，创业者可以从中挑选自己喜爱的项目，开始自己的创业之路。

(4) 创业实训数据库

针对创业者在创业初期，对于企业开办流程、证件办理的过程中存在的疑惑，逐步讲解企业开办流程使初创企业者掌握企业开办所需的流程和相关手续，方便创业者快速注册企业，实现创业。

(5) 创业课程资源库

拥有超过 2 000 课时的视频资源，讲座内容涵盖企业管理、市场营销、人力资源、财务管理、团队管理、企业文化、投资融资、商务礼仪、行业创业和一系列涉及提升个人素质、个人价值、职业理想、工作方法等课程资源。

(6) 创业政策法规库

共提供了 10 部与创业相关的法律和五大类（税收优惠、创业培训、小额担保贷款、创业基地、资金补贴）与创业相关的政策，既为创业者搜集了中央及地方的对创业扶持的政策，也提供了企业开办及经营中所涉及的一系列的法律和法规。了解创业优惠政策，可以加速你的创业梦想的开启。熟悉企业开办和经营中所涉及的法律和法规，可以规范公司的经营和管理，帮助企业走向规范化。

8.1.8　iLearning 外语自主学习资源库

一、数据库概况

iLearning 外语自主学习资源库荟萃中外权威专家学者,集合全球层面优质资源,形成以多媒体课程为核心,音视频、图书、多媒体课件及水平测试为辅助的八大外语学习模块。iLearning 根据语言学习规律和自主学习特点,建立起引导式的自主学习模式——以学生自主测试为手段,指导其高效使用平台中的各类资源,循序提升外语听、说、读、写、译各项能力,帮助其顺利通过各类主流考试,全面提升人文素养,增强团队协作意识,拓展国际视野。iLearning 外语自主学习资源库界面如图 8-65 所示。

图 8-65　iLearning 外语自主学习资源库

二、功能介绍

1. 外语文库

外语文库收录了外研社近年出版的多语种精品图书和期刊,主要包括教程教辅、考试训练、实用外语和外语读物四大类内容,涵盖语言学习和使用中涉及的各个领域的资源,帮助学习者提升语言学习各个阶段必需的技能。

2. 视听资源

视听资源包含四大类别的国内外音频、视频资源,涉及经济、环保、政治、科技、人文生活等各个方面。在呈现方式上,视听资源配有字幕脚本、语言解析、文化背景灯功能模块,提供完整系统的学习资料,帮助学习者在欣赏视频、东西文化、了解当今新月异变化的同时提高外语能力。

3. 多媒体课堂

多媒体课堂主要包括综合英语、通识英语、职业英语和经典课程系列,课程设计遵循网络学习规律,符合自主学习的特点,体系严谨而完备,学习目标、学前热身、学习任务、复习测试各个学习环节设计紧密相扣、相辅相成。课程充分利用多媒体手段,在学习过程中与学生进行实时交互,帮助学生有效提升外语水平。

4. 多语种学习

多语种学习包括日语、德语、法语、俄语、西班牙语、意大利语、韩语、越南语八大语种的速成课程,专为零起点学习者设计,充分考虑到自学者可能遇到的困难和疑点,以多媒体的形式讲解基础语音知识、词汇语法和日常对话,帮助初学者轻松有效地学习。

5. 名师讲堂

主要包括名师谈外语学习系列和世界著名语言学家系列讲座。名师谈外语学习系列邀请了胡文仲、何其莘、陈琳、梅仁毅、吴冰、钱青等外语界权威专家主讲。内容涵盖自主学习策略、语音词汇、阅读、写作、翻译、文学、语言学等 11 个主题。世界著名语言学家系列讲座中,众多语言学大师讲授了认知语言学的历史发展、核心概念、与其他学科的交叉、最新动态及未来趋势等,内容涵盖了专家们几十年来的学术精华和研究成果。

6. 自测中心

自测中心是包含外语考试各类题型的测试系统,题库包括大学英语四六级、专业英语四八级、全国英语等级考试和高等学校英语应用能力等级考试的各类题型。具有英语水平定位功能,根据自测结果分析报告,学习者可以了解自身英语能力水平,并根据报告推荐,选择相应资源进行学习和提高。具有随机组卷功能,答题结束提交后,学习者可看到做大情况、得分、正确答案、试题解析以及诊断报告。

7. 移动学习

APPs 包含大量移动学习应用程序,有关外语学习、考试、出国、留学、娱乐、休闲的海量电子书、视频及游戏一网打尽。移动客户端针对 iOS 和 Android 系统开发的移动客户端,方便学习者随时随地访问 iLearning,实现移动式学习。

8.1.9 VERS 维普考试资源系统

VERS 维普考试资源系统(简称 VERS,http://vers.cpvip.com/UI/index.aspx)是维普资讯专门研发的集日常学习、考前练习、在线考试、模拟测试等功能于一体的大型教育资源数据库。系统采用开放、动态的系统架构,将传统的考试、练习模式与先进的网络应用相结合,可使学生完全根据个性化需要来进行有针对性的学习和考前练习。VERS 强大的考试题库资源涵盖了英语、计算机、公务员、司法、经济、考研、工程、资格、医学等领域,拥有十大分类数百个细分考试科目。截至 2012 年 12 月底收录试卷 7.4 万余套,其中全真试卷 1.1 万余套,总计超过 373 万道试题,在各同类产品中名列前茅,并按月更新最新的试卷。

一、VERS 维普考试资源系统的特点

1. 分类科学合理:使用界面分类清晰明确,而且灵活多样,提供可进行超级链接的完整的分类表。

2. 收录试卷最新:新试卷、全真试卷更新及时,是目前收录新题、真题最多的试卷库。

3. 收录试卷最全:收录时间跨度最长,试卷收录最早可追溯到1990年;收录试卷考试类目多,涉及公务员、计算机、外语考试、研究生考试、医学、经济、法律等十大考试类别,数百个细分考试类目,其中小语种、大学生村官考试、招警考试等科目类别是独家收录。

4. 专项训练更灵活:题库模块帮助读者定题定量进行专项薄弱环节的集中训练,提供多种个性化考前练习功能,提高学习效率。

5. 组织在校考试更方便:教师根据教学计划,利用在校考试功能来组织各种网络化的随堂测试或正式考试,详细的成绩分析系统有利于教师随时对学生的学习进展做准确的评估,搭建教学、考试、学习的高效教辅平台。

6. 移动端应用更丰富:提供了Android和iOS手机及平板的移动端APP应用,使学生可以随时随地地使用VERS丰富的题库资源试卷进行考前练习。

二、VERS维普考试资源系统的主要功能

VERS维普考试资源系统的9个主要功能如图8-66所示。

图8-66　VERS维普考试资源系统的主要功能

1. 题　库

进入VERS首页,首先是题库资源分类信息,单击分类名称即可查看该分类下的所有试卷信息。进入试卷页面后为浏览模式,不能立即作答,只可以浏览试卷。想开始作答时需要先单击左侧栏上的"开始答卷"按钮,此时便进入答题模式,就可以开始模拟考试,同时系统开始自动计时。

2. 专项训练

读者可以通过该功能对自己比较薄弱的某类题型进行有针对性的强化练习。选定某种类型考试的某类题型之后,系统将自动在海量题库中进行随机抽题。

3. 检 索

可以按照全部或选择分类输入关键词检索,快速查找相关的试卷或试题,定点学习训练提供便捷。

4. 随机组卷

通过随机组卷功能,读者可以在特定的题库中随机抽取试题组合成模拟试卷进行自我测试。模拟试卷中的全部试题均为历年考试真题或者相关科目最新编写的模拟试题,具有很强的针对性和较高的模拟练习价值。

5. 我的题库

要使用该功能需先登录账号,如果还没有账号,需注册一个(注册是免费的)。在这里可以管理注册信息、修改密码,管理收藏的试卷,直接打开收藏的试卷,查看到历次的测试成绩和在线考试成绩等。

6. 在线考试

显示所有近期组织的在线考场列表以及开考的具体时间,单击要进入的考场即可进入考试。进入在线考场也需要先登录账号,有些考场管理员设置了考场密码,只有输入正确的考场密码才能进入。在线考试不同于一般的自我测试,它是教师专门组织的各种随堂考试、正式考试或作业考试,是在特定时间才能进入的,考试结束考场即刻关闭,不能再进入,是类似于真实考试的一种机考模式。

7. 自建题库

教师们可根据本校的教学课程或院系班级结构来自行设置自建题库的分类,便捷的试卷在线录入操作流程,可以帮助教师快速地将本学科或班级的日常练习试卷和考试试卷录入到题库中。

8. 自建资源

自建资源作为课堂教学的辅助教学资源,为教师授课提供了一个开放性的网络平台。教师可根据教学任务和计划将部分教学课件、教案、课后作业、课程预习笔记等资料上传到该平台上供学生点播下载。

9. 考试日历

提供各类考试日历查询。

8.1.10 人大复印报刊资料全文数据库

一、概 述

人大复印报刊资料数据库由中国人民大学书报资料中心和北成集团联合研制。从全国4 000多种报刊上选择重要的论文予以复印,分100多个专题装订成册、按时

第8章 主要中外文数据库

连续出版发行,基本上涵盖了哲学、社会科学的各个学科;关于港、澳、台报刊的复印资料,有"港澳台及海外法学"、"港澳台经济"等专题。其内容具有一定的学术价值、应用价值,含有新观点、新材料、新方法,或具有一定的代表性,能反映学术研究或实际工作部门的现状、成就及其新发展的学术资料。它以信息量大、分类科学、筛选严谨、涵盖面广而成为国内最具有权威的社会科学、人文科学专题文献信息资料库。它被誉为"中华学术的窗口"、"中外文化交流的桥梁"。

该数据库分为4个大类,收录时间范围从1995年至今,包括政治类(马克思列宁主义、社科、政治、哲学、法律);经济类;教育类(教育、文化、体育);文史类(语言、文学、历史、地理及其他),共计100多个专题。

中国人民大学书报资料中心的网址为http://www.zlzx.org/,如图8-67所示。

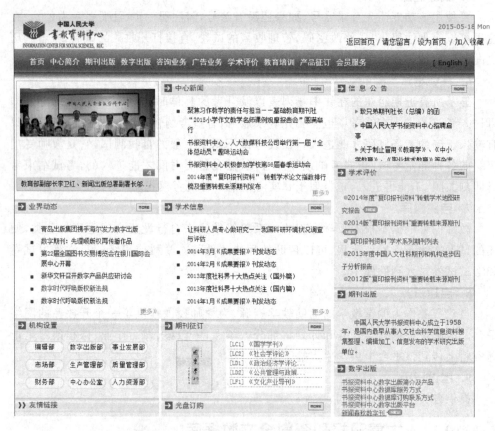

图8-67 中国人民大学书报资料中心主页

二、"人大复印报刊资料"检索

1. "人大复印报刊资料"全文数据库的使用方法

第8章 主要中外文数据库

在全文数据库界面左侧的树状结构中可以选择要查找的种类,右侧的文章列表会根据选择显示出不同的内容。通过单击"下页"、"尾页"或输入页号来查找所需要的文章。在顶部的检索框中,首先选择不同的年份段,填写相应的关键词,单击检索后右侧不同的符号来表示它们的关系。"＊"号表示"与"的关系、"＋"号表示"或"的关系,如图8-68所示。

图8-68 全文数据库

如果普通检索无法实现需要的功能,可以单击"高级搜索"按钮,如图8-69所示,获得更多的查询框。

2. "人大复印报刊资料"数字期刊库检索

可以通过各个分类来查找需要的期刊,或通过检索框输入期刊的代号或期刊的名称来查找需要查看的期刊,如图8-70所示。

单击某期刊名称后,即可进入该期刊的页面。再单击相应年份下的期号,可以进一步检索。

单击具体文章标题后就可以查看文章全文。如果列表中没有找到需要的文章,就可以通过检索框来查询。首先,选择想要查找的字段;其次,输入关键词;最后选择是想在本期中查询还是在本刊中查询,确认后,单击"检索"就能查找到想要的文章了。

第8章 主要中外文数据库

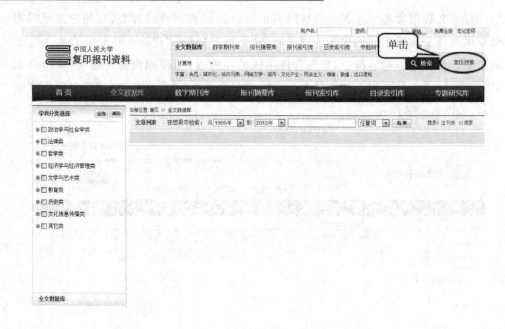

图 8-69　高级搜索

图 8-70　人大复印数字期刊主页

8.1.11 中国科学引文数据库(CSCD)

一、概 述

中国科学引文数据库(Chinese Science Citation Database,CSCD)创建于1989年,1999年起作为中国科学文献计量评价系列数据库的A辑,由中国科学院文献情报中心与中国学术期刊(光盘版)电子杂志社联合主办,并由清华同方光盘电子出版社正式出版。通过清华大学和中国科学院资源与技术的优势结合和多年的数据积累,CSCD已发展成为我国规模最大、最具权威性的科学引文索引数据库,为中国科学文献计量和引文分析研究提供了强大的工具。已积累从1989年到现在的论文记录近4 184 454条,引文记录47 494 795条,年增长论文记录20余万条,引文记录约250万条。

中国科学引文数据库分为核心库和扩展库,核心库的来源期刊经过严格的评选,是各学科领域中具有权威性和代表性的核心期刊。扩展库的来源期刊也经过大范围的遴选,是我国各学科领域较优秀的期刊。2015~2016年度中国科学引文数据库收录来源期刊1 200种,其中中国出版的英文期刊194种,中文期刊1 006种。中国科学引文数据库来源期刊分为核心库和扩展库两部分,其中核心库872种(以备注栏中C为标记);扩展库328种(以备注栏中E为标记)。

CSCD具有建库历史最为悠久、专业性强、数据准确规范、检索方式多样、完整、方便等特点。提供著者、关键词、机构、文献名称等检索点,满足作者论著被引,专题文献被引,期刊、专著等文献被引,机构论著被引,个人、机构发表论文等情况的检索。字典式检索方式和命令检索方式为用户留出了灵活使用数据库,满足特殊检索需求的空间。系统除具备一般的检索功能外,还提供引文索引,此外,数据库还提供了数据链接机制,支持用户获取全文。

CSCD除提供文献检索功能外,其派生出来的中国科学计量指标数据库等产品,也成为我国科学文献计量和引文分析研究的强大工具。CSCD出版以来,依据年度数据进行统计,统计的对象涵盖机构、地区、基金资助、合作研究、人才研究、文献评价等多方面,从论文的产出力和影响力两个层面,较为全面地揭示了我国自然科学领域论文产出及影响的机构和区域分布,揭示了在我国科研领域论文发表最多的学者,排列出在我国科学研究中作者引用率最高的专著和期刊,为广大用户,尤其是科研管理部门提供了一份重要的、量化的参考依据。现已在我国科研院所、高等学校的课题查新、基金资助、项目评估、成果申报、人才选拔以及文献计量与评价研究等多方面作为权威文献检索工具获得广泛应用,是推荐"中国科学院院士"、申请"国家杰出青年基金"等多项国家级奖项人才选拔的指定查询库。

二、检索方式

输入网址:http://sciencechina.cn/,进入中国科学文献服务系统,选择中国科学

第 8 章　主要中外文数据库

引文数据库,单击"进入检索"按钮,如图 8－71 所示。

图 8－71　中国科学文献服务系统页面

数据库默认为"来源文献检索",单击"引文检索"可进入"引文检索"界面。"来源文献检索"界面具有作者、第一作者、题名、刊名、ISSN、文摘、机构等 12 个检索字段,可添加检索框,并可从论文发表时间、学科范围进行限定检索。"引文检索"界面具有被引作者、被引第一作者、被引来源、被引机构、被引实验室、被引文献主编 6 个检索字段,可从论文发表时间、论文引用时间进行限定检索。

8.2　常用外文数据库

8.2.1　EI Compendex Web《工程索引》

一、EI 数据库概况

《工程索引》(The Engineering Index,EI),是由美国工程信息公司(Engineering Information Inc.)编辑出版的一部历史悠久的大型综合性检索工具(http://www.engineeringvillage.com/)。EI 在全球的学术界、工程界、信息界享有盛誉,是科技界公认的重要检索工具。《工程索引》网络版(Engineering Index Compendex Web,Ei Compendex)是当今最大的综合性的工程研究参考数据库。截至 2011 年初,该数据库包含了 1 100 多万条参考文献和文摘,有来自全球 5 600 种学术性期刊、会议录以及技术报告。其内容涵盖工程及应用科学,包括：核技术、生物工程、交通运输、化学工程、光及光学技术、农业工程和食品技术、计算机和数据处理(加工)、应用物理、电子及通信、控制、土木、机械、材料、石油、航空航天工程等。收录年代始于 1969 年,年增新记录约65万条,周更新。数据库中化工和工艺的期刊文献最多,约占15%;计算机和数据处理占12%;应用物理占11%;电子和通信占12%;另外还有土木工程占6%和机械工程占6%。大约22%的数据是有主题词和摘要的会议论文,90%的文献是英文文献。EI从1992年开始收录中国期刊。

二、发展简史

《工程索引》印刷版创刊于1884年,最初只是美国工程师学会联合会会刊中的一个文摘专栏,命名为"索引注释"(Index Notes)。1895年,美国《工程杂志》(The Engineering Magazine)社购买其版权后正式更名为——The Engineering index,后一直沿用至今,并开始出版累积索引,1892~1905年总共出版了4卷累积索引;1906年起每年出版一卷。1934年,工程索引公司(The Engineering Index, Inc.)成立,专门负责《工程索引》的编辑出版工作。20世纪70年代开始生产电子版数据库EI Compendex,1972年通过Dialog大型联机系统提供检索服务。1981年,工程索引公司更名为工程信息公司(Engineering Information, Inc.),并于80年代后期开始发行光盘,到了90年代,随着计算机网络技术的发展,EI适时推出了网络检索服务。

三、EI Compendex 核心出版物

目前网络版的EI Compendex是早期的联机检索版EI Compendex和EI PageOne合并而成。与光盘版相比,增加了EI PageOne的部分,两个版本的文献来源有较大的不同。通常把EI网络版中的EI Compendex称为EI网络版的核心收录部分,其所涉及的期刊和连续出版的会议录共计2 600余种(和光盘版基本相同),这部分期刊和会议录在EI网络版中可以通过字段内容来筛选或甄别。Compendex Web数据库中的核心和非核心数据的主要区别在于:记录中有分类码(EI classification codes)和主题标引词(EI main heading)为核心数据,没有这两项内容的为非核心数据。

EI从1992年开始收录中国期刊,之前也有核心期刊与非核心期刊之说。EI公司在2009年度对期刊收录进行了调整,从2009年1月开始,所收录的中国期刊数据不再区分核心数据和非核心数据。检索2009年之前的数据,可参考核心数据和非核心数据的区别。目前EI Compendex Web数据库共收录中国大陆地区期刊183种,2009年EI收录的中国期刊汇总可参见EI中国网站。

四、Engineering Village 平台和 EI 数据库检索

EI Compendex网络数据库的检索平台采用的是Engineering Village 2(简称EV 2)。EV2涵盖了工程、应用科学相关的最为广泛的学科领域,资源类型包括学术文献、商业出版物、发明专利、会议论文和技术报告等。除EI Compendex之外,EV2检索平台还可以访问的数据库资源包括:《工程索引回溯文档》(EI Backfile)、《科学文摘》(INSPEC)、《美国政府报告数据库》(NTIS)、《EI专利》(EI Patents)、《地学参

考数据库》(GeoRef)、《地理参考数据库》(GeoBase),可以链接到美国专利及欧洲专利数据库,也可以链接到专门用于科技信息检索的科技搜索引擎 Scirus。

五、检索技术

1. 逻辑算符

包括 AND、OR、NOT。

2. 位置算符

NEAR:检出的文献要同时含有这两个词,这两个词要彼此接近,前后顺序不限,两词间隔与数字有关。如 laser NEAR/5 diode 表示两词相互间隔 5 个词以内。

ONEAR:检出的文献要同时含有这两个词,彼此按照输入顺序出现。如 laser ONEAR/5 diode 表示两词相互间隔 5 个词以内,在记录中的顺序是 laser 前,diode 后。

对于位置算符,如果没有数字,则系统默认两词间隔 4 个词以内。如 laser NEAR diode 表示两词相互间隔 0~4 个词。

3. 优先算符为括号"( )"

表示括号中的检索式将优先执行。

4. 通配符

截词符"*":

(1)右截断,如:optic*,将检索出以 optic 为起始的所有词,如 optic、optics、optical 等。

(2)左截断,例如:*sorption,将检索到 adsorption、absorption、resorption 等。

(3)中截断,例如:h*emoglobin,将检索到 hemoglobin、haemoglobin 等。

代字符"?":一个"?"代表一个字符,如 t?? th 可检索到 tooth、teeth、truth、tenth。注意:截词符和代字符不能与词根运算、位置算符、引号""和括号()同时使用。

词根算符"$":此功能将以输入同的词根为基础,检索同一词族中的所有派生词。例如:$ computer 将检索出与该词根具有同样语意的多个词,如 computing、computation、computational、computers 等。在快速检索和专家检索界面中,系统对输入检索框中所有检索词(除作者字段外)均设定了自动词根功能,可以方便有效地提高查全率。如果不想使用自动词根功能,可以单击这个界面上的 Autostemming off,即可关闭。注意:如果检索词(词组)使用了引号""或括号()做精确检索,系统将不会进行词根运算。

5. 词组检索符号

引号""或大括号{}:用于精确词组检索,如"carbon nanotubes"。没有使用引号或大括号的词组,系统会自动将各词组配成 and 的关系。注意:符号应在英文状态下输入。

6. 特殊符号(special characters)

除 a-z、A-Z、0-9、?、*、#、()或{}等字符外,其他符号均视为特殊符号,检索时将被忽略。如果检索的短语中含有特殊符号,则需将此短语放入括号或引号中,此时系统将特殊字符按照空格处理。例如:{n>5}或"M. G. I"。

7. 检索限制选项

文献类型:期刊、会议、专著等文献类型。

EI 文献处理类型:应用、理论、实验、综述、传记、经济等方面的文献。

语种:原始文献的语言。

检索年代:文献的出版年代。

更新时间:可将检索限制在数据库最新更新的 1~4 周时间范围内。

词根运算:系统自动进行词根运算(autostemming off),可选择关闭。

六、检索功能

Engineering Village 2 检索平台设置了简易检索、快速检索和专家检索 3 种检索方式之间进行切换。

1. 简易检索(easy search)

即关键词检索,检索范围为全记录字段,可使用布尔逻辑算符、括号、截词符等检索技术。

2. 快速检索(quick search)

实际上是一种填空和选择式的检索,可选择特定字段进行有针对性的限制检索,使用 AND、OR 或 NOT 逻辑算符进行组配。可选择词根运算,同时可以使用检索技术,如布尔逻辑算符、括号、截词符以及精确词组检索等。可检索字段包括:全部字段(all fields)、主题词/标题/文摘(subject/title/abstracts)、文摘(abstracts)、作者(author)、第一作者机构(author affiliations)、标题(title)、EI 分类代码(EI classification code)、期刊代码(CODEN)、会议信息(conference information)、会议代码(conference code)、国际标准系列出版物编号(ISSN)、EI 主标题词(EI Main Heading)、出版者(publisher)、来源出版物名称(source title)、EI 受控词(EI controlled term)等。

3. 专家检索(expert search)

用户可将检索词限定在某一特定字段进行检索(字段代码见专家检索页面的字段表),同时可以使用逻辑算符、括号、位置算符、截词符等;也允许用户使用逻辑算符同时在多个字段中进行检索;系统将严格地按输入的检索式进行检索。检索界面上还设置了词根运算选项。例如:((("Single—walled carbon nanotube"OR SWCNT) AND(Biomacromolecule $ OR DNA))WN KY AND{dai hongjie}WN AU。注:WN 是表示检索词限定在一个字段内。

4. 索引(browse indexes)

包括作者、第一作者机构、EI 受控词、来源出版物名称、语言(1anguage)、文献类型(document type)、出版者以及 EI 文献处理类型(treatment type)等字段的索引词表。打开相应的索引词表后,选择适当的索引词,系统会自动将选定的索引词粘贴到第一个没有内容(空)的检索框中,系统也自动修改检索范围为相应的字段。粘贴的检索词与前一个检索框之间默认用 OR 组配符,需要人工确认检索框之间布尔逻辑关系。

5. 主题词表(thesaurus)及其应用

EI Compendex 的主题词表为叙词表,即数据库中收录的每篇文献均有多个受控词(controlled term)来揭示文献内容,受控词汇集在词表中,被组织成等级结构,亦称树形结构,所涵盖的概念设定为上位词、下位词和相关词关系,即称叙词表。在每条记录的多个受控词中,其中一个受控词作为主标题词(main heading)来表示文献的主题,同时还要用更多的受控词来描述文献中所涉及的其他概念。在 2001 年更新的第 4 版 EI 主词表中含有 1.8 万个主题词,其中包括 9 000 个受控词,9 000 个引导(1ead—in)词。

在叙词表中,受控词为正体字,引导词以斜体字呈现。引导词有两种情况:一种是受控词的同义词但不属于受控词;另一种是曾经用来标引文献的早期受控词(在叙词表中打星号),而现在已经被新的受控词所替代的词语。引导词不能直接用于检索,单击引导词后系统会自动指引到相对应的同义受控词或替代受控词。

叙词表有多种用途,比如当利用受控词检索文献时,叙词表则是受控词选词指南,可用来确定受控词,查找同义词和相关词,利用词表中的推荐词和下位词来精确检索策略等。随着科技的快速发展,叙词表一直在与时俱进发生着变化,叙词表还可以用于追溯受控词在某个时间段内的使用情况。

受控词检索有 3 种使用方法:

(1)叙词表选词检索:在主题词表的查询框中输入词或词组后,如选择"search",系统按照字母顺序方式将该受控词的上位词、下位词及相关词线性混合排列出来;如选择"exact term",系统会分别列出其上位词、相关词和下位词;若选择"browse",则打开按照字母顺序线性排列的全部叙词表,但系统会自动移动至所输入的词语处。以上 3 种情况用户均可根据所列受控词选择并设置限制条件进行检索。如选择多个词语,则各词语间为逻辑"OR"的关系。

如果在叙词表中使用了非受控词或不正确的词语检索,系统在提示没有检索结果的同时也会建议可能匹配的受控词。

(2)一般检索:在快速检索和专家检索页面,在检索框中输入检索词,并选择限制在受控词字段检索。

(3)超链接检索:在摘要格式和详细格式记录中受控词以超链接的形式存在,如果用户在浏览记录时,发现有更适合自己检索需求的受控词,在记录浏览状态下可直接单击该受控词,系统以快速检索的方式,并自动限定在受控词字段,检索所有时间范围内的记录。

七、检索结果

1. 检索结果显示

系统默认每屏显示 25 条记录,每 20 屏 500 条记录为一组。选择某一记录下的"Abstract"或"Detailed",可分别单篇显示该记录的文摘或全记录格式,对标记过的记录可多条显示文摘或全记录格式。

2. 检索结果排序

检索结果的排序方式有:相关性、出版年、作者、来源、出版者。相关性排序只能按照递减顺序排序,其他选项可以分别按正、反序排列。

3. 检索结果输出

对标记过的记录可以进行浏览(view selections),或通过 Email 发送、打印、下载(download)、保存到文件夹(save to folder)等方式进行输出。其中"下载"是指用户将记录以文件的方式保存到自己的各种存储盘中;"保存到文件夹"则是指用户可以在 Engineering Village 2 的服务器上建立自己的账户和文件夹,并将检索结果保存在所建立的文件夹中,如果需要查看或存取,只要通过 Email 地址和密码登录即可。

4. 二次检索(精简检索结果)

如果初次检索结果不能满足要求,可在该项检索结果的基础上做进一步检索,即对检索结果进行优化或精简。精简检索结果有两种方式:

(1)使用 Refine Search 功能:单击后原始检索式将自动出现在精简检索框中,根据检索需要对其做进一步的改动,再单击检索(Search)按钮即可。如果原始检索是快速检索,精简检索自动定位到快速检索页面,专家检索和简易检索亦然。(通过)该方式用户可以随心所欲对检索式做任意修改。

(2)使用精简检索结果栏进行包含和排除检索。在检索的同时,系统对检索结果进行了作者、机构、控制词、分类代码等多项分析(分析内容详见"检索结果分析")。用户可以根据分析结果,选择其中某项排除或包含检索。例如:检索式("nanostructured materials")WN TI 在 2008~2009 年的检索结果为 120 篇文献,分析结果显示作者为 Jiang,Q. 的有 3 篇,如果要单独浏览这 3 篇文献,单击该作者前面的选择框,并选择包含检索(单击 Include)。同样,从受控词分析看,上面的结果中有 18 篇是关于纳米结构方面的文献,如果想排除,单击该受控词前的选择框,并单击"Exclude",那么新的检索结果中已经将有关纳米结构方面的 18 篇文献从最初检索结果中排除出去。包含和排除检索均可多项多词语选择。

5. 检索结果聚类

精简检索结果功能实际上也是一个检索结果多项分析的功能,分析内容包括:作者、作者机构、来源名称、受控词、分类代码、文献类型、国家、语言、出版年、出版机构等。对于每一项内容,都会有一个分析列表,按照记录数量递减顺序排列,缺省显示条目重现最多的 10 条记录。例如其中的作者项,当执行一个检索命令后,在检索结

第8章　主要中外文数据库

果分析栏会列出当前检索结果中发表文章最多的10位作者。单击"more"则显示更多的分析结果。单击每一个分析项目后对应的图标,则显示对应的分析图表,从而直观浏览检索结果的分布情况。

8.2.2　ScienceDirect 全文数据库

一、ScienceDirect 全文数据库概况

Elsevier 是荷兰一家全球著名的学术期刊出版商,每年出版大量的学术图书和期刊,Elsevier Science 全文数据库大多数都是核心期刊,并且被 SCI、SSCI、EI 收录,其出版的期刊是世界上公认的高品位学术期刊。近几年该公司将其出版的 2 500 多种期刊和 11 000 种图书全部数字化,即 ScienceDirect 全文数据库(http://www.sciencedirect.com),并通过网络提供服务,如图 8-72 所示。该数据库涉及计算机科学、工程技术、能源科学、环境科学、材料科学、数学、物理、化学、天文学、医学、生命科学、商业、及经济管理、社会科学等众多学科。

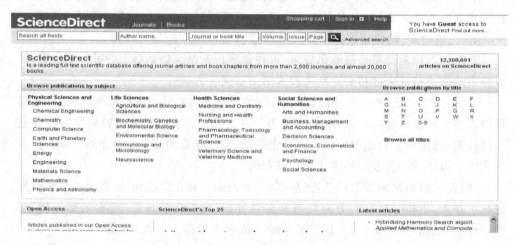

图 8-72　ScienceDirect 首页

Elsevier Science 的 1 100 种全文电子期刊的学科分类如下:
Agricultural and Biological Sciences　　（133 种）
Chemistry and Chemical Engineering　　（220 种）
Clinical Medicine　　（271 种）
Computer Science　　（124 种）
Earth and Planetary Science　　（118 种）
Engineering, Energy and Technology　　（280 种）
Environmental Science and Technology　　（127 种）
Life Science　　（437 种）
Materials Science　　（135 种）

Mathematics　　　　（50种）
Physics and Astronomy　　　　（165种）
Social Sciences　　　　（291种）

二、ScienceDirect数据库检索方法

1. 检索语言与检索技巧

AND：默认算符，要求多个检索词同时出现在文章中。

OR：检索词中的任意一个或多个出现在文章中。

NOT：后面所跟的词不出现在文章中。

通配符"：c"：取代单词中的任意一个（0、1、2、3…）字母。如 transplant 不可以检索到 transplant，transplanted，transplanting…

通配符"？"：取代单词中的一个字母，如 wom？n 可以检索到 woman，women。

W/n：两词相隔不超过 n 个词，词序不定，如 quick W/3 response。

PRE/n：两词相隔不超过 n 个词，词序固定不变，如 quick PRE/2 response。

""：宽松短语检索，标点符号、连字符、停用字等会被自动忽略，如"heart-attack"。

{}：精确短语检索，所有符号都将被作为检索词进行严格匹配，如{C++}。

()：定义检索词顺序，如（remote or satellite）and education。

2. 简单检索

简单检索可在输入区中选择"Search in all field（所有字段）"、"Author's name（作者）"、"Journal or book title（期刊名）"等字段输入，再利用限定条件限定检索结果的出版时间、命中结果数及排序方式，而后单击 🔍 按钮开始检索，如图8-73所示。

图8-73　简单检索

在检索结果中可浏览该文章的标题、作者、作者单位、关键词、文摘等进一步信息，如需获取全文需付费，如图8-74所示。

3. 高级检索

如果需要检索结果更为精确，可选择高级检索，单击右侧的"Advanced search"进入高级检索界面，如图8-75所示。

4. 浏览途径

数据库提供按字母顺序和分类排列的期刊目录。用户可在期刊索引页中选择浏

第 8 章　主要中外文数据库

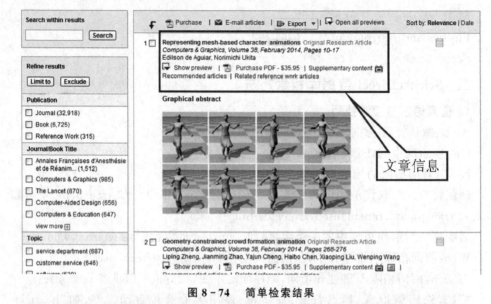

图 8-74　简单检索结果

图 8-75　高级检索在首页的位置

览的途径，在期刊浏览页中选择所需的刊名，如图 8-76 所示。

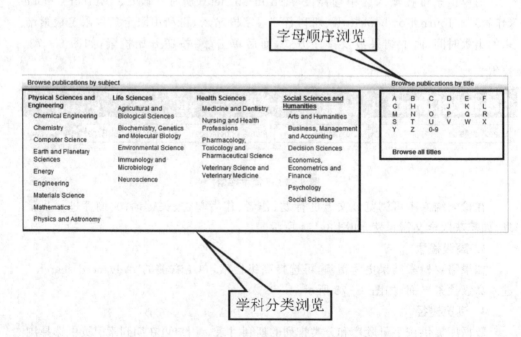

图 8-76　浏览途径

选中刊名后，单击刊名，即可显示该刊所有卷期的列表，并可逐期浏览，如图 8-77 所示。

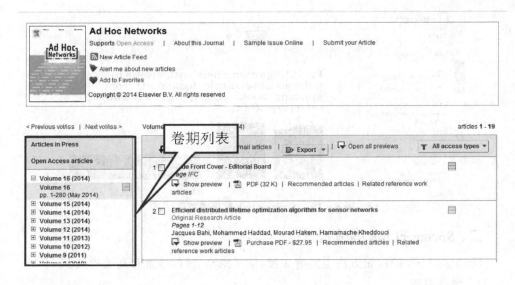

图 8-77　期刊浏览

8.2.3　Springerlink 数据库

一、SpringerLink 数据库概况

德国斯普林格（Springer-Verlag，Springer）出版社以出版学术性出版物而闻名于世，它也是最早将纸本期刊做成电子版发行的出版商。SpringerLink 是全球最大的在线科学、技术和医学（STM）领域的学术资源平台（http://link.springer.com）。Springer 出版 1 900 多种经同行评议的学术期刊，大部分拥有自 1997 年以来已出版的期刊内容。SpringerLink 的在线回溯期刊数据库提供自第一卷第一期起的所有期刊。通过 SpringerLink 的 IP 网关，读者可以快速地获取重要的在线研究资料。

Springer Link 系统提供电子期刊和电子图书的在线服务。目前，Kluwer 出版社已被 Springer 收购，Kluwer 出版社的电子期刊也被收录在 Springer Link 系统中。截至 2011 年 9 月，Springer Link 系统收录了 2 638 种期刊（全部为同行评议期刊，且提供全文）、47 747 种图书、1 493 种丛书、195 种在线参考工具书和 24 654 种标准。Springer 已经出版超过 161 位诺贝尔奖得主的著作。目前，SpringerLink 为全世界 600 家企业客户、超过 35 000 个机构提供服务。Springer Link 根据收录资源涉及的学科范围，将这些电子全文资源划分成 13 个学科，分别是：建筑与设计、行为科学、生物医学与生命科学、商业和经济学、化学和材料科学、计算机科学、地球和环境科学、工程学、人文、社会科学和法律、数学和统计学、医学、物理学和天文学、程序员与应用

第 8 章　主要中外文数据库

计算。此外,它还有 2 个特色图书馆,即中国在线科学图书馆和俄罗斯在线科学图书馆。SpringerLink 数据库首页如图 8-78 所示。

图 8-78　SpringerlInk 数据库首页

二、SpringerLink 的检索方法

SpringerLink 的检索方法主要有 3 种:学科浏览、简单检索和高级检索。

1. 学科浏览

SpringerLink 数据库可按学科浏览。单击首页左侧的学科名称,便显示出该学科期刊列表,还可以选择子学科进一步限定期刊范围,在页面右侧单击期刊名称查看详细信息,如图 8-79 所示。

图 8-79　按学科浏览

2. 简单检索

在 Springer 主页的简单检索界面输入需要的主题、词或词组,单击 ,进入查询结果详细列表界面,在页面右侧,读者可以进行二次检索,并可以对结果按学科、出

版年、作者、语言进行筛选,如图 8-80 所示。

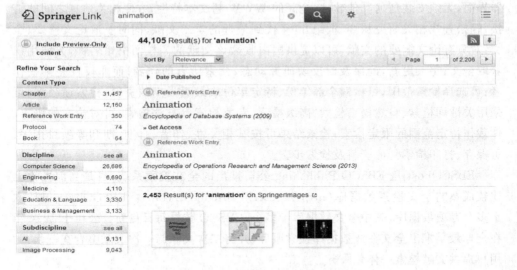

图 8-80 简单检索结果

3. 高级检索

在 Springer 主页上单击 ✱ 选择"Advanced"进入高级检索界面,输入所需要检索的相关内容后,再单击 Search 按钮即可,如图 8-81 所示。

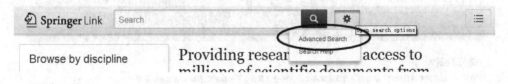

图 8-81 高级检索在首页的位置

8.2.4 EBSCOhost 英文电子期刊全文数据库

一、EBSCOhost 英文电子期刊全文数据库简介

EBSCO 数据公司是一个具有 60 多年历史的大型文献服务专业公司,提供期刊、文献订购及出版等服务。总部在美国,分部遍及全球 19 个国家,开发了近 100 多个电子文献数据库,包括近 3 000 种期刊全文,涉及自然科学、社会科学、人文和艺术等多个学术领域。

EBSCO 公司是世界上最大的提供期刊、文献订购及出版服务的专业公司之一,其全文数据库 Academic Search Premier(简称 ASP)和 Business Source Premier(简称 BSP)是 CALIS 最早引进的数据库,共包括近 7 000 种全文期刊,范围涵盖有关生物科学、工商经济、资讯科技、通讯传播、工程、教育、艺术、文学、医药学、国际商务、经济学、经济管理、金融、会计、劳动人事、银行等。EBSCO 数据库充分利用 World

第8章 主要中外文数据库

Wide Web(WWW)的功能,彻底改变了传统的文献检索方式。通用的 Internet 浏览器界面,无须安装任何其他软件;全新的 WWW 超文本特性,方便相关信息之间的链接;轻松查找相关研究从 20 世纪 80 年代到最近的学术文献,同时获取论文摘要、全文;对只有论文摘要的文献,可以提供国内收藏该文献的高校图书馆名称,方便用户获取全文;每天更新,确保及时反映研究动态;检索所有的作者,而非仅仅是第一作者;可选择检索范围,可检索全部年份、特定年份或最近一期的资料;检索途径多,可采用关键词检索、自然语言检索、高级检索、专家检索等方法检索;可对论文的语言、体裁作特定范围的限定检索;检索结果可按其相关性、作者、日期、期刊等项目排序;可保存、打印检索到的资料及检索步骤。

EBSCOhost 是 EBSCO Publishing 公司推出的全文检索系统,也是当前世界上比较成熟的全文检索数据库(http://search.ebscohost.com)。EBSCOhost 包括六十多个专项数据库,其中全文数据库十多个,EBSCO 数据每日更新。公司于 1994 年在全球最早推出全文在线数据库检索服务,并将二次文献与一次文献整合在一起,为用户提供文献检索一体化服务。

二、选择数据库

首先需要选择数据库。单击数据库前面的选择框,单击"继续"即可,或者直接单击所要选择的数据库名称即可进入该数据库的检索界面,如图 8-82 所示。

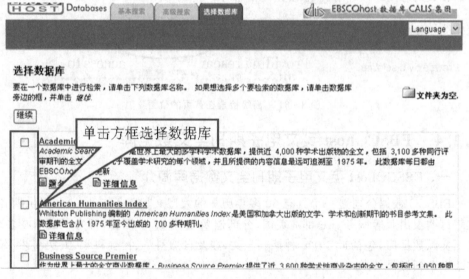

图 8-82　EBSCOhost 数据库选择页面

三、检索方法

1. 基本检索

可以在检索框中输入关键词,也可以输入词组,关键词或词组之间可用布尔逻辑算符(AND，OR，NOT)连接组成检索表达式,输入的词越多,检索的就越准确。

2. 高级检索

在检索框中根据需要选择检索字段,输入检索词,使用逻辑算符,进行逻辑组配,也可以利用限制检索和扩展检索。检索途径包括作者、文章题目、主题词、摘要、索取号、ISSN 号、期刊名、工业代号、分类号等。高级检索界面如图 8-83 所示。

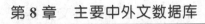

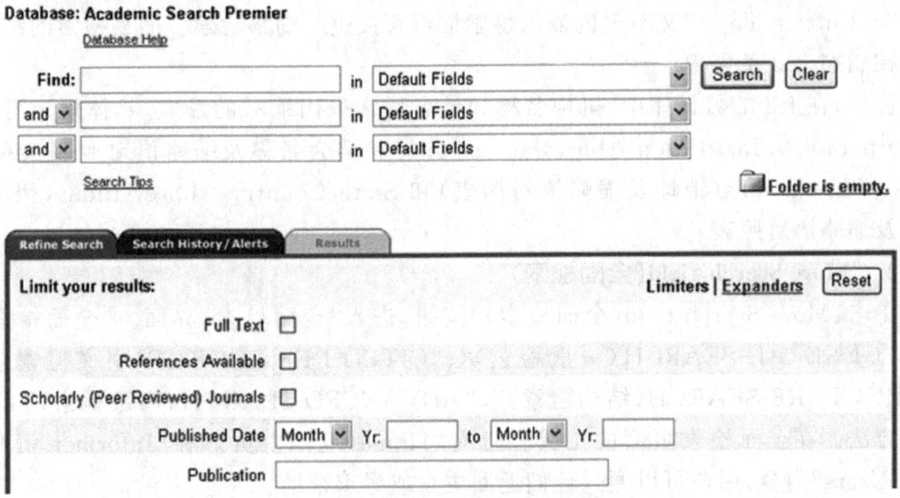

图 8-83　高级检索界面

8.2.5　ISI Web of Knowledge 平台数据库

一、ISI Web of Knowledge 平台数据库概况

ISI Web of Knowledge 是 Thomson Scientific 公司开发的基于 Web 构建的全球一流的整合学术研究平台,通过这个平台用户可以检索关于自然科学、社会科学、艺术与人文科学的文献信息,包括国际期刊、免费开放资源、图书、专利、会议录、网络资源等,其强大的检索技术和基于内容的连接能力,将高质量的信息资源、独特的信息分析工具和专业的信息管理软件无缝地整合在一起,兼具知识的检索、提取、分析、评价、管理与发表等多项功能,是加速科学发现与创新的进程中不可或缺的科研利器。ISI Web of Knowledge 为世界 100 多个国家和主要基金组织提供科研绩效评估和决策支持,是世界许多国家制定科技决策和定量评估科研产出和影响力的重要数据源。

二、ISI 检索途径

ISI 的科技文献数据库是 Web of Science,主要由引文索引和来源索引两大部分组成。其中引文索引中又将专利文献类型的引文条目单独列出,形成专利引文索引;而来源索引中则还包括了检索来源索引的工具"团体索引"和"轮排主题索引"。目前在其 6 个分册中，A、B、C 分册为引文索引，D、E、F 分册为来源索引。

Web of Science 数据库检索主页面进入时提供"More Search Fields(全面检索)"和"Search(简易检索)"两种检索方式，可以通过"What databases and searching"选择数据库登录该网站后选择 Web of Science 产品进入科学引文索引检索主页。

在"Web of Science"的所有页面下方均有版权项，为节省篇幅以后不再显示。

1. "Search(简易检索)"

在"Enter a Topic"文本框内输入检索词可直接进行简易检索。简易检索的结果显示控制在 100 条以内。

注意，在 ISI 的数据库中，机构名称和地名通常采用缩写的形式，具体规定可参考 Corporate & Institution Abbreviations(公司和学会名称及缩略语对照表)、Address Abbreviations(地址及缩略语对照表)和 State/Country Abbreviations(州/村名称及缩略语对照表)。

2. "More Search field(全面检索)"

单击【More Search field(全面检索)】按钮，进入"全面检索"界面。"全面检索"共有"GENERAL SEARCH(一般检索)"、"CITED REF LOOKUP(引文检索)"、"STRUCTURE SEARCH(结构检索)"、"ADVANCED SEARCH(高级检索)"4 种检索方法。在全面检索页面的工具栏上有"Home(返回主页)"和"Information for New Users"内容，用户可以通过他们返回主页或寻求帮助。

可以进行"Author Finder(著者检索)"，用论文著者或被引著者检索时，检索词形式为姓氏的全拼、空格、名(包括中间名)的首字母缩写。进行著者检索时，如果仅输入姓氏感觉检索范围太大时，可以同时输入名，建议用位置算符连接姓和名。

在进行检索之前，首先要对数据库进行选择，数据库有 Citation Database(引文数据库)和 Chemistry Database(化学数据库)两大类。选择"Citation Database(引文数据库)"，包括 SCI - EXPENDED(科学引文索引)、SSCI(社会科学引文索引)和 A&HCI(艺术与人文科学引文索引)3 个基础数据库；如果进行化学文献检索，要选择"Chemistry Database(化学数据库)"该数据库分为两个子库"Current Chemical Reaction，简称 CCR-EXPENDED(当前化学反应)"和"Index Chemicus，简称 IC(化学索引)"提供查找化学文本及子结构的数据库。引文时间有 3 个选择方式："Latest week(近期几周)"、"Year(年份)"或"From…to(时间段)"。引文数据库的默认选项为 3 项都选；化学数据库的默认选项为两项都不选；引文时间的默认选项为所有年份。所有选择在本次检索中有效，除非用户改变他们或重新进行检索。选择 Histories(历史)页面，允许用户打开以前的检索——Web of Science 的数据管理有保留检索策略的功能，便于跟踪检索。

3. Results(检索结果)

(1)目录检索结果

① 目录的屏幕显示。Web of Science 检索结果的"Search Results-Summary(目

录检索结果)"显示了检索方法、检索时使用的检索条件、检索出的总页码数及检索出的总记录数,按页显示,每页最多显示10条用户检索的记录。可显示的最大记录数为1 000条。

② 排序。显示的顺序用户可按【SORT by(排序)】按钮调整。Web of science对检索结果有下列排序方式:按ISI收到文献并进行处理的日期降序排列,默认显示结果为该排序方式,时间越近,排序越前,检索结果最多提供1 000条记录。

③ 说明。在每个检索结果页的上方都列出检索出该结果所使用的检索方法。

(2) 文摘检索结果

在目录页单击文献篇名进入FULL RECORD(文摘)显示方式。文摘包含完整的目录信息,如文献篇名、著者、原载刊物名称、卷(期)、页码、时间、文献类型、语种、文献摘要、Author Keywords(著者关键词)、全部的著者地址、Keywords Plus(增补关键词)、所有引文记录、出版物信息、相关链接及该文摘在检出结果中的位置等信息。

(3) 早期参考文献

引文索引是一种不仅收录来源文献,同时将来源文献的参考文献一并处理加工、并形成检索途径的检索工具,由此形成引文检索工具的一大特色。在Web of Science文摘检索结果的界面上,有两个有关引文的显示,一个是"Cited References(早期参考文献)",另一个是"Times Cited(近期引文)"。单击【Cited References(早期参考文献)】这一链接,可得到该文献著者撰写论文时所列的所有参考文献的著录。

参考文献目次表默认为全部选定,单击【Find Related Records(查找相关记录)】可找到相应的早期引文参考文献目录。

(4) 近期引文

Times Cited称CITING ARTICLES(近期引文)。"近期引文"是另一个引文显示,列出引用该篇论文的所有文献的总数,单击这一链接,可得到这篇文章被别人引用的相关文献的目录。若该相关文献同时是SCI来源文献库中的记录,则可在该页面单击文献题目,检索到该文献的文摘。如果用户所检索的数据库没有包括全部的回溯年代,因此缺省年代的那部分被引文献便不能显示,但可以在这一链接中得知被引用次数。利用近期引文可查到较新的相关文献。

(5) 同期引文

从文摘页面或早期文献目次表上单击【Find Related Records(查找同期引文)】链接到"RELATED RECORDS(同期引文)",该页面列出了用户看到的同期的共享参考文献。列出共同引用同一篇或几篇论文的所有文献,利用相关记录,可查找当时的文献。

同期引文又称引文耦合,例如,甲文引用了A、B、C、D几篇文章,乙文引用了C、D、E几篇文章,由于甲、乙两文中有同样的引文C、D,则乙文与甲文间产生引文耦合,在Web of Science中,乙文就成了甲文的引文耦合。而文献C、D就是它们的引文耦。引文耦越多,其相应的来源文献之间的相关性越强。

引文耦合的功能在于,列出共同引用同一篇或几篇论文的所有文献,通过引文同被引的线索,把有关来源文献联系起来。通过单击相关记录,可以找到在不同年份中共同引用某些参考文献的相关文献。相关记录这个集合按引文同被引的数量降序排列。通过引文耦合检索出的结果一般较多,使用时应考虑选择,比如先选用排列在先的一些相关文献。

引文耦合列出大量共享参考文献,首先列出的是父文献。

(6)结构检索结果

Structure Search(结构检索)有化学反应检索结果(默认显示)和化合物两个检索结果。化学反应检索结果显示化学反应信息,化合物检索结果显示化合物信息。按【Go to Compound Results(指向化合物检索结果)】按钮和【Go to Reaction Results(指向化学反应检索结果)】按钮可在两者之间切换。

想看化学反应的详细信息可单击【Reaction Details(化学反应明细)】,还可单击【Full Record(文摘)】查看文摘内容。

化学反应的详细内容页提供了化学反应与化合物的有效信息,像在目录中一样。化学反应可放置在用户的 Marked List(标记列表)中,放置时使用【MARK PAGE】链接中的【Mark/Unmark】按钮。

8.3 数字图书馆

8.3.1 超星数字图书馆

北京世纪超星信息技术发展有限责任公司成立于1993年,是国内专业的数字图书馆解决方案提供商和数字图书资源供应商。超星数字图书馆(http://www.sslibrary.com)是国家"863"计划中国数字图书馆示范工程项目,2000年1月在互联网上正式开通。目前拥有电子图书147万种,涵盖中图分类法22个大类,每年新增图书超过10万种。"超星阅读器"具有电子图书阅读、资源整理、网页采集、电子图书制作等一系列功能。

一、超星数字图书馆的检索方式

1. 分类检索

超星数字图书馆根据中图分类法分类,单击所需检索的类目,在其下将会出现该类目所包含的子类,单击子类即可显示与该子类相关的所有图书,如图8-84所示。

2. 快速检索

快速检索提供3种检索途径,即书名、作者和主题词。如果已经选择了图书分类,还可选择是否在当前分类中检索。利用快速检索能够实现图书的书名、作者和主

第 8 章　主要中外文数据库

图 8-84　分类检索

题词的单项模糊查询。对于一些目的范围较大的查询,建议使用该检索方案。如果已知其所属类目,可选择相应类目以准确检索快速检索如图 8-85 所示。

3. 高级检索

可以在高级检索页面,输入多个条件进行检索,得出最精确的结果。

二、超星阅读器(SSReader V4.1.5)

阅读超星数字图书馆图书(PDG)需要下载并安装专用阅读工具——超星阅读器(SSReader V4.1.5)。

1. 下载、安装超星阅读器:单击下载地址,在弹出的文件下载窗口中选择"将该程序保存到磁盘"、然后单击"确定"。超星阅读器安装程序下载完毕后,双击安装程序将进入自动安装向导。超星阅读器登录界面如图 8-86 所示。

2. 超星阅读器除阅读图书外,还可用于扫描资料、采集整理网络资源等。超星浏览器界面包括:

(1)主菜单。包括超星阅读器所有功能命令,其中"注册"菜单是提供给用户注册使用的,"设置"菜单提供相关功能的设置选项。

(2)功能模块。包括"资源"、"历史"、"交流"、"搜索"、"制作"。"资源"是提供给用户的数字图书及互联网资源;"历史"是用户通过阅读器访问资源的历史记录;"交流"指超星社区的读书交流、问题咨询、找书帮助;"搜索"指在线搜索书籍;"制作"指可以通过制作窗口来编辑制作超星 PDG 格式 Ebook。

第 8 章 主要中外文数据库

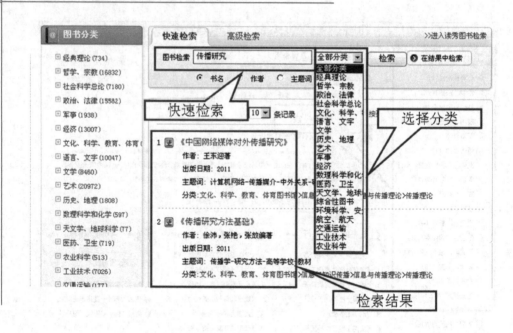

图 8-85 快速检索

图 8-86 超星阅读器登陆界面

(3)工具栏。包括快捷功能按钮采集图标,用户可以拖动文字图片到采集图标,方便收集资源;翻页工具,阅读书籍时,可以快速翻页。

(4) 阅读窗口。阅读超星 PDG 及其他格式图书窗口，包括网页窗口、制作窗口、下载窗口。

8.3.2　书生之家数字图书馆

书生之家数字图书馆由北京书生科技有限公司创办，于 2000 年 4 月正式提供服务。书生之家数字图书馆下设中华图书网、中华期刊网、中华报纸网、中华 CD 网等子网，集成了图书、期刊、报纸、论文、CD 等各种出版物的书目信息、内容提要、精彩篇章、全文等内容。其收录入网的出版社达 500 多家、期刊达 7 000 多家、报纸达 1 000 多家。每年收录新出版的中文图书 30 000 本、期刊论文 60 万篇、报纸文献 90 万篇，各专题均按月更新，每年增加新书约 6 万种，学科门类齐全，可为读者在线阅读电子图书提供便利。

由于书生之家的电子图书采用专有格式制作，读者在阅读全文前必须下载与安装书生数字信息阅读器。

书生数字图书馆提供多种检索方式，如图书全文检索、组合检索和高级全文检索，如图 8-87 所示。

图 8-87　多种检索方式

一、图书全文检索

在图书全文检索页面，输入检索词，可从图书内容和图书目录两个入口检索，并可在后面的分类中选择分类。

二、组合检索

组合检索界面可以根据图书名称、作者、丛书名称和主题各个检索入口进行检索，并支持逻辑关系，如图 8-88 所示。例如，要查找作者为黄合水所著有关广告学方面的专著。

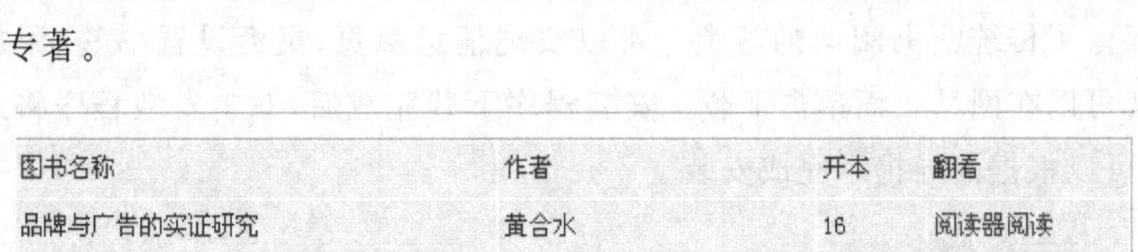

图书名称	作者	开本	翻看
品牌与广告的实证研究	黄合水	16	阅读器阅读

图 8-88　组合检索结果

三、高级全文检索

高级全文检索可根据检索入口进行组合搭配检索。

8.3.3 方正 Apabi 电子图书

方正 Apabi 电子图书资源库是方正 Apabi 核心的数字内容资源部分,目前方正已经与 450 多家出版社全面合作,在销电子图书近 40 万种,每年新出版电子书超过 12 万种,累计正版电子书近 70 万册,涵盖了社科、人文、经管、文学、历史、科普等各种分类,并与纸质书同步出版。

方正 Apabi 数字图书馆提供快速检索、高级检索和分类检索 3 种检索方法。

一、快速检索

快速检索提供书名、作者、年份、全面检索、全文检索等 8 种检索入口。输入检索词,单击"查询"按钮,迅速查到要找的书目。检索结果可选择图文显示或列表显示。在检索结果中,选择在"结果中查",在当前结果中增加检索框中的条件后再进行检索,选择"新查询",则使用检索框中的条件开始一个新的检索。

二、高级检索

高级检索分为"本库查询"和"跨库查询"。使用高级检索可以输入比较复杂的检索条件,在一个或多个资源库中进行查找。

三、分类检索

用户可以根据显示的分类,方便地查找出所有该类别的资源。单击"显示分类",可以查看常用分类和中国图书馆图书分类法。单击类别名,页面会显示当前库该分类的所有资源的检索结果。

方正 Apabi 阅读器是用于阅读电子书、电子公文等各式电子文档的阅读软件,支持 CEB/XEB、PDF/HTMI/TXT 等多种文件格式。Apabi 阅读器的界面友好,最大限度地保留了传统图书阅读的习惯。可以实现任意翻页、灵活设置书签、添加标注等。读者可以在网站页面单击下载。安装程序下载完成后,双击安装程序将进入安装向导,可以根据向导提示完成安装。

8.3.4 百　链

百链是数字图书馆专业学术搜索门户,目前已实现与 700 多家图书馆馆藏书目系统、电子书系统、中文期刊、外文期刊、外文数据库系统集成,读者直接通过网上提交文献传递申请,并且可以实时查询申请处理情况,以在线文献传递方式通过所在成员馆获取文献传递网成员单位图书馆丰富的电子文献资源。

百链拥有4.2亿条元数据,包括中外文图书、中外文期刊、中外文学位论文、会议论文、专利、标准等,并且数据量还在不断增加。百链整合了264个中外文数据库,330万条中文图书书目,收录中文期刊6 998万篇元数据,外文期刊10 983万篇元数据。利用百链云图书馆可以搜索到本馆所有的文献资料,包括纸质和电子资源,如中外文图书、期刊、论文、标准、专利和报纸等。基于元数据检索的搜索引擎具有检索速度快、检索结果无重复、格式统一等特点。

一、快速检索

以期刊检索为例,在搜索框中输入关键词(如图8-89所示),根据需要在全部字段、标题、作者、刊名、关键词等检索途径中选择其一,然后单击"中文搜索",系统将为用户在海量的中文期刊数据资源中进行检索。如果用户希望获得外文期刊论文,可

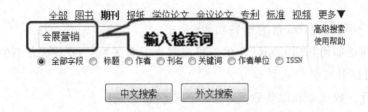

图8-89 百链快速检索界面

单击"外文搜索"。

二、高级检索

单击检索框右侧的"高级检索"即可进入高级检索界面,实现全部字段、标题、作者、刊名、关键词、作者单位、内容摘要等字段的组合检索,以更精确的查找所需文献。检索框的增减可通过加减按钮来实现,如图8-90所示。

思考题:

1. 在CNKI数据库中以期刊检索为例,查找近三年来"影视后期制作"及"观念摄影"为主题的文献各有多少篇,并分别下载其中被引频次最多的一篇文献。

2. 在CNKI数据库中完成查找"环境设计方面有关建筑表现专业中景观设计或

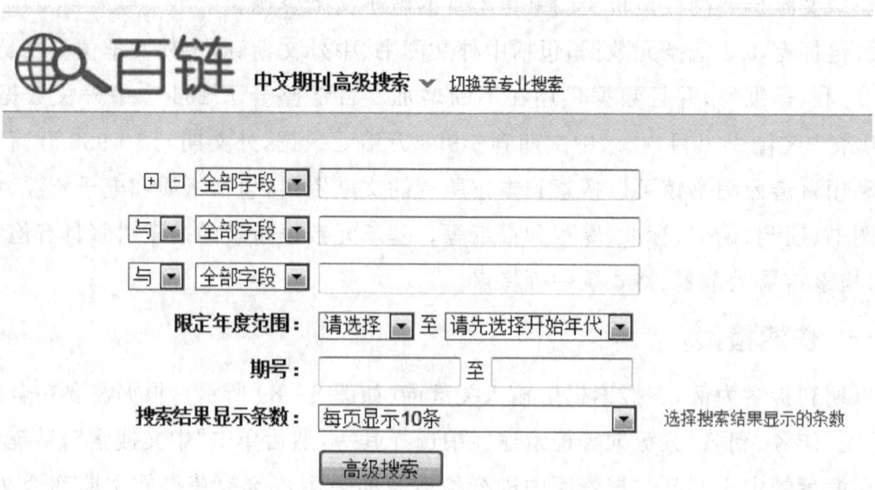

第8章 主要中外文数据库

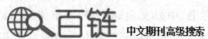

图 8-90 高级检索界面

园林设计的最新文献",应该选择哪种检索方法,如何提取检索词,涉及几种逻辑关系?

3. CNKIE-Learning 有哪些功能?

4. 简述如何利用 CNKI 学术趋势搜索查看有关"会展营销"方面的学术发展趋势和热门被引文章。

5. 万方数据库和维普数据库各自的资源特点是什么?

6. 分别在 CNKI、万方、维普数据库中检索有关"公益广告对社会人文环境的影响"方面的文章各自有多少篇。

7. 读秀中文学术搜索中共有几个搜索频道?至少列举出 10 个。

8. SpringerLink 数据库主要有几种检索方法?

9. 了解掌握 VERS 维普考试资源系统的特点和主要功能。

10. 超星阅读器的主要功能有哪些?

11. 如何在百链中搜索莫言的作品《蛙》?

第 9 章

网络开放资源获取

9.1 网络开放资源的分布与获取

9.1.1 开放存取概述

开放获取(Open Access)简称 OA,作为开放运动的重要组成部分,以恢复学术作品的公共品质,实现学术信息真正、完全意义上的共享为宗旨。自 20 世纪 90 年代产生、发展以来,一直是数字图书馆研究和建设的热点问题之一,关注 Open Access 的发展,推动 Open Access 的进程,不仅是图书馆界同仁一项共同的事业,更是一种责无旁贷的责任。

一、Open Access 含义及产生背景

"Open Access"一词原是图书馆界"开架借阅"的术语,随着计算机和互联网的普及,逐渐被广泛地应用在信息领域,主要用于描述在开放、分散、漫游的网络环境中,以免费、及时、公开的方式实现对网络学术信息的共知、共享、共用,是一个有着明确内涵与外延界定的学术用语。

开放获取产生的背景是对抗日益严重的学术文献信息资源商业化趋势。第二次世界大战后,由于商业进入了学术出版领域,其营利性的根本特质决定了以学术期刊为代表的学术文献信息资源走向越来越商业化的趋势,作者、读者、用户和相关科研机构都不得不面对日益高涨的各种费用。同时,出版时滞也为学术信息资源的交流增加了障碍,人们迫切呼唤一种全新的、无障碍的学术信息资源交流体制。正是在这种情况下,开放获取运动应运而生。

二、开放存取的主要类型

开放存取的类型被普遍地认为主要有开放存取期刊和开放存取知识库两类,一切在开放存取精神下或者符合开放存取原则的文献与服务都可以纳入到开放存取的范畴,从正规的网络出版物(如开放存取期刊、开放存取知识库)到个性化的网络学术

交流方式,如个人网站、学术论坛等,从专业论文到博客、维基、SNS,从文字作品到多媒体影像、音、视频资源等,只要是符合开放存取的原则并且能够为人所免费使用的,都是开放存取资源。

目前可供开放获取的信息资源类型有多种,如图书、期刊、报纸、地图、学术会议、学位论文、标准文献、专利文献、竞争情报、研究报告、特色数据库、网络工具书、精品课程、教学资源、文档、随书光盘、论文(含预印本论文)、地方志、家谱、综合性文献、音频、视频、3D 虚拟资源、博物馆、艺术资源(书法、绘画等)、碑帖、甲骨、图片、百科、新闻、资讯、博客、微博、原创文学、论坛等。

目前,互联网正在逐步向提高用户体验的方向发展,互联网不仅为用户提供更方便、更有效、更丰富的信息,更为用户提供发布信息、交流信息、定制信息、传播信息等更多功能的平台和环境。Web2.0 就是以促进用户参与为核心的互联网。Web2.0 主要包括有:博客(Blog)、微博客(Mblog)、播客(Podcasting/Podcast)、社会化标签(Tag)、内容聚合(RSS、Atom)、对等互联网(P2P)、维基(Wiki)、阿贾克斯(Ajax)、WEB 服务、社会化网络软件(SNS)等。

1. 博客(Blog)和微博客(Micro Blog)

"博客"源于英文单词 Blog/Blogger,是一种十分简易的个人信息发布方式。它让任何人都可以像免费电子邮件的注册、写作和发送一样,完成个人网页的创建、发布和更新。

微博(Micro Blog)是一种非正式的迷你型博客,可以即时发布消息的类似博客的系统。其主要功能是将自己生活中所看到的、听到的、想到的内容,微缩成几句话或一张图片,发到微博网页上,和自己的朋友分享。广泛应用的微博网站有:Twitter、新浪微博等。

2. 社会化标签(Tag)

社会化标签是一种准确、灵活、开放、有趣的分类方式,是由用户为自己的文章、图片、音频、视频等一系列文件所定义的一个或多个描述。

标签在图片、视音频分享的平台上也被广泛采用。用户使用标签对图像或视频内容进行标记,从而将这类非文本资源的内外部特征,例如主题、属性、作者、来源等形成文本描述,标签技术的采用,不仅组织和聚合了相似的资源,而且还提供了一条重要的检索途径。

3. 内容聚合(RSS/Atom)

浏览网页时,经常会发现网页上有一些标记为 RSS、XML 这样的橙色图标,从博客站点到新闻门户站点,到处都打着"RSS"、"XML"、"Feed"或"Atom"的标记。这就是一种称为内容聚合的应用。通过使用内容聚合,面对大量的信息,特别是新闻信息,网络用户就不用再为了获取最新信息而浪费大量时间在各种不同的网站之间游逛,只需要通过一种称之为内容聚合浏览器的小软件,将各个站点最新的信息聚合到这个小小的聚合浏览器中就可以了。聚合浏览器会收集和组织用户定制的新闻,按照用户定制的格式、地点、时间和方式,直接传送到用户的计算机上,使网络用户可以方便地跟踪获取最新信息。新闻网站和那些在线博客的日志作者们也因此有了新的信息发布渠道,体会到内容聚合带来的乐趣。

4. 维基(WiKi)

维基是一种多人协作的在线写作工具。维基站点可以由多人,甚至任何访问者来进行维护,每个人都可以发表自己的意见,或者对共同的主题进行扩展与探讨。由于具有简便、协作和开放的特性,WiKi特别适合作为百科全书、知识库等网站的建站工具。目前,WiKi已经被广泛应用于网络百科全书的编撰、知识库收集与整理、手册编写、书籍协作写作、资料整理与翻译、项目开发等诸多领域。

三、开放存取的特点

1. 网络传播。开放存取以互联网作为信息交流的平台,学术信息以数字化的形式在网络上存储,作者可以随时随地发表或修改自己的学术作品,任何人都可以通过访问有关网站获取这些学术信息。

2. 内容丰富、形式多样。开放存取没有内容和形式方面的严格限制。它包括从裸数据到知识对象、音乐、图像、多媒体文件、软件等形式多样的数字化内容,其形式可以是期刊论文、会议文献、学位论文、教育资源、研究报告、图书、专利文献、多媒体文件等多种类型。

3. 易获性。开放存取强调开放与自由。在获取方面,允许任何人平等、免费、自由、无障碍地获取和使用学术作品,在任何时间和任何地点以各种合法的途径进行。它同时强调开放传播,其信息交流的范围覆盖整个互联网,没有国家和地域的限制,并且打破学术作品获取的价格障碍。用户只需能连接互联网就可以免费地使用资源,而无需付费订购。

4. 全文自由利用。用户享有宽泛的使用权限,只要是基于合法目的并在使用作品时注明相应的引用信息,任何人都可以以任何形式阅读、下载、复制、打印、传播、演示和在原作品的基础上进行再创作或演绎作品。用户可使用的内容是全文而不是部分内容,更不是特定的摘要或大纲。

5. 时效性、交互性强。网络通信技术和数字出版技术的发展和结合是开放存取产生的技术基础。网络投稿、网络发表、文献自动化处理程度高,省却了传统学术作品评审、编辑、出版、印刷、发行等冗长的过程,大大缩短了学术作品的出版周期。在作品交流方式与交流效率方面,开放存取重视信源与信宿之间直接的和交互式的交流,实现作者、用户、出版商之间一对一、一对多、多对多的一体化交流。

6. 作者拥有知识产权。知识产权作者认同是开放存取出版的法律基础。在开放存取环境下,作者长期拥有自身作品的知识产权,并通过申明或协议的方式自愿放弃作品的部分权利,以保证任何人对作品的自由传播和使用。

9.1.2 网络开放资源的获取策略

一、利用搜索引擎获取

网络门户搜寻指用户在网站上通过通用搜索引擎,寻找特定目标信息的行为。由于收集、整理、组织文献资源的机构遵循互操作性元数据库收割协议(Protocol for Metadata Harvesting,OAI-PMH),并在注册 OAI、认证后,其元数据便暴露出来,故可被搜索引擎(如:Google、Yahoo、Scirus、Oaister 等)所寻获。这时,用户可以选择以检索为主的搜索引擎,它提供对关键词、主题词或自然语言的查询,由程序自动搜索,用户只要在搜索框中输入检索式或表达式,如"开放存取期刊"、"开放内容"、"开放取用"、"Open Access"等,搜索引擎就会返回一组指向相关站点的超链接。由于是机器人程序自动搜索,可方便地收集更多的网站并及时更新、发现及删除已不存在的站点,从而大大提高用户查询结果的数量。

二、利用专业网站获取

搜索引擎虽然是整合互联网信息资源、并使之有序化的重要手段,但是据研究称,没有一个搜索引擎可以覆盖 16% 以上的网上信息内容,并且随着站点越来越多,这个比例还会下降。因此,我们除了利用搜索引擎查找所需的信息外,还可利用专业网站进行获取。互联网上的专业站点很多,而且各类网站的技术侧重点也不尽相同,信息更新较快,如科技情报所、大学图书馆或公共图书馆等,都承担收集情报信息的职能,通过对这些站点的访问,可以收集到很多有价值的信息,起到事半功倍的效果。例如,清华大学图书馆推荐的"学术站点"、上海交通大学图书馆网络导航栏目中的"免费全文网站"就搜集了许多开放资源供用户使用。

三、通过报刊等媒体获取

报纸、杂志在传播新学科、新技术、新发明、新思想等方面,有它独特的功能。"开放存取"这个概念诞生的时间不长,用户只要经常留意最新的报纸或图书情报等方面的刊物,或者通过浏览最新的期刊,均可收集到部分非常实用的信息,将其作为开放存取信息的来源。例如,《中国图书馆学报》2004 年第 6 期发表了李武、刘兹恒撰写的《一种全新的学术出版模式:开放存取出版模式探析》,《图书情报工作》2004 年第 11 期发表了乔冬梅撰写的《国外学术交流开放存取发展综述》,《中国图书馆学报》2005 年第 1 期发表了李春旺撰写的《网络环境下学术信息的开放存取》等。

四、利用交互性网站获取

交互性网站主要包括专题讨论小组、论坛、网络会议、电子公告板、网络博客等。研究人员往往针对某一感兴趣问题在网上讨论,这些议题经常是某一学科领域的热点或疑难问题。这些网站是集许多学科信息于一体的信息集合体,其出版活动没有同行评议、专家评审的参与,主要依靠学术水平来确保其公信力与权威性,也可认为是开放获取的实现模式,它通常还友情链接相关站点,利用价值也较高。

五、通过有关学术活动获取信息获取

通过参加有关开放存取的国际性学术会议可以获取最新信息,与国内外同行建立广泛联系,促进共同合作;同时还可以了解各国同行对开放存取发展和应用前景的展望,推动学术信息资源的共享。

9.2 国内开放存取资源

9.2.1 开放的图书资源

1. 新浪读书频道(http://book.sina.com.cn/)

新浪读书频道是新浪网开发的一款为读者提供小说、电子书、揭秘、传奇、集萃等阅读的网站,收集了大量作者授权、出版社签约的作品,同时还提供书讯、书摘、书评、排行榜、读书论坛等服务,可以说是一个完善的读书社区和网上导读平台。

2. 得益网(http://www.netyi.net/)

国内最大的免费电子图书交流分享网站,提供大量计算机类、经济管理类、外语类以及社会哲学类电子书籍的分享、下载及在线学习。

3. 书吧(http://www.book8.com/)

该网站收录的图书内容包括各类文学作品、历史资料、哲学宗教、政治经济等,其网络文学栏目有大量的网络原创作品,图书格式为html,支持在线阅读。

其他读书频道还有搜狐的读书频道(http://book.sohu.com/)、中华网读书频道(http://culture.china.com/zh_cn/book/)等。

4. 天方听书网(http://www.tingbook.com/)

天方听书网是在中国最早正规化运作的听书网站,是国内唯一拥有信息网络视听节目传播许可证的听书网站,也是目前国内规模最大的有声读物研发平台,是目前中国最大的为MP3、MP4、PDA、手机、电子书等提供有声小说下载服务的专业网站,也是一座汇集古今中外文学的"有声数字图书馆"。其内容囊括了玄幻、武侠、都市、校园、灵异、穿越、古典、生活、理财、历史和职场等近60种类别,现有总篇目接近100 000篇,其中所有作品都是播音员原声播音,真正实现中外文学用耳听。并且内容每天都在增加,由官方和网民创作的作品不断推出,精彩作品层出不穷。

该网站自建立以来,陆续与人民网、TOM、云网等知名网站合作,成为国内独具特色的"有声数字图书馆",2006年3月获得"中国Web2.0 100家网站"称号。现收录有声电子图书13大类约6万部,每部有声电子图书前50%的章节为免费在线收听部分。其内容分类为:玄幻武侠、言情文学、历史评书、童话寓言、历史军事、探案悬疑、世界名著、人文社科、科幻小说、古典文学、经典文学、幽默笑话、中外名曲。所有有声图书都是原声播音,真正实现了电子图书用耳听。

第9章 网络开放资源获取

5. 爱读爱看网(http://www.idoican.com.cn/Index.aspx)

该网站是北京方正阿帕比技术有限公司建立的数字内容在线平台，为读者提供数十万种电子图书的在线阅读服务。目前收录 CEB 格式采用书生阅读器阅读的图书资源约 25 万部，其中 1500 余部为"全文免费"的开放获取图书，其余为图书内容数十页至上百页不等的可免费在线阅读的准开放获取图书。其内容涵盖文学、社科、科技、生活、艺术、语言、少儿、教辅、马列、综合性图书。

6. 中国国家图书馆(http://www.nlc.gov.cn/)

"中国国家图书馆"的"中文图书"栏目，目前收录前 24 页可免费阅读的准开放获取图书 36 万多部。它采用《中国图书馆分类法》的分类标准，分为 22 大类，提供题名、出版者、出版地点、责任者、目录、全文、主题词、模糊检索 8 种检索途径。

7. 谷歌图书搜索(http://books.google.cn/)

该网站目前收录有 PDF 格式在线阅读的开放获取和准开放获取图书资源约 47 万部，分为阅读全书、部分预览和阅读内容摘录 3 种类型。其中准开放获取图书每种图书内容的前数十页至数百页不等可免费在线阅读利用。

9.2.2 开放的期刊资源

1. 中国科技论文在线

网址：http://www.paper.edu.cn。

中国科技论文在线是经教育部批准，由教育部科技发展中心主办，针对科研人员普遍反映的论文发表困难、学术交流渠道窄、不利于科研成果快速、高效地转化为现实生产力而创建的科技论文网站。中国科技论文在线的 OPEN ACCESS 在线资源集成平台集合了国内外各学科领域 OA 期刊的海量论文资源和 OA 仓储信息，并提供学科、语种等多种浏览方式；不仅实时更新各 OA 期刊最新发表论文，而且定期收录最新的 OA 期刊，方便用户查看不同领域的最新 OA 资源。该平台提供多种检索功能，可按照论文题目、期刊题目、作者姓名、作者单位、出版社等多种字段进行高级检索，或进行全文检索，方便科研工作者从海量资源中快速而准确地定位所需论文。此外，该平台还对国内外开放存取运动的兴起与发展进行详细介绍，并及时更新开放存取运动的最新动态，为不同用户了解 OA 提供了良好的信息资源。OPENACCESS 在线资源集成平台的首页如图 9-1 所示。

2. 中国预印本服务系统

网址：http://prep.istic.ac.cn。

中国预印本服务系统是由中国科学技术信息研究所与国家科技图书文献中心联合建设的以提供预印本文献资源服务为主要目的的实时学术交流系统，是国家科学技术部科技条件基础平台面上项目的研究成果。该系统于 2004 年 3 月 15 日正式开通服务，由国内预印本服务子系统和 SINDAP 子系统构成。国内预印本服务子系统主要收藏的是理工、农医等领域国内科技工作者自由提交的预印本文章，可以实现全文检索、浏览全文、发表评论等功能。SINDAP 子系统实现了全球预印本文献资源的

第9章 网络开放资源获取

图 9-1 中国科技论文在线主页

一站式检索,用户只需输入一个检索式,即可对全球知名的 17 个预印本系统进行检索,并可获得相应系统提供的预印本全文。国家科技图书文献中心、国家科技数字图书馆的首页如图 9-2 所示。

3. 奇迹文库预印本论文

网址:http://www.qiji.cn。

奇迹文库是国内最早的中文预印本服务,创建于 2003 年 8 月,目前已形成了自然科学、工程科学与技术、人文与社会科学三大分类,基本覆盖了主要的基础学科。注册用户目前已达到 11 000 人,共发布各种学术资料 2 500 项。奇迹文库是个完全由科研工作者个人维护运作的预印本文库,在经济和行政上不依赖于任何学术机构。其目标是用较低的成本向国内各学科的科研工作者提供方便稳定的预印本服务,在中国科学家社群中推广开放存取的概念。

4. 开放阅读期刊联盟

网址:http://www.oajs.org。

开放阅读期刊联盟是由中国高校自然科学学报研究会发起的。加入该联盟的中国高校自然科学学报会员承诺,期刊出版后,在网站上提供全文免费供读者阅读,或者应读者要求,在 3 个工作日之内免费提供各自期刊发表过的论文全文(一般为 PDF 格式)。读者可以登录各会员期刊的网站,免费阅读或索取论文全文。现共有 21 种理工科类期刊、5 种综合师范类期刊、5 种医学类期刊和 3 种其他类期刊。开放阅读期刊联盟主页如图 9-3 所示。

第 9 章　网络开放资源获取

图 9-2　国家科技图书文献中心、国家科技数字图书馆主页

图 9-3　开放阅读期刊联盟主页

第9章 网络开放资源获取

5. 西安交通大学开放存取期刊共享平台

网址：http://oa.lib.xjtu.edu.cn。

该网站将不同的 OA 期刊网站上的期刊整合在一个平台上，供读者浏览和查询，截至 2011 年 5 月，共整理了 17 361 种 OA 期刊，提供刊名导航和关键词查询两种检索方式。西安交通大学图书馆开放存取期刊共享集成平台首页如图 9-4 所示。

图 9-4 西安交通大学图书馆开放存取期刊共享集成平台首页

9.2.3 开放的教育资源

"开放教育资源"（Open Educational Resources，简称 OER）是从"开放课件"发展而来的。2002 年 7 月，联合国教科文组织在法国巴黎召开"开放课件对发展中国家高等教育的影响"国际论坛，专家建议用"开放教育资源"代替"开放课件"，并定义开放教育资源是"免费，公开地提供给教师、学生、自学者的，可反复使用于教学、学习和研究的数字化材料"。

1. 国家精品课程资源网（http://www.jingpinke.com/）

在该网站的"教材中心"栏目中，目前共收录有准开放获取教学图书资源约 5 万部，其中教材约 3 万部，教辅用书 3 600 余部，考试用书约 1 000 部，社会用书 1.1 万余部，专著 2 000 余部。每部教学文献资源提供的信息包括题名、出版社、作者、适用学科、国际标准书号、出版时间、定价、标签、内容简介。鉴于版权因素，所有的高职院校教学文献资源均提供具有准开放获取性质的"免费章节"和"全文阅读目录"。用户可免费阅读数 10 页至百余页不等的高职院校教材文献全文内容，其余内容需要利用免费注册会员的登录或其他操作获取的积分进行阅读或下载。可供准开放获取阅读的高职院校教学图书资源均采用 PDF 格式，并设有放大、缩小、前进、后退、全屏显示

第 9 章 网络开放资源获取

等操作选项。

2. 中国教育在线开放资源平台（http://publicclass.svn.dev.eol.com.cn/）

中国教育在线开放资源平台推出大学公开课，其中包括哈佛大学、耶鲁大学、斯坦福大学、麻省理工学院、复旦大学、浙江大学等国内外知名高校开放课程。涉及人文、历史、经济、法律、理工、医学等学科。

3. 中国大学视频公开课（http://www.icourses.cn）

中国大学视频公开课是 2011 年 11 月 9 日由北大、清华等 18 所知名大学建设的首批 20 门"中国大学视频公开课"将免费向社会公众开放。公众可通过"爱课程"网和其合作网站中国网络电视台、"网易"等欣赏和学习。

其他开放教育资源：

网易公开课　　http://v.163.com/special/cuvocw/

新浪公开课　　http://open.sina.com.cn/

9.2.4　开放的其他类资源

1. 香港科技大学图书馆知识库

网址：http://repository.ust.hk/dspace。

香港科技大学图书馆知识库是由香港科技大学图书馆用 Dspace 软件开发的一个数字化学术成果存储与交流知识库，收有由该校教学科研人员和博士生提交的论文（包括已发表和待发表）、会议论文、预印本、博士学位论文、研究与技术报告、工作论文和演示稿全文等。

浏览方式有按院、系、机构（Communities & Collections），按题名（Titles），按作者（Authors）和提交时间（By Date）。检索途径有任意字段、作者、题名、关键词、文摘、标识符等。香港科技大学图书馆知识库主页如图 9-5 所示。

图 9-5　香港科技大学图书馆知识库主页

第9章 网络开放资源获取

2. 厦门大学学术典藏库

网址：http://dspace.xmu.edu.cn/dspace。

厦门大学学术典藏库（XMU IR）主要是用来存储厦门大学师生的具有较高学术价值的学术著作、期刊论文、工作文稿、会议论文、科研数据资料，以及重要学术活动的演示文稿等。通过此平台，可以用来免费提供长期保存厦门大学师生学术资料的场所；展示厦门大学师生学术成果，加快学术传播，促进知识共享等；方便校内外及国内外同行之间的学术交流，提高学术声誉；推进知识开放获取（Open Access）运动。厦门大学学术典藏库主页如图9-6所示。

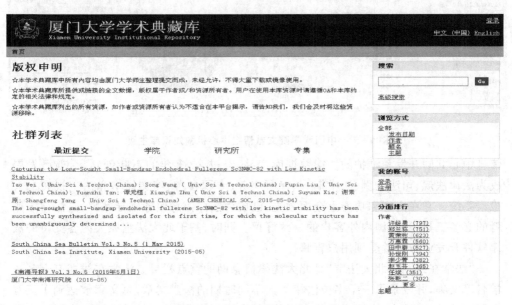

图9-6 厦门大学学术典藏库主页

3. NSL OPENIR——中国科学院文献情报中心机构知识库

网址：http:ir.las.ac.cn。

机构知识库是研究机构实施知识管理的工具，是机构有效管理其知识资产的工具，也是机构知识能力建设的重要机制。

中国科学院文献情报中心机构知识库（以下简称 NSL OpenIR）以发展机构知识能力和知识管理能力为目标，快速实现对本机构知识资产的收集、长期保存、合理传播利用，积极建设对知识内容进行捕获、转化、传播、利用和审计的能力，逐步建设包括知识内容分析、关系分析和能力审计在内的知识服务能力，开展综合知识管理。中国科学院文献情报中心机构知识库主页如图9-7所示。

4. 北大法律信息网

网址：http://www.chinalawinfo.com。

北大法律信息网1985年诞生于北大法律系，是由北大英华公司和北京大学法制

第9章 网络开放资源获取

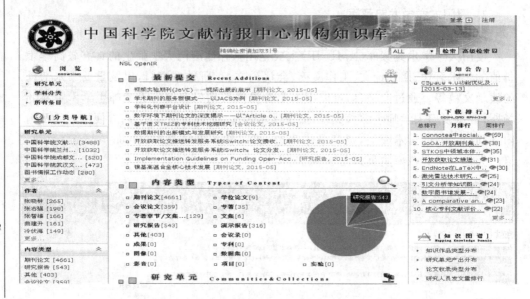

图9-7 中国科学院文献情报中心机构知识库主页

信息中心共同开发和维护的法律数据库产品,经过20多年的不断创新,目前已发展成为法律法规、司法案例、法学期刊、律所实务、专题参考、英文译本和法宝视频七大检索系统。它在内容和功能上全面领先,已成为法律信息服务领导品牌,是法律工作者的必备工具,受到国内外客户的一致好评。同时,基于北大法宝庞大内容支持的法律软件开发业务日益受到用户青睐。

"法学在线"和"北大法宝"是北大法律信息网的重点栏目。法学在线拥有众多法学名家文集,并收录了三千多位法律学人不同时期的法学文章,总文章数达到了三万余篇;"北大法宝"由"中国法律检索系统"、"中国司法案例库"、"法学期刊库"和"中国法律英文译本数据库"组成。北大法律信息网主页如图9-8所示。

5. 中国科学院科学数据库

网址:http://www.cas.cn。

中国科学院作为中国自然科学的研究中心,在长期的科学研究实践中,通过观测、考察、试验、计算等多种途径产生和积累了大量具有重要科学价值和实用意义的科学数据和资料。在"八五"、"九五"期间,科学数据库及其应用系统被列为中国科学院基础研究特别支持项目,"十五"期间,被列为中国科学院信息化建设重大项目,这为科学数据库的建设和发展带来了持续的保障,使得科学数据库取得了长足的发展。数据库的内容涵盖了化学、生物、天文、材料、腐蚀、光学机械、自然资源、能源、生态环境、湖泊、湿地、冰川、大气、古气候、动物、水生生物、遥感等多种学科,由中国科学院各学科领域几十个研究所的科研人员参加建设,同时数据库基于中国科技网对国内外用户提供服务,在中国科技网上已建立了集中与分布的Web站点19个,数据量约3250亿字节(325 GB)。

图 9-8　北大法律信息网主页

科学数据库 20 年的发展不仅为中国科学院乃至我国积累了一批宝贵的科学数据资源,成为中国科学院乃至我国科技创新的重要基础数据平台,而且凝聚和培养了一支既有专业学科背景又熟练掌握了信息技术的高水平人才队伍,成为中国科学院实现科研信息化的中坚力量。中国科学院科学数据库首页如图 9-9 所示。

6. 北京大学生物信息中心

网址:http://www.cbi.pku.edu.cn/chinese。

北京大学生物信息中心(CBI)成立于 1997 年,是欧洲分子生物学网络组织 EMBnet 的中国国家节点。几年来,它已经与多个国家的生物信息中心建立了合作关系,其中包括:欧洲生物信息学研究所(EBI)、国际蛋白质数据库和分析中心(ExPASy)、国际遗传工程和生物技术研究所、德国生物工程研究所、英国基因组资源中心、英国基因组研究中心、荷兰生物信息中心、澳大利亚基因组信息中心、新加坡生物信息中心等。目前是国内数据库种类最多,数据量最大的生物信息站点,为国内外用户提供了多项生物信息服务。北京大学生物信息中心主页如图 9-10 所示。

7. 中国医学生物信息网

网址:http://crnbi.bjmu.edu.cn。

中国医学生物信息网(CMBI)是由北京大学心血管研究所、北京大学人类疾病基因研究中心和北京大学医学部信息中心协作、赞助和开发的,综合性、非商业化、非营利性的医学生物信息网。中国医学生物信息网建立的目的,在于结合我国实际情况,全面、系统、严格和有重点地搜集、整理国际医学和生物学的研究信息,加以分析、

第9章 网络开放资源获取

图 9-9　中国科学院科学数据库首页

综合,为我国医学和生物学的教学、科研、医疗和生物高技术产业的开发提供信息服务。中国医学生物信息网所采集、整理的资料和信息,力求科学性、实用性、时效性和前瞻性,不为哗众取宠,不做商业炒作,以认真负责和实事求是的精神对采集的资料进行自主、客观的分析、加工和整理,全心全意地为读者提供高质量的免费信息服务。

8. 开放存取图书馆(OALIB)

网址:http://www.oalib.com。

OALib 是 Open Access Library 的简称,即开放存取图书馆,致力于为学术研究者提供全面、及时、优质的免费阅读科技论文,同时也作为一个开源论文的发布平台,为更多的优质论文提供第一时间发布的机会。目前 Open Access Library 已经存有 2 011 936 篇免注册、免费使用下载的英文期刊论文,这些论文大部分来自国际知名的出版机构,其中包括 Hindawi,Plos One,MDPI,Scientific Research Publishing 和部分来自 Biomed 的高质量文章等。其论文领域涵盖数学、物理、化学、人文、工程、生物、材料、医学和人文科学等领域。同时,OALIB 也在不断努力,以增加论文数量,让更多的免注册、免费用的 OA 文章可以加入 OALIB。截至 2013 年底,OALIB 的文章数目已经达到 200 万篇,使更多的学者从中受益。

该网站提供 OA 存储库、OA 期刊库、OA 预印本、OA 期刊、OA 电子课件等

第 9 章　网络开放资源获取

图 9 - 10　北京大学生物信息中心主页

5 000多个 OA 资源,绝大部分可免费下载全文。开放存取图书馆主页如图 9 - 11 所示。

图 9 - 11　开放存取图书馆主页

9.3 国外开放存取资源

1. DOAJ

网址:http://www.doaj.org。

DOAJ(Directory of Open Access Journals)——开放期刊目录,是由瑞典隆德大学图书馆整理的开放期刊目录,提供多学科、多语种的免费期刊全文服务,是2002年10月在哥本哈根召开的第一届北欧学术交流会的成果。在该会上,来自北欧地区的图书馆员、研究人员以及大学决策者针对学术交流方面的问题,首次提出和讨论了由图书馆全面组织免费电子期刊的思路,其目标是集成分布在互联网上的所有学科和语言的开放期刊,并利用图书馆技术对互联网上可免费获取的全文资源实施质量控制及提供检索平台。截至2014年5月,该网站已经收录134个国家的开放存取期刊10 534种、开放存取论文190多万篇。日前DOAJ收录了5 691份学术期刊,其中2 436份期刊可以搜索到文章内容,大概有478 311篇论文。其学科覆盖领域包括农业与食品科学、艺术与建筑、生物及生命科学、化学、数学与统计、物理及天文学、工程学、地球及环境科学、保健科学、自然科学总类、历史及考古学、语言及文学、法律与政治、经济学、哲学与宗教、社会科学、综合性科学等。开放期刊目录(DOAJ)主页如图9-12所示。

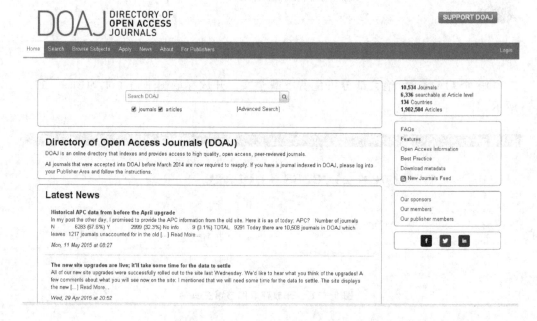

图9-12 开放期刊目录(DOAJ)主页

2. Million Book Project

网址:http://www.ulib.org。Million Book Project——百万图书项目,是由卡内基·梅隆大学基于科研和教学的需求,以信息开放存取为目标而创建的非营利性项目。美国国家科学基金会(National Science Foundation)提供360万美元资助,互联网档案(Internet Archive)为其提供磁盘存储。美国、中国、印度、埃及、加拿大和荷兰等50多个国家均设置有扫描中心。我国参与该项目的单位有教育部、科学院、北京大学、清华大学、浙江大学、复旦大学和南京大学。该项目还有中国站点(http://www.ulib.org.cn)和印度站点(http://dli.iiit.ac.in)。该项目学科范围广泛,图书质量较高,提供免费阅读,可实现全文检索。百万图书项目(Million Book Project)主页如图9-13所示。

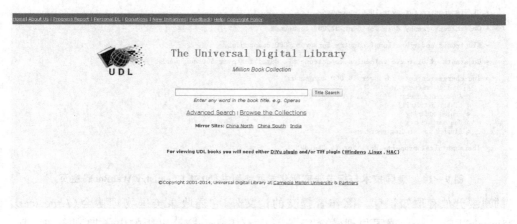

图9-13 百万图书项目(Million Book Project)主页

3. NIST Chemistry WebBook

网址:http://webbook.nist.gov。

NIST Chemistry WebBook——美国技术与标准研究所化学网络图书,是美国国家标准与技术研究所(NIST)的标准参考数据库(Standard Reference Data)中的化学部分。该站点被认为是网上著名的物性化学数据库。美国技术与标准研究所化学网络图书(NIST Chemistry WebBook)主页如图9-14所示。

4. ArXiv

网址:http://arxiv.org。

ArXiv——美国预印本文献库,是美国国家科学基金会和美国能源部资助的项目,由物理学家保罗·金斯帕于1991年在美国洛斯阿拉莫斯国家物理实验室建立的电子印本仓储。从2001年起,该库由康乃尔(Conell)大学维护和管理,是当今全世界物理学研究者最重要的交流平台。其第一个数据库是hep.th(高能理论物理),当时只供不到200名物理学家使用。随着用户和提交量的急剧增长,其覆盖领域也从单一的物理理论扩展成为涵盖数学、计算机科学、非线性科学、定量生物学和统计学

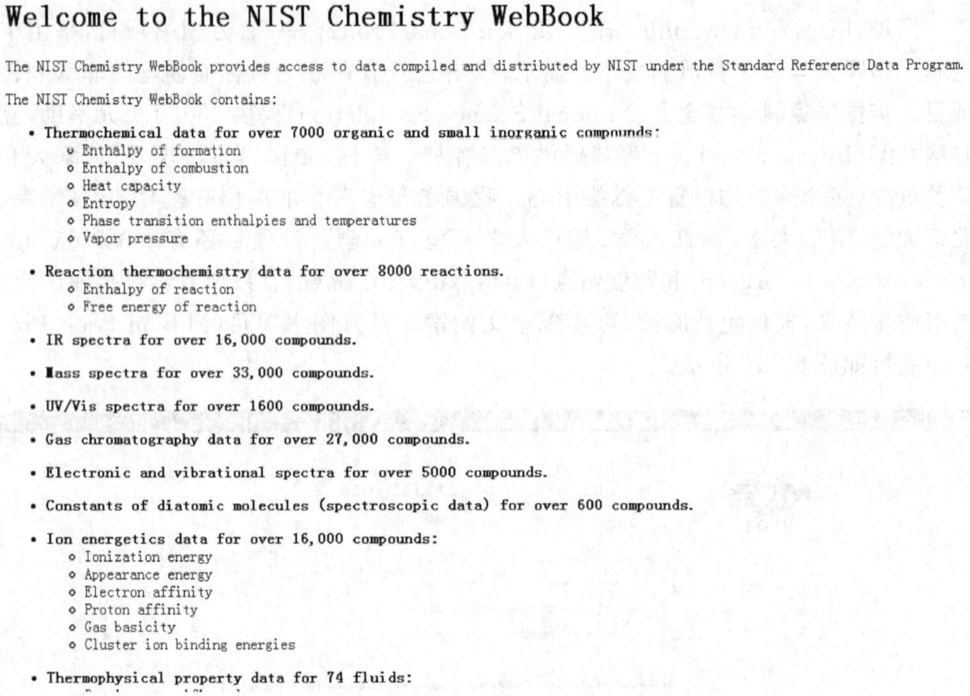

第9章 网络开放资源获取

Welcome to the NIST Chemistry WebBook

The NIST Chemistry WebBook provides access to data compiled and distributed by NIST under the Standard Reference Data Program.

The NIST Chemistry WebBook contains:

- Thermochemical data for over 7000 organic and small inorganic compounds:
  - Enthalpy of formation
  - Enthalpy of combustion
  - Heat capacity
  - Entropy
  - Phase transition enthalpies and temperatures
  - Vapor pressure
- Reaction thermochemistry data for over 8000 reactions.
  - Enthalpy of reaction
  - Free energy of reaction
- IR spectra for over 16,000 compounds.
- Mass spectra for over 33,000 compounds.
- UV/Vis spectra for over 1600 compounds.
- Gas chromatography data for over 27,000 compounds.
- Electronic and vibrational spectra for over 5000 compounds.
- Constants of diatomic molecules (spectroscopic data) for over 600 compounds.
- Ion energetics data for over 16,000 compounds:
  - Ionization energy
  - Appearance energy
  - Electron affinity
  - Proton affinity
  - Gas basicity
  - Cluster ion binding energies
- Thermophysical property data for 74 fluids:

图 9-14　美国技术与标准研究所化学网络图书(NIST Chemistry WebBook)主页

的重要开放存取知识库。除作者提交的论文外,它还收录美国物理协会(American Physical Society)、英国物理学会(Institute of Physics)等出版的电子期刊全文。其支持全部研究论文的自动化电子存储和发布,已收集了60多万篇学术性文献,并且每月有3 000～4 000篇的新文献更新。目前,该库在俄罗斯、德国、日本等17个国家或地区均设立了镜像站点,在我国的站点设在中国科学院理论物理研究所。美国预印本文献库(ArXiv)主页如图9-15所示。

5. CiteSeer

网址:http://citeseer.ist.psu.edu。

CiteSeer也被称为Research Index,是由普里斯顿的NEC研究所于1997年建立的科技文献电子图书馆以及网络搜索引擎,其目标是节省读者时间,降低文献获取成本,提高文献的实用性和可利用性。目前,CiteSeer每天需要承担150万次以上的检索任务,并可提供160万多篇文献以及13万多条索引。学科范围覆盖计算机与信息科学方面,涉及的主题包括计算机理论及应用、人工智能、数据压缩、人机交流、信息检索、机器学习、操作系统、程序编制、系统安全、软件工程等。另外,CiteSeer可对各篇文章的被引情况进行统计,也可以对作者、特定主题、关键词等进行检索。在检索结果页面,还可以显示某一文献引用其他文献的情况。CiteSeer主页如图9-16所示。

第9章 网络开放资源获取

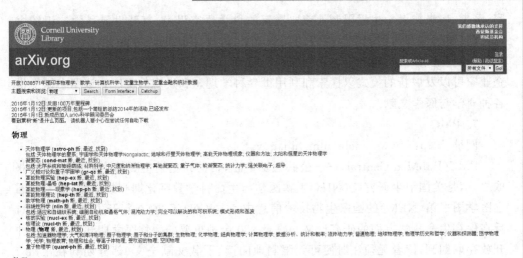

图 9-15 美国预印本文献库主页（ArXiv）

图 9-16 CiteSeer 主页

6. PLoS

网址：https://www.plos.org/。

PLoS（Public Library of Science）——科学公共图书馆，是一个科学家与医学家的非营利性组织，创建于2000年10月。其目的是通过让世界任何一个地方的科学家、医生、病患或者学生无限制地获取最新的科学研究讯息，打开世界科学知识图书馆之门；通过实现自由搜索已发表的文章全文，查找特定观点、方法、试验结果和观察资料，以促进研究、资料齐全的医学实践和教育；让科学家、图书馆管理员、出版商和企业家可以发展新的模式以探索和利用世界科学理念和发现的宝库。该图书馆提供各种科学与医学文献。

7. PMC

网址：http://www.ncbi.nlm.nih.gov。

PMC(PubMed Central)——公共医学中心，是世界上最主要的生物医学开放获取之一，是美国卫生研究院(NIH)生物医学与生命科学数字化期刊数据库，由美国国立医学图书馆(NLM)的国家生物技术信息中心(NCN)于2000年开发创建并维护，旨在保存生命科学方面的研究论文。收录280余种重要的生物医学期刊和200余种开放存取期刊，读者无须注册便可无限制地阅读、下载文献全文(部分期刊在出版2～24个月后开放)。公共医学中心(PMC)主页如图9-17所示。

图9-17 公共医学中心(PMC)

8. BMC

网址：http://www.biomedcentral.com。

BMC——生物医学期刊出版中心，是一家致力于免费广泛传播科学研究成果的独立网络出版商，提供经过同行评议的生物医学研究资料的网上免费存取。目前，该网站提供超过200种经过同行评议的开放获取期刊的链接。BioMed Central 的206多种杂志包括《生物学杂志》等一般期刊，也包括专论某一个科目的专业期刊，(如

《BMC生物信息学》、《疟疾杂志》)。对于所有发表在 BioMed Central 刊物上的论文,读者可以随时随地免费通过网络获取。在 BioMed Central 刊物上发表的所有论文都即时存档并进入 PubMed Central 的主题索引。BioMed Central 已经成为开放存取出版中的重要力量,在遵循"知识共享协议"的前提下,作者可以保留其文章的版权,只要正确引用,文章可以自由传播和重复使用。读者通过免费注册,可定期获得新出版的期刊信息、新发表的相关文献的目次等定制服务。BMC 还提供高频被阅读论文列表,帮助读者了解当前的研究热点。生物医学期刊出版中心(BMC)主页如图 9-18 所示。

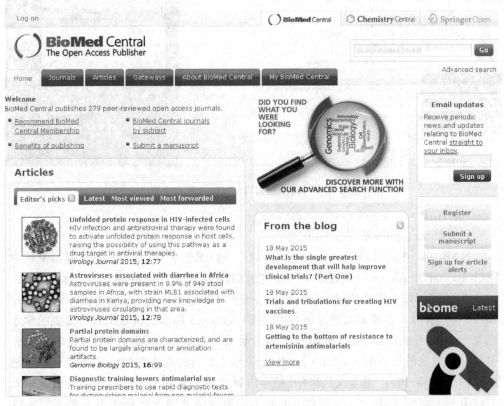

图 9-18　生物医学期刊出版中心(BMC)主页

9. Find Articles

网址:http://www.ccad.edu。

FindArticles——论文搜索网,拥有各类文献总量达 1 100 万篇,提供多种顶级刊物的上百万篇论文,涵盖艺术与娱乐、汽车、商业与金融、计算机与技术、健康与健身、新闻与社会、科学教育、体育等各个方面的内容。论文搜索网(FindArticles)主页如图 9-19 所示。

第9章　网络开放资源获取

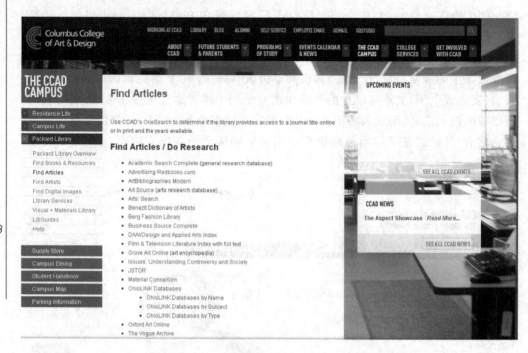

图 9-19　论文搜索网(FindArticles)主页

10. NAP

网址:http://www.nap.edu。

NAP(The National Academies Press)——美国学术出版社,是由美国国家科学院(National Academies)创建的,出版美国国家科学院(National Academy of Sciences)、美国国家工程学院(National Academy of Engineering)、美国国家医学院(Institute of Medicine)和美国国家研究委员会(National Research Council)发表的学术论文。Academic Press 出版的期刊是学术品质非常高的刊物,其中为《科学引文索引》(SCI)收录的核心期刊有 109 种,并且在 SCI 查到的这些期刊的文章篇名都可链接到 Academic Press 的全文。NAP 每年出版约 200 本有关科学、工程、健康及其相关政策等方面的书籍。NAP 提供 2 500 多种可以免费网上阅览的电子图书。NAP 出版的学术论文体现了在科学与健康领域最具权威性的见解和观点。美国学术出版社(NAP)主页如图 9-20 所示。

11. Sciseek

网址:http://www.sciseek.com/。

Sciseek——自然科学信息搜索引擎,是一个网络资源导航网站,主要提供包括农林工程、化学、物理和环境方面的期刊链接。自然科学信息搜索引擎(Sciseek)主页如图 9-21 所示。

第 9 章　网络开放资源获取

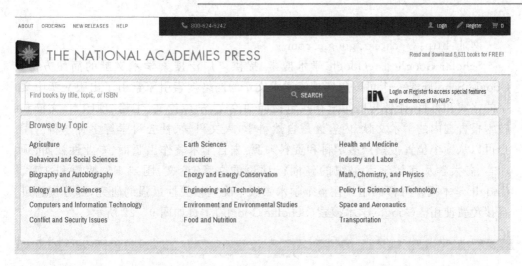

图 9 – 20　美国学术出版社（NAP）主页

图 9 – 21　自然科学信息搜索引擎（Sciseek）主页

第9章 网络开放资源获取

12. Scholar Google

网址：http://scholar.google.com。

Scholar Google——Google 学术搜索，提供可广泛搜索学术文献的简便方法。Google Scholar 是一个可以免费搜索学术文章的网络搜索引擎索引了出版文章中文字的格式和科目，能够帮助用户查找包括期刊论文、学位论文、书籍、预印本、文摘和技术报告在内的学术文献，内容涵盖自然科学、人文科学、社会科学等多种学科。用户可以从一个位置搜索众多学科和资料来源：来自学术著作出版商、专业性社团、预印本、各大学及其他学术组织的经同行评论的文章、论文、图二F5、摘要和文章。Google 学术搜索可帮助用户在整个学术领域中确定相关性最强的研究，部分资料可直接免费使用。Google 学术搜索（Scholar Google）主页如图 9-22 所示。

图 9-22 Google 学术搜索（Scholar Google）主页

13. SSRN

网址：http://www.ssrn.com。

SSRN(Social Science Research Network)——社会科学研究网，致力于世界范围的社会科学的快速传播。SSRN 目前已拥有数百种电子期刊，内容主要有会计研究、经济研究、财政经济、法律学术、网络管理研究等几个方面。社会科学研究网（SSRN）主页如图 9-23 所示。

14. IOP Electronic Journals

网址：http://iopscience.iop.org/journals。

IOP Electronic Journals——英国皇家电子期刊，提供生物学、数学、物理学、工程学等方面的电子期刊全文。英国皇家电子期刊（IOP Electronic Journals）主页如图 9-24 所示。

15. Open J-Gate

网址：http://openj-gate.org。

Open J-Gate(Online Journal Database)——开放获取期刊门户，提供基于开放获取的近 8 000 多种期刊的免费检索和全文链接，包含学校、研究机构和行业期刊，

图 9 - 23　社会科学研究网(SSRN)主页

其中超过 5 000 种学术期刊经过同行评审。网站数据保持每天更新,每年增加近 300 000 篇文章。开放获取期刊门户(Open J - Gate)主页如图 9 - 25 所示。

16. Bioline

网址:http://www.bioline.org.br。

Bioline——发展中国家联合期刊库,是非营利性的电子出版物服务机构,提供来自发展中国家(如巴西、古巴、印度、印尼、肯尼亚、南非、乌干达、津巴布韦等)的开放获取的多种期刊的全文。发展中国家联合期刊库(Bioline)主页如图 9 - 26 所示。

17. HighWire Press

网址:http://home.highwire.org。

HighWire Press——海威出版社,是由美国斯坦福大学图书馆于 1995 年创立的科学与医学文献库,是目前世界上两个最大的免费科技期刊文献全文数据库之一。HighWire 负责生物医学期刊的网络出版,最初仅出版著名周刊 Journal of Biological

第9章 网络开放资源获取

图 9-24　英国皇家电子期刊(IOP Electronic Journals)主页

图 9-25　开放获取期刊门户(Open J-Gate)主页

第 9 章　网络开放资源获取

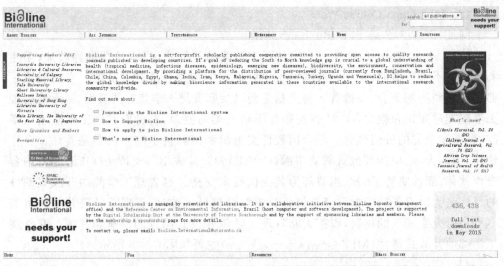

图 9-26　发展中国家联合期刊库(Bioline)主页

Chemistry。目前，它已负责包括美国医学会(AMA)、英国医学会(BMA)、牛津大学出版社(OUP)等 200 多个学术团体或大学出版社的网络出版，绝大多数是生物医学的重要核心期刊，学科范围覆盖生命科学、医学、物理学和社会科学等。现已收录 1 000 多种电子期刊，文章达 282 多万篇。在其出版的千余种期刊中，30 多种为免费期刊，如 Journal of Clinical Investigation(《临床研究杂志》)、Clinical Diabetes(《临床糖尿病》)等。200 多种期刊为延时开放存取期刊，如 American Journal of Physiology(《美国生理学杂志》)、Blood(《血液》)等。此外，还提供 700 多种单篇付费的学术论文。首页提供科研人员(Researchers)、图书馆人员(Librarians)、出版社(For Publishers)等入口。电子刊通常比印刷本提前 243 日出版，具备完整的全文检索功能(Anywhere in Text)，实现与 PubMed 中的全部期刊交叉查询，并将检索结果直接链接到 PubMed 中的题录信息。海威出版社(HighWire Press)主页如图 9-27 所示。

图 9-27　海威出版社(HighWire Press)主页

第9章 网络开放资源获取

18. MIT Open Course Ware

网址:http://ocw.mit.edu/index.htm。

MIT Open Course Ware——麻省理工学院的开放式课件,是全世界教师、学生和自学者不可多得的、基于互联网电子出版倡议的免费开放教育资源。它由威廉·弗洛拉休利特基金会、安德鲁·梅隆基金会以及麻省理工学院共同资助,秉承麻省理工学院推进知识和教育,在21世纪服务于全人类的使命,符合麻省理工学院追求卓越、创新和领先的价值理念。联合国教科文组织和国际科学院委员会是其评价合作伙伴,国际大学、中国开放式教育资源(CORE)和开放式学习支持法(OLS)是其内容合作伙伴,而沙宾特、微软、惠普等为其提供技术支持。麻省理工学院的开放式课件的目标是为世界各地的学习者提供免费的教育教材,公布麻省理工学院几乎所有的本科和研究生课程的材料,以扩大麻省理工学院开放式课程的影响和范围。麻省理工学院的开放式课件(MIT Open Course Ware)主页如图9-28所示。

图9-28　麻省理工学院的开放式课件(MIT Open Course Ware)主页

19. Gutenberg

网址:http://www.gutenberg.org。

Gutenberg——古登堡项目,由Michael Hart于1971年在美国伊利诺伊大学读书时发起,其目的是鼓励电子图书的创造和传播。它是世界上第一个数字图书馆,所有书籍的输入都是由志愿者来完成的,其志愿者达到1 000多人,并将这些书籍文本化,为全世界的读者提供免费下载。澳大利亚古登堡计划、德国古登堡计划、欧洲古登堡计划相继启动。书籍大多数是txt格式,也有html或pdf格式。网站除文本内容外,还包括音频资料。目前,已有25种语言的书籍纳入其体系,49 000本电子图书供读者免费下载或在线阅读。该项目平均每周将新增50部,Michael希望到2015年可用书籍能达到一百万本。该项目允许用户通过著者、题名进行检索,以 zip 文件格式存储。每种作品的电子文本都被分配一个索书号,即 Gutenberg 的 etext 号。古登堡项目(Gutenberg)主页如图 9-29 所示。

图 9-29　古登堡项目(Gutenberg)主页

20. SPARC

网址:http://www.sparc.arl.org/。

SPARC(Scholarly Publishing and Academic Resources Coalition)——学术出版与学术资源联盟,创建于 1998 年 6 月,是由大学图书馆和相关教学、研究机构组成的联合体,本身不是出版机构。SPARC 信息门户上提供了 8 种免费资源和 17 种收费资源的链接。目前成员已经超过 800 多家,主要来自北美、欧洲、日本、中国和澳大利亚,旨在致力于推动和创建一种基于网络环境真正为科学研究服务的学术交流体系。学术出版与学术资源联盟(SPARC)主页如图 9-30 所示。

21. IEEE

网址:http://www.ieee.org。

IEEE——国际电气和电子工程师协会,是一个非营利性组织,是国际著名专业技术协会的发展机构,目前已收录 290 万篇在线文献并每年组织 300 多次专业会议。IEEE 定义的标准在工业界有极大的影响。IEEE 致力于电气、电子、计算机工程和与科学有关的领域的开发和研究,在太空、计算机、电信、生物医学、电力及消费性电子产品等领域已制定了 900 多个行业标准,现已发展成为具有较大影响力的国际学术组织。国际电气电子工程师协会(IEEE)主页如图 9-31 所示。

22. US History Resource Center

网址:http://www.galegroup.corn。

第9章 网络开放资源获取

图9-30 学术出版与学术资源联盟(SPARC)主页

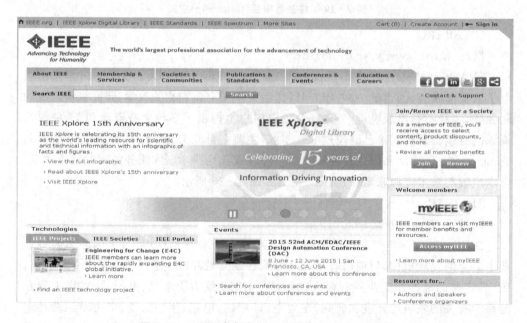

图9-31 国际电气电子工程师协会(IEEE)主页

US History Resource Center——美国历史资料中心,该中心主要为图书馆、学校、商业提供在线检索。该中心提供准确的、权威的参考内容,并组织提供全文报章杂志,该中心共有600多个数据库在网上公布,包括印刷文献、缩微文献和电子图书。

第9章 网络开放资源获取

23. NIST physical Reference Data

网址：http://www.nist.gov/pml/data/index.cfm。

NIST physical Reference Data——美国物理参考数据库，简要介绍了N1ST物理实验室提供的一系列在线数据。美国物理参考数据库（NIST physical Reference Data）主页如图9-32所示。

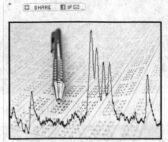

图9-32　美国物理参考数据库（NIST physical Reference Data）主页

24. Max Planck Society

网址：http://www.mpg.de/en/。

Max Planck Society——德国马普学会，该学会创办了下面3种开放存取杂志。每年在国际知名的科学期刊上发表的超过15 000篇的出版物就是普德国马普学会的杰出的研究工作的证明。德国马普学会（Max Planck Society）主页如图9-33所示。

（1）Living Reviews in Relativity（ISSN：1433—8351）

网址：http://relativity.livingreviews.org。

Living Reviews in Relativity主页如图9-34所示。

（2）Living Reviews in Solar Physics（ISSN：1614-4961）

第 9 章 网络开放资源获取

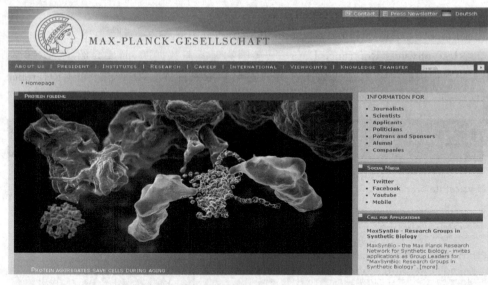

图 9 - 33 德国马普学会(Max Planck Society)主页

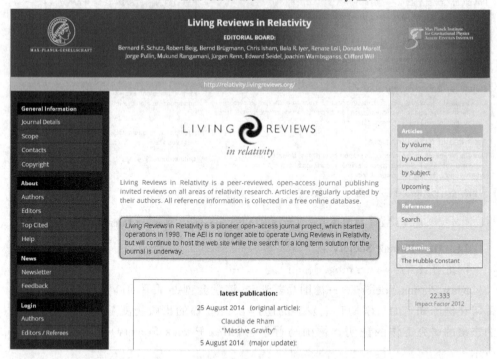

图 9 - 34 Living Reviews in Relativity 主页

网址:http://solarphysics.livingreviews.org。

Living Reviews in Solar Physics 主页如图 9 - 35 所示。

(3)Living Reviews in European Governance(ISSN:1813 - 856X)

网址:http://europeangovernance.livingreviews.org。

图 9-35　Living Reviews in Solar Physics 主页

Living Reviews in European Governance 主页如图 9-36 所示。

图 9-36　Living Reviews in European Governance 主页

第 9 章 网络开放资源获取

思考题：

1. 什么是开放获取？有哪些特点？
2. 列举至少 5 个国内 OA 图书及期刊资源。
3. 列举至少 5 个国外 OA 资源。

第 10 章 信息检索技巧

在全球网络化、信息化的今天,信息一改传统,以一种不受时空限制的全新方式被保存及传播。借助于计算机网络,展现在人们面前的是丰富多彩的文字、图像和影像等多形式、多媒体、多地域、多语种的动态的数字化信息。面对日益增长的数字化信息,如何通过一种有效的方法和技巧,高效、经济地获取所需信息,这正是本章所要阐述的重点。

10.1 信息检索技巧

信息检索包括传统手工信息检索和计算机信息检索,本节侧重探讨计算机信息检索的技巧。计算机信息检索关键在于了解网上信息分布特点、掌握各种搜索引擎和大型数据库的功能和检索技巧,能够针对不同的检索对象,制定科学合理的检索策略,选择合适的检索工具或检索系统,构造恰当的检索表达式,实施检索、反馈调节、优化策略及结果处理等,同时,还应提高信息查全率、查准率的技巧,从而有效快速地获取所需信息。

10.1.1 制定信息检索策略的技巧

我国著名图书馆学家、情报学家陈光祚教授认为:"所谓检索策略是在分析情报提问实质的基础上,确定检索途径与检索用词,并明确各词之间的逻辑关系与查找步骤和科学安排。"

曾祥瑞在《互联网信息检索》一书中说,"所谓检索策略,就是在分析研究课题的基础上,确定检索范围、检索途径和检索用词,并明确各词之间的逻辑关系与查找步骤等,也就是说为实现检索目标而制订的检索计划和方案。"

美国加州伯克利分校图书馆检索教程对检索策略提出了 5 个步骤:分析、选择、调整、放弃、重试。即分析课题、选择合适的信息检索工具、调整检索词或检索式、放弃没有效果的检索途径以及通过多次的调整后重新尝试检索策略。

简单而言,检索策略就是指为实现检索目标而制订的检索对策或措施。检索策

第10章 信息检索技巧

略是检索技术的全面应用,它在计算机检索中具有决定检索结果的重要地位,因此编制及调整检索策略是有效实现检索目标的关键所在。

一、明确检索目的和要求

要完成一个有效检索,首先应当确定检索目的是什么。检索目的是指明确所需的用途。信息检索的目的有学科研究,撰写学科的专著、述评、综述、论文,进行作品创作,了解名称术语、人物、机构、展览信息等。检索要求是指明确所需信息的类型、语种、数量、范围和年代等,是泛泛浏览还是索取具体的文献;文献的类型是图书、期刊论文、还是作品或者影像资料;查询的年代是从哪年到哪年;查询的语种是中文、英文、法文还是德文、意大利文等。此外,还要明确所需信息是求全、求准还是求新,以对查全率和查准率进行控制。不同的检索目的和要求应选用不同的检索方法及限制方式,采取不同的检索策略,检索目的与要求是制定检索策略的基本原则。

例如:

为申报专利或鉴定成果查找参考依据,以选择国内外专利数据库为主;

为撰写论文查找相关文献等,以期刊论文、学位论文等学术研究性的数据库为主。

二、分析检索主题

主题分析是在明确检索目的的基础上进行的。检索目的不同,主题分析选取主题范围的广度与深度则不同。

1. 分析所检课题的内容,找出关键问题,形成反映主题中心的主题概念,确定检索的主题范围。

要分清主题中所包含的主要概念和次要概念,去掉被隐含了的概念,确定需要排除的某些概念和不宜选用的泛指概念,并明确概念之间的逻辑关系,以便在制定检索策略时有所侧重,保证检索提问的确切表达。

示例:检索课题:云南少数民族服饰文化研究。

主题概念:服饰、服装;服饰文化、服装文化;少数民族、民族;云南、云南省。

若要全面、系统地检索相关信息,可适当放宽检索范围来保证查全率,即选取主题范围的面要宽些,所得信息的泛指性要强些。若要准确地检索专题信息,则应优先考虑查准率,即选取主题范围的面窄些,所得信息的专指性要强些。

2. 分析主题涉及的学科范围,并列出相关的专题领域。

学科范围越具体、越明确,越有利于检索。

示例:检索课题:空间设计。

学科领域:美术、教育学、建筑学、艺术学、等等。

3. 如果对检索主题比较了解,写出简要的总结。

把已经知道的领域展现出来,选出那些认识比较模糊的领域作为可能的检索起点。如上例中,你可能已经知道了很多关于中国古代建筑的方法,但对中国古代城市

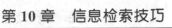

规划知之甚少,那么你的研究及检索就可以从城市规划这个方向入手,这样可以扩展自己的专业。另外,如果检索课题较新,仅靠自己原有的知识无法充分领会题意,不妨先找一些资料来研究学习,从而确定相关的主题范围及主题概念。

三、有针对性选择合适的信息检索工具或检索系统

信息检索工具及检索系统有主题指南(目录型检索工具)、通用搜索引擎或图像搜索引擎、大型门户网站或艺术专业网站、专业检索软件、数据库系统、主题门户及网络学科导航系统等。这些检索工具及检索系统的设计目的和发展走向存在许多差异,无论是其收录信息的内容、种类和范围、功能特点、索引规模、索引组织、查询的表示形式、特征项的选择、输出结果的形式还是检索功能等方面都各有不同。因此,采用不同的检索工具或检索系统,对信息检索效果来说存在着很大差异。信息用户应结合检索课题特点,尽量选择使用与信息需求结合紧密、学科专业对口、覆盖信息面广量大、报道及时、揭示信息内容准确、检索功能完善和一定深度的信息检索工具或检索系统,对于成功地取得满意的检索效果至关重要,是实现成功检索的一个重要环节。

在选择信息检索工具或检索系统的过程中,可以从以下几个方面考虑:

1. 根据所检信息的特征及检索要求,确定检索工具或检索系统。

每个检索工具都有其自身的特点,不同的检索工具适合于完成不同类型的检索任务,同一个检索关键词,在两个不同的检索工具中并不会产生完全相同的检索结果。因此,应该根据所需信息的特征和具体的检索要求来选择合适的检索工具或检索系统。

具体地说,对一般性信息的浏览查询或强调获取较为综合的、概括的、专题的以及准确度要求较高的信息而言,应选择主题指南(目录型检索工具),如 Yahoo、Sohu、1nseek、Lycos、Yahoo 中文版、搜狐等,也可以使用其他搜索引擎提供的分类目录索引。此类工具提供一种可供检索和查询的分等级列出的主题目录,以超文本链接的方式将不同学科、专业、行业和区域的信息按分类或主题目录的方式组织起来,用户通过主题目录的指引,逐层浏览,直到找到自己需要的信息。对细节性信息查询或强调获取较为具体的、特定的以及类属不明确的信息时,应选择索引式搜索引擎和专业特色鲜明的图像搜索引擎,如 Altavista、Infoseek、天网、Gograph、Image Search 等;对一些较模糊的提问,或就某一课题的网络资源进行快速调查、摸底、综览时适用多元搜索引擎,如万纬搜索引擎、黑海搜霸、搜星、MetaFisher 中文元搜索引擎、Mamma、Metacrawler、Askjeeves 等。

对于检索比较系统的、全面的信息而言,应选用全文搜索引擎或数据库系统,如 AltaVista、HotBot 等。

对于检索文字为特征的信息而言,可考虑利用相关的数据库系统,如书目数据库、期刊数据库、电子图书库等,这些数据库中较常用的有:CNKI 中国期刊网、维普

第10章 信息检索技巧

资讯数据库、万方数据资源系统、全国报刊索引数据库、人大复印报刊资料数据库、中国数字图书馆、超星数字图书馆、书生之家数字图书馆、上海数字图书馆、CALIS 专题数据库、Dialog 国际联机检索系统、Firstsearch 数据库、公共集成教学图片数据库，等等。

另外，如果检索中文信息最好选用中文站点，检索英文信息最好选用英文站点；如果需检索网址就要选网址索引做得好的站点，例如 Yahoo! 或 Sohu 等站点；如果检索网页信息或学科的学术信息，最好检索一些大学站点开发的搜索引擎（如北京大学的"天网搜索引擎"）、权威的艺术网站、各高等艺术院校网站、学科导航系统或主题门户；此外，检索网站网页可用搜索引擎 Excite、Ccitnet；检索站点评论可用 Lycos、Infsoseek；检索标题和 URL，可用 Altavista、Yahoo；检索大学信息可用 Best Information on the Net、ColleDegree、Gradschoo 等。

2. 根据所检课题的学科专业范畴确定检索工具。

通过分析课题，判断该课题是属于传统学科，还是设计艺术学科，再确定使用相关的艺术网站或数据库系统。例如，用户想检索有关书法篆刻类的信息，除了使用通用搜索引擎、数据库系统外，还应重点选用一些书法篆刻类网站，如中文书法网、中国书法家网、中国书法教育、中国硬笔书法网、书法空间、书艺周刊等专业网站。

3. 根据所检信息的需要综合选择主题指南(目录型检索工具)与搜索引擎组配检索。

主题指南(目录型检索工具)是由专业人员在广泛搜集网络资源并经过加工整理的基础上编制的一种可供检索的等级结构目录式检索工具。它把同一类内容的网站信息按照某种主题分类体系排列，用户可按分类主题层层单击下去，在目录体系的导引下，发现并检索到有关信息。其优点在于它经过了专业人员的鉴别、选择和组织，分类清晰明确，条理性强，类目设置比较符合用户的检索习惯，检索的结果精确度较高。例如，专业网站多采用目录式搜索引擎，如中国艺术新闻网(http://www.artnews.com.cn/)、世纪在线中国艺术网(http://cn.cl2000.com/)具有分类导航的功能。Google 则根据各专业的"网页级别"（PageRank）对目录中登录的网站进行排序，使网站专题信息集中，剔除了大量不相关的信息。但目录型检索工具也存在一些缺点：如跟不上网络信息发展的步伐，其数据库的数量有限；数据库更新不够及时、维护的速度或周期受系统人员工作时间的制约，以致检索工具的新颖性不够等。

搜索引擎又称网络资源的关键词索引，是检索网络资源最常用的检索工具。它使用自动索引软件或网络登录等方式来发现、收集并标引网页，然后将索引的内容建立数据库，并以 Web 形式提供给用户一个检索界面，供用户在数据库中找出与提问相匹配的记录，其返回的结果，按一定的相关度排序输出。各种搜索引擎查询方法基本相同，可以输入检索词进行主题查找，也可以从分类目录逐级查找。一个优秀的搜索引擎应该能达到以下几方面的要求：一是查准率要高；二是查全率要高；三是搜索条件频率要低；四是响应速度要快。

主题指南强调的是导引、浏览功能，而搜索引擎强调的是检索功能，它们各有优势,用户在进行信息检索时应根据需要制定优化策略,将二者相互结合,进行组配检索,以产生最佳检索结果。如用户尚未形成明确专指的信息检索概念或仅对某一专题作泛泛浏览,但又未找到合适的关键词时,就可先利用主题指南逐级浏览目录,逐步细化直到发现最匹配信息的网址,再从这些网址中寻找合适的检索词,利用独立搜索引擎或无搜索引擎进行缩检;如果用户对检索主题有一定的了解并已确定了检索关键词时,可选用元搜索引擎作试探性的起始检索,了解网上是否有相关信息以及从哪些渠道可找到这些信息,然后再利用独立搜索引擎进行更全面、更深入的检索。

值得一提的是,在检索学术性较强的学术信息时,别忘了使用网络学科导航系统以及主题门户。网络学科导航系统是针对某一学科或与该学科有关的某一主题来对 Internet 上的相关学术资源进行搜集、分类及有序化整理,动态链接学科资源数据库和检索平台,为用户提供网络学科信息资源导引和检索线索的导航。此类导航系统专业性强,是检索学术信息十分有效的工具。如中国高等教育文献保障体系(CALIS)的"重点学科导航库",提供便捷的网络学术资源导航服务。国家图书馆、上海图书馆等大型图书馆站点都建有文献资源导航系统。进入这些站点,可直接从主页找到自己关注的资源类目进行选择。主题门户是围绕特定主题对在线资源提供搜索和浏览的网站。目前,国外已经有了各种主题的门户,甚至还出现了门户的门户。例如 clearinghouse(http://www.celearing-house.net),我国的"国家科学数字图书馆"目前也正在建设我国的学科主题门户。

选择适当的信息检索工具与检索系统有利于提高信息的检索效果,灵活利用各种检索工具与检索系统则是提高有效检索的关键。为了使检索结果更符合检索目的与要求,有时用户还应该使用某些检索工具与检索系统所提供的特殊检索功能,如某些检索工具提供的自动扩检功能,可扩大及丰富检索范围,提高查全率;某些检索工具提供的进阶功能,可缩小检索范围,使检索策略更精细化,提高查准率;有时还需要使用多个检索工具,如使用多个搜索引擎,访问多个数据库,以扩大检索范围,提高查全率。

4. 确定逻辑组配,构造恰当的检索表达式

检索式是将反映不同检索途径的检索单元组合在一起而形成表达用户检索提问的逻辑表达式。通常由检索词和各种计算机检索规定使用的逻辑算符、截词符、位置算符及系统规定的其他连接符号构成,它确定检索词之间的概念关系或位置关系,准确表达课题需求的内容。适当检索式的构造,是建立在用户对各种检索工具的检索句法及其所支持的检索运算,使用的检索标识、符号等机制的了解及运用的基础上,只有详细地了解检索系统的规定,正确组配检索词,才能设计合理的检索式。检索式是检索策略的具体体现,它控制着检索过程是否合理,关系到能否检索到最相关的信息,是提高检索质量的关键。

(1)提取检索词的技巧

检索词也称检索点,可以是一个单元词,表达一个单一概念,也可以是一个或者多个词组，表达多个概念。它主要用来描述文献特征，表达信息提问。检索词既要考虑规范的词语，也要考虑自由词（即自然语言）。检索词选择得恰当与否，会直接影响检索效果。

检索词一般可分为4类，第一类是如标题词、叙词、关键词等表示主题的检索词；第二类是如作者姓名、机构名等表示著者的检索词；第三类是如分类号等表示分类的检索词；第四类是如 ISSN 号、引文标引词等特殊意义的检索词。

在提取检索词的过程中，可以运用以下的技巧。

①正确分析课题，优先从主题词表中提取规范的检索词。

②通过对课题名称及内容的分析、切分、删除和替换等方式提取检索词。

③进行检索词的同义词、近义词和相关词的扩展。

④用格式化的形式进行问题的描述来提取检索词。我们还可以用以下的方法进行问题界定：A 对象，B 问题，C 目标。

⑤在提取检索同时，我们还可利用一些数据库提供的 Expand 指令或 Browse 功能帮助选择检索词，或用手工检索方法检索几篇相关文献作为检索词的参考。

提取检索词应注意的问题：

①在信息检索过程中，一般人总是习惯于在检索表达式中只键入一个检索词来进行检索，特别是检索复杂的专题时依靠单个检索词进行检索，一方面查准率很低，另一方面导致许多无用的匹配结果。要提高信息的查全率与查准率，信息用户应在进行详尽主题分析的基础上，选择多个检索词，尤其是有明确定义的专业名，并进行检索词的同义词、近义词和相关词的扩充，因为对检索对象的描述越准确、越充分，检索的结果也就越好。

②减少词语的歧义，避免使用多义词作为信息的检索词，造成检索结果的不明确。如"拍卖作品"，可以指一幅作品，也可以指拍卖这一动作。

③要尽量选用专指词或特定概念作为检索词，避免选用普通词或泛指概念作为检索词。

(2)构造检索表达式的技巧

①常用算符及其检索式的构造。

②高级检索语法及其检索式的构造。

编制检索式应注意的问题：

①检索式应完整地反映课题的主题内容。

②不同的检索系统提供的检索途径不同，允许使用的算符也会不同，且可能用到不同的符号来表示，因此检索式要满足所检数据库体系和检索用词规则，符合系统功能和限制条件的规定及组配原则。

③编制检索式时，应考虑逻辑算符的运算规则。一般情况下，逻辑算符的运算顺序是 NOT、AND、OR，可以用括号改变运算次序。

④同时出现逻辑算符和位置算符时，优先执行位置算符。

⑤检索式应尽量简化。

四、实施检索，反馈调节优化策略

调整检索策略的技巧有：

1. 调整方法：即调整检索方法和检索技巧。
2. 调整资源：即更换检索工具或检索系统。
3. 同时调整方法和资源：当检索不成功时，检查检索方法、检索词、检索表达式是否正确。若仍不能成功地检索，可更换一种检索工具或检索系统。
4. 充实调整：即对既定的检索策略进行部分的充实。
5. 改进调整：即改进检索策略中不起作用的部分策略，以获取检索的成功。
6. 更换调整：当前检索策略不成功，转而更换检索策略。

五、结果输出及处理

一般来说，检索结果的显示、输出及传递方式灵活多样，如结果的显示通常包括序号、标题、URL、题录、文摘、全文相关信息；结果的排序可按相关度、文献标题、著者、语言、出版时间、出版国等多种方式升序或降序排列；每屏显示的结果数可以自由设定。用户可根据自己的实际需求来灵活处理检索结果，或网上阅览、或下载存盘、或打印、或使用电子邮箱发送等。

10.1.2 提高查全率与查准率的方法

查全率和查准率是判定检索效果的主要指标。查准率和查全率结合起来，描述了检索的成功率。

一、查全率

查全率是指系统在进行某一检索时，检索出的相关文献量与系统文献库中相关文献总量的比率，它反映该系统文献库中实有的相关文献量在多大程度上被检索出来。

查全率＝(检出相关文献量/文献库内相关文献总量)×100%

例如，要利用某个检索系统查找某课题的相关文献。假设在该系统文献库中共有相关文献 40 篇，而只检索出来 30 篇，那么查全率就等于 75%。

二、查准率

查准率是指系统在进行某一检索时，检出的相关文献量与检出文献总量的比率，它反映每次从该系统文献库中实际检出的全部文献中有多少文献是相关的。

查准率＝(检出相关文献量/检出文献总量)×100%

如果检出的文献总篇数为 100 篇，经审查确定其中与项目相关的文献只有 70 篇，另外 30 篇与该课题无关。例如，检索"传播学"相关文献，输入"传播学"，结果检索出《……基于任务型数学模式……》和《……女性网民网络互动……》的报道，与传播学毫无关系。那么,这次检索的查准率就等于70%。显然,查准率是用来描述系统拒绝不相关文献的能力,有人也称查准率为相关率。

三、查全率和查准率的评价标准

1. 理论上的评价标准

评价标准是与文献的存储和信息检索两个方面直接相关的,也就是说,与系统的收录范围、索引语言、标引工作和检索工作等有着非常密切的关系。首先,查全率用的比较参照是"系统中相关信息总量",所以准确地说,用这个指标来评价系统的检索性能比较适宜,而用来评价某次检索效果则欠妥。如果工具或系统中收录的信息不全,那么这种评价对用户来说就变得毫无价值。而且对于用户来说查全率应该以某地区或世界上相关信息的总量作为参照,但是参照中的信息总量对于用户来讲几乎无从得知。由此可见,查全率很难成为用户自我评价检索效率的准绳。一般认为查全率比查准率重要,只有查全了,才能进一步查准。

2. 基于经验的评价标准

在一般的检索中,用户对漏检的情况是通过经验来判断的。经验之一,通过相关领域专业人员情况来判断,如果从事该项研究的人员较多,而检索中获得的相关信息很少。例如,在CNKI数据库中,以关键词为检索途径检索"莎士比亚四大悲剧",检索结果仅为3篇,显然不合情理,则应怀疑有漏检的情况发生。经验之二,通过检索人员掌握的信息资料来判断,如果检索人员掌握的同时段的相关信息都出现在相关的检索结果中,可以认为查全率较高;反之,如果相关检索中并没反映已有的某些信息,则可以认为有漏检情况发生。另外,由于许多因素的影响,在实际检索中,查全率和查准率是不可能达到100%的,而是存在着一种互逆关系,即在同一次检索中,查全率提高,则查准率会降低;反之,查准率提高,则查全率会下降。而且,对于同一检索效果,不同用户的满意程度是不同的,比如,撰写论文的用户比较重视查准率,而作高级研究的用户要求有较高的信息查全率。

3. 从理论上说,任何理想的检索都应当是既全面又准确的检索

实际上从成本的合理性角度考虑,检索要有一定的限度。根据知识和工作经验,认为不可能找到密切相关的文献,或者认为预期的结果与需要花费的时间、精力和成本相比十分不相称,不值得继续检索。例如,普通读者只是一般性了解专利技术,不值得花费昂贵的专利检索费用,就不必使用世界上最著名的德温特专利数据库或者国际联机检索系统。

四、提高查全率的基本方法

1. 扩大检索课题的目标。使用主要概念,排除次要概念。
2. 跨库检索。如使用CNKI的跨库检索功能实现对不同类型文献的一次性检索。
3. 逐步扩大检索途径的范围。依次选择题名、关键词、文摘、主题、任意字段(全文)往往能逐步提高查全率。通常用分类号也可检索到更多信息。例如,在某馆藏文献中以题名"素描"为检索途径,结果为 798 种;而以素描的分类号"J214"为检索途径,结果为 865 种。显然,用分类检索结果更全。

4. 取消或者放宽限定条件。例如,避免使用或者放宽信息类型、语种、地理范围、年代范围等检索途径。

5. 降低检索词的专指度,可以从词表或检出文献中选一些上位词或相关词补充到检索式。

6. 外文单词使用截词检索,可以采用前截断、后截断、前后截断等截词方法。在中文类数据库可以使用更简短的检索词。例如,在 CNKI 的中文期刊数据库检索有关国内英语等级考试的期刊文章,在题名途径输入"英语"、"级"和"考试",用逻辑运算条件"并且"连接,检索结果有"等级"、"四级"、"五级"、"六级"和"A 级"等词。

7. 逐步扩大算符的检索范围,逐步提高查全率的算符依次是:位置算符(w→nw→near)→逻辑算符(and→or)。

五、提高查准率的方法

提高查准率方法刚好是与提高查全率的方法相反的。

1. 精确确定检索课题的目标,使用专业词汇。

2. 选择专业性检索工具,如使用产品数据库、特种搜索引擎。

3. 逐步缩小检索途径的检索范围。选择题名、关键词比文摘、主题、任意字段(全文)查准率高;限定期刊范围:全部期刊——重要期刊——核心期刊,也能逐步减少检索结果,提高查准率。

4. 用不太常用的检索途径,如信息类型、语种、地理范围、年代范围、作者或号码作为限定条件。

5. 提高检索词的专指度,增加或换用下位词和专指度较强的自由词。

6. 逐步缩小算符的检索范围,逐步提高查准率的算符依次是:逻辑算符 or→and→位置算符 near→nw→w;使用算符 not 排除干扰信息。

六、同时兼顾查全率和查准率的方法

1. 跨库检索,使用综合检索工具,结合专业的检索工具。例如,中国国家科技图书文献中心的跨库检索界面;专业的数据库,如《化学文摘》数据库、《生物学文摘》数据库、美国 PubMed 数据库对于专业性文献的收录全面而准确,利于查全率和查准率的提高。化学类信息检索尤其突出,查全率和查准率都高于其他学科。

2. 分类途径和主题途径等多途径结合使用。分类途径结合主题途径兼顾查全率和查准率,检索汉语类的词典,在题名途径输入"汉语",在索书号途径输入中国图书馆分类号复分号"-61",或者输入中国图书馆分类号的汉语类下属的字典、词典类号码"H16"。专利信息检索更要强调结合分类号,因为专利法规定发明和实用新型专利名称有严格的取名规则,有些词汇不能使用。因此,仅仅推测专利名称,输入关键词,是很难保证查全率和查准率的。

3. 尝试多次检索,在失败中调节检索策略,阅读已知的信息,增加背景知识。例如,先检索搜索引擎 Google、百科全书、词典、手册、文献综述,寻找更多词汇;阅读国际专利分类表,寻找专利分类号;在维普资讯网(www.cqvip.com)的"分类检索"单击中国图书馆图书分类表,寻找图书和期刊论文的分类号。

4. 预防操作错误,采用严谨的科学态度,耐心细致地检查检索步骤的各环节。例如,检查输入内容是否与字段符合,检索式是否多了空格。

10.1.3 提高检索速度的措施

由于网络信息检索涉及网络通信费用,不可避免地引起检索成本上升,因此采取一些措施提高检索速度也是网络信息检索技巧的一部分。这些措施主要包括以下 4 个方面。

一、建立收藏夹分类体系

检索时可单击 IE 工具栏中的"收藏夹"按钮,将当前正在访问的网址保存到收藏夹中,并可对收藏夹内容进行分类整理。以后若要利用同一内容或者工具的时候,只需打开收藏夹,从中选择要进入的网址,就可以减少上网重复查找和输入网址的时间。

二、采用缓存措施

即启动 cookie 功能,将访问过的网页,包括文本、图像等信息,存储在缓存中。当再次浏览这些已访问过的网页时,IE 浏览器将直接从缓存中读取网页内容,无须再经过网上传输。

三、设置启动页面

每次启动 IE 浏览器时,最初展现出来的页面称为启动页面。可以对其进行个性化设置,将访问次数最多的页面设置为启动页面。以便以后直接进入该页面。

四、减少多媒体信息的装载

检索到的网络信息中往往会有图像、视频和动画等多媒体信息,由于多媒体信息数据量大,会减慢传输速度。为了提高数据传输速度,可选用纯文本方式传输,利用浏览器相关功能关掉多媒体选项。如果想查看相关多媒体信息,只要激活相关选项,即可显示或者播放图像、视频和动画信息。对于 IE 浏览器,可在其"工具"菜单下的"Internet 选项"的"高级"功能中设置上述相关操作。

Internet 和网络信息资源是一个时刻变化着的巨大空间,其不确定性和变化性加大了网络信息检索的困难。网络检索工具有助于解决这一问题,但任何一种检索工具在内容上都不可能包罗万象,在功能上都不可能十全十美。因此,我们在对网络信息进行检索时,采取的策略必须是多步骤、多元化的检索,在此基础上充分利用各检索工具的特点和专长,从而最终满足自己的检索需求。

10.2 检索实例及效果评价

10.2.1 检索实例

一、敦煌壁画艺术研究

1. 课题检索目的与要求

(1)检索目的

敦煌壁画的艺术价值弥足珍贵,在结构布局、人物造型、线描勾勒、赋彩设色等方面系统地反映了新中国成立前各个历史时期的艺术风格,本课题属科学研究型信息检索。

(2)检索要求

因敦煌壁画囊括的时间长,涉及了佛教故事画、山水画、建筑画、花鸟画等近十类画种,要求查全率高。

文献类型:专著、学术论文、艺术作品、影像视频专题片等。

语种:中文、英文。

(3)主题概念

敦煌壁画、敦煌考古、美术考古、石窟艺术。

(4)学科专业范围

敦煌学、敦煌壁画、敦煌文化、考古学、中国美术史。

2. 检索词

敦煌、敦煌壁画、敦煌文化、敦煌艺术、莫高窟、石窟、艺术研究。

3. 检索工具、检索式及检索实施

(1)全文数据库

1)CNKI 中国学术期刊网络出版总库

检索途径:主题检索。

检索式:敦煌壁画;敦煌壁画 and 艺术研究;敦煌 and(石窟 or 莫高窟)。

检索过程及检索结果:

① 进入 CNKI 中国知网首页,选择"期刊"数据库,在检索框中输入检索词:敦煌壁画,可检出 911 篇相关论文。

② 选择高级检索,在第一检索项中选择"主题",在检索词框中输入"敦煌壁画";在逻辑项中选择"并且",在检索项中选择"关键词",在检索词框中输入"艺术研究",时间范围选择"1979 到 2014 年",匹配方式选择"模糊",然后单击检索,检出 3 篇相关论文。

③ 重复以上操作,输入检索式:"敦煌 and(石窟 or 莫高窟)"进行检索,检出 788 篇相关论文。

2)维普期刊资源整合服务平台

检索途径:主题检索。

检索式:敦煌壁画;"敦煌壁画 and 艺术研究";敦煌 and(石窟 or 莫高窟)。

检索过程及检索结果:进入维普期刊资源整合服务平台界面,选择"期刊文献检索",选择时间范围为 1989~2014,范围选择"全部期刊",检索入口选择"题名",在检索框内输入检索词:"敦煌壁画",单击检索,可检出 425 篇相关论文(如图 10-1 所示)。重复以上操作,分别输入检索式:"敦煌壁画 and 艺术研究"、"敦煌 and(石窟 or 莫高窟)",分别检出 1 篇和 1565 篇论文。

图 10-1 维普中文科技期刊数据库检索界面

(2)电子图书

1)超星数字图书馆(http://www.sslibrary.com)

检索途径:书名检索。

检索式:敦煌壁画;敦煌 and 莫高窟;敦煌 and 石窟。

检索过程及检索结果:

① 进入超星数字图书馆界面,在检索框中输入检索式:"敦煌壁画",单击"检索",可检出 29 种相关的数字图书。

② 重复上述操作,输入检索式"敦煌 and 莫高窟",分别检出 20 种数字图书。

③ 重复上述操作,输入检索式:"敦煌 and 石窟",分别检出 18 种数字图书。

2)读秀中文学术搜索(http://www.duxiu.com)

检索途径:全部字段检索。

检索式:敦煌壁画;敦煌 and 莫高窟;敦煌 and 石窟。

检索过程及检索结果:

① 进入读秀中文学术搜索界面,选择"图书"频道,在检索框中输入"敦煌壁画",检索字段选择"主题词",单击"中文搜索",可检出相关的中文图书 859 种,相关的期刊文章 2 651 篇等其他相关信息。

② 重复上述操作,输入检索式"敦煌 and 莫高窟",可检出相关的中文图书 2 166 种。

③ 重复上述操作,输入检索式:"敦煌 and 石窟",可检出相关的中文图书 2 664 种。

(3)专题数据库

1)中国国家数字图书馆(http://www.nlc.gov.cn/)——IDP 国际敦煌项目

检索途径:分类检索。

检索过程:进入中国国家图书馆主页(如图 10-2 所示),单击"查找更多数字资源",进入中文数据库资源列表界面,单击"特色资源"中的"敦煌遗珍数字化资源库",如图 10-3 图 10-4 所示,进入检索界面。在左侧"IDP 数据库"检索框中输入"石窟",即显示相关结果,如图 10-5 所示。

检索结果:共检出 6 条记录。

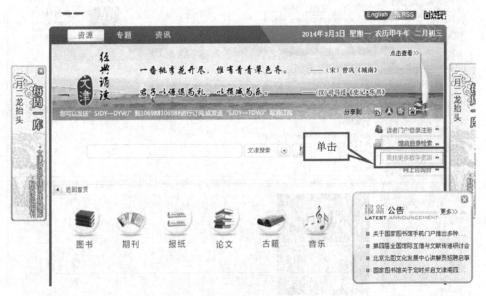

图 10-2　中国国家图书馆主页

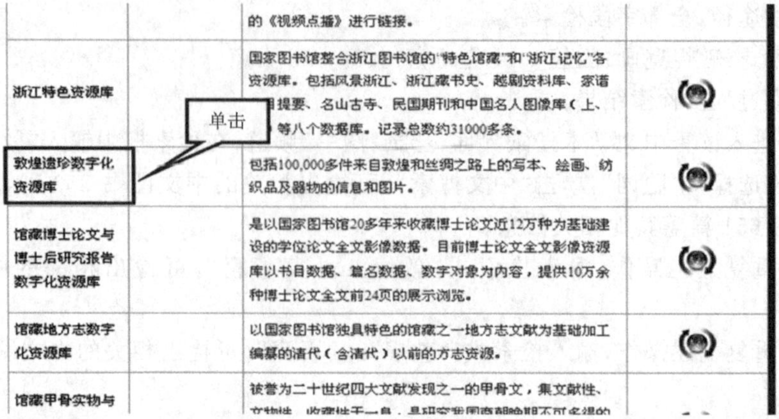

第10章 信息检索技巧

	的《视频点播》进行链接。	
浙江特色资源库	国家图书馆整合浙江图书馆的"特色馆藏"和"浙江记忆"各资源库。包括风景浙江、浙江藏书史、越剧资料库、家谱提要、名山古寺、民国期刊和中国名人图像库（上、下）等八个数据库。记录总数约31000多条。 单击	
敦煌遗珍数字化资源库	包括100,000多件来自敦煌和丝绸之路上的写本、绘画、纺织品及器物的信息和图片。	
馆藏博士论文与博士后研究报告数字化资源库	是以国家图书馆20多年来收藏博士论文近12万种为基础建设的学位论文全文影像数据。目前博士论文全文影像资源库以书目数据、篇名数据、数字对象为内容，提供10万余种博士论文全文前24页的展示浏览。	
馆藏地方志数字化资源库	以国家图书馆独具特色的馆藏之一地方志文献为基础加工编纂的清代（含清代）以前的方志资源。	
馆藏甲骨实物与	被誉为二十世纪四大文献发现之一的甲骨文，集文献性、	

图 10-3 特色资源列表

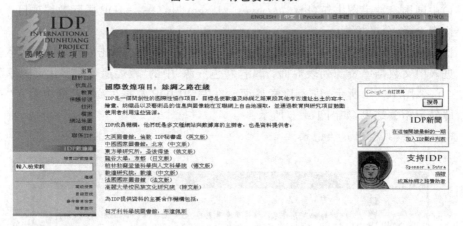

图 10-4 敦煌遗珍数字化资源库页面

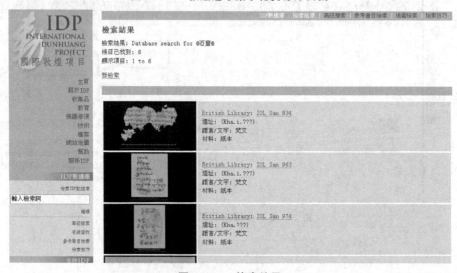

图 10-5 检索结果

2)敦煌学术资源网(http://dh.dha.ac.cn/Default.aspx)

检索途径:分类检索。

检索过程:进入敦煌学术资源网主页(如图10-6所示),在"馆藏目录"栏目中,单击"敦煌学研究论著目录数据库"进入检索界面(如图10-7所示),可以看到相关文章的篇名、作者及中文刊名等信息。

检索结果:检出相关文章25 229篇。

图10-6　敦煌学术资源网主页

检索

篇名　并含　精确　检索

序号	篇名	作者	中文刊名	年	全文
1	行陕甘总督请饬查检齐千佛洞书籍解部并造象古碑勿令外人购买电	北京学部	《学部官报》	清宣统元年(1909年8月22日)	无
2	西州图经	罗振玉记	《敦煌石室遗书》	清宣统元年(1909年)	无
3	敦煌新出唐写本提要	刘师培	《国粹学报》	清宣统三年(1911年)	无
4	九州大学文学部藏敦煌文书《新大德造窟檐计料》探微	马德	《史渊》(日)第131辑	平成6年3月	有
5	鸣沙石室佚书序	罗振玉		癸丑九月(1913年9月)	无
6	楚辞音残本[敦煌石室唐写本]	佚名著,王大隆跋	《庚辰丛编》	庚辰十一月刊印	无
7	敦煌《论语》郑注三本疏证	陈铁凡	《通论经学》	大陆杂志社	无
8	北魏写本孝经残叶补校记	苏莹辉	《通…	…杂志社	无
9	敦煌回鹘文遗书五种	李经纬	《西…	…《新疆文物》专号]1993	无
10	《敦煌金光明经变的几个问题》	沙武田	《历史文…》王希隆主编	2009年4月	无

第1页/共2523页 共25229条记录　首页　上页　下页　尾页　1　跳转

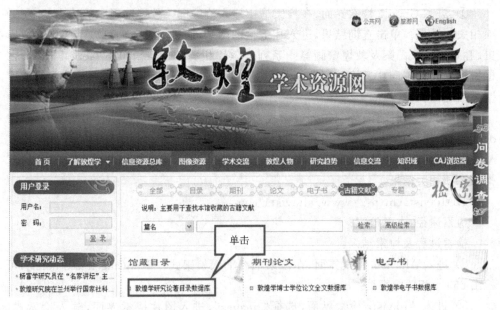

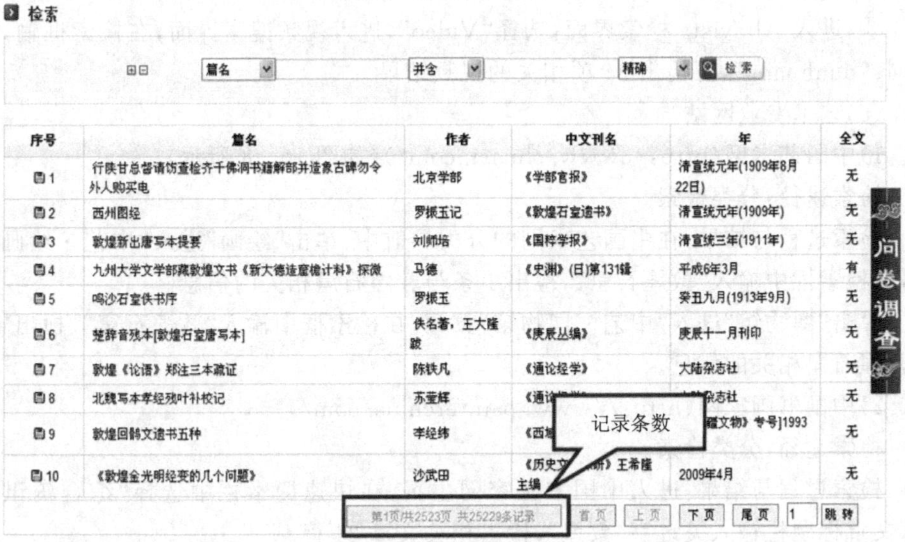

图10-7　检索界面

第10章 信息检索技巧

(4)搜索引擎

1)Google 搜索引擎(http://www.google.com)

检索途径:主题检索。

检索式:敦煌壁画;敦煌壁画 and 艺术研究;敦煌 and(石窟 or 莫高窟);inurl:gallery 敦煌壁画。

检索过程及检索结果:

① 进入 Google 检索界面,在检索框中输入检索词:"敦煌壁画",可检出 988 000 项相关的结果。单击查询结果,进入相链接的网站,通过网站我们可以了解到敦煌历史、胜景、彩塑、图案及敦煌壁画等一系列与敦煌相关的信息。单击 Google 图片,在检索框输入关键词:"敦煌壁画",可检出 259 000 篇敦煌壁画的缩略图,增强对敦煌壁画的感性认识。

② 重复上述操作,分别输入检索式:"敦煌壁画 and 艺术研究"、"敦煌 and(石窟 or 莫高窟)",可检出 64 800 项和 1 640 000 项检索结果。

③ 我们还可以在检索框中输入检索式:"inurl:gallery 敦煌壁画"进行检索,可检出 1 项相关结果。

2)Altavista(http://www.altavista.com)

检索途径:主题检索。

检索过程及检索结果:

① 进入 Altavista 检索界面,在检索框内输入检索式:"dunhuang fresco-hotel",可检出 650 个相关的网页。

② 进入 Altavista 检索界面,选择"Images",进入图片搜索界面,输入检索式:"dunhuang fresco-hotel",可检出 47 个相关图片结果。

③ 进入 Altavista 检索界面,选择"Video",进入视频搜索界面,在检索框输入检索词:"dunhuang",可检出 34 项相关的视频结果。

(5)艺术专业网站

1)中国艺术网(http://www.chnart.com/)(如图 10-8 所示)

检索途径:分类检索。

检索过程与结果:在中国艺术网的分类导航中,单击"绘画"进入"中艺·绘画"页面,在检索框中输入"敦煌石窟",检出 1 条与敦煌石窟相关的信息。

单击"博物馆"进入"中艺·博物馆"页面,在检索框中输入"敦煌石窟",检出 1 条与敦煌石窟相关的信息。

2)中国书画家网(http://www.painterchina.com/)

检索途径:分类检索。

检索过程与结果:进入中国书画家网主页,在快速搜索栏中选择"综合资讯"栏目,文章标题栏输入关键字"敦煌",检出相关文章 24 篇。

图 10-8　中国艺术网

4. 调整检索策略

(1) 采用高级检索语法,限制检索范围,提高查准率。

在使用 Google 搜索引擎检索时,利用检索词"敦煌壁画"找出的相关网页有 988 000 个,其中一部分是没有用的垃圾信息。运用高级搜索语法 intitle,把查询内容范围限定在网页标题中,可以缩小检索范围,提高搜索的精确度。

检索过程:在 Google 检索框内输入检索式:壁画 intitle:敦煌,单击搜索。

检索结果:检出 18 400 个相关网页。

(2) 使用通配符进行检索,提高检索效率。

例如,在超星数字图书馆的检索框内输入检索式:"敦煌％窟",可检索出标题中包含关键词"敦煌莫高窟"或"敦煌石窟"等的数字图书 1 册。

(3) 使用同义的检索词进行检索,提高查全率。

通过加深对检索主题的理解,可拓展检索用词。在各种检索工具中,使用"敦煌艺术"作为检索词进行检索,可获取更多的检索结果。例如,在维普期刊资源整合服务平台中,检索词"敦煌艺术",可检索出 264 个结果,检索词:"莫高窟壁画",检出 53 个结果。在 Google 搜索引擎中,检索词"敦煌艺术"可检出 10 200 000 项相符的结果;检索词"莫高窟壁画"可检出 1 640 000 项相符的结果。

二、家居空间设计

1. 课题检索的目的与要求

(1) 课题检索的目的

了解网络上优秀的居住空间设计作品、设计理念。

第10章 信息检索技巧

(2)检索要求

文献类型：图片、视频、论文、专著。语种：中文、英文、日文。

(3)主题概念

家居设计、空间设计。

(4)学科专业范围

艺术设计学、建筑学。

2. 检索词

家居、空间、设计 Home Furnishing、space、Design。

3. 检索工具、检索式及检索实施

(1)搜索引擎

本课题需检索大量家居设计的图片、影像资料、文字资料信息，可考虑使用专业的图像搜索引擎和通用搜索引擎的图像文档进行检索。

1)AltaVista 图像搜索引擎（http://www.altavista.com/）

AltaVista 支持简单检索和高级检索。简单检索只要输入检索词单击 search，然后选择 images 即可，高级检索是对检索词限制，构造恰当的表达式进行检索。

① 图片检索

检索途径：主题检索。

检索词：Home Furnishing。

检索过程：单击 Images 进入图片搜索的页面，在检索框中分别输入"Home Furnishing"，单击 search 按钮。

检索结果：图片 396 张。

② 视频检索

检索途径：主题途径。

检索词：Home Furnishing。

检索过程：单击"Video"进入视频搜索页面，输入检索词"Home Furnishing"进行检索。

检索结果：检出 26 条相关记录，结果包括 MPEG、Avi、Quicktime、Windows Media、Real 等格式的视频资料。

如果想只查找 Avi 格式的视频，可以把其他选项前的"√"去掉，也可以使用检索式"Home Furnishing:avi"进行检索。Duration 选项是对视频时间的限制，可以选择不限制、大于 1 分钟或小于 1 分钟 3 种限制。

2)Baidu 图片搜索（http://image.baidu.com/）

Baidu 图片搜索引擎是世界上最大的中文图片搜索引擎，具有新闻性、实时性、更新快等特点。

检索途径：主题途径。

检索式："家居＋空间＋设计"。

检索过程：①进入 Baidu 检索界面，选择"网页"，在检索框中输入检索式"家居＋空间＋设计"检出 13 200 000 个相关网页；②选择"图片"，在检索框中分别输入检索词"家居"、"家居空间"、"家饰"进行检索，分别检出约 54 800 000 张、5 020 000 张和 1 150 000 张家居、家居空间和家饰的图片。

3）Google 的免费图片管理工具 Picasa

4）Ditto　http://ditto-cp.sourceforge.net/

5）TinEye　http://www.tineye.com/

6）VAST　http://www.vastchina.cn/

7）Webshots　http://www.webshots.com/

（2）论坛搜索

相对于一般的设计网站来说，论坛更易汇聚大批的设计高手，发表自己的作品、对其他作品的评价，还有技术细节上的阐述，以及展示个人所设计的作品。

以论坛搜索引擎"奇虎·论坛社区搜索（http://www.qihoo.com/bbs/index.html? kw＝）为工具进行检索。"奇虎·论坛社区搜索"收录论坛数量多，索引范围广。其主页非常简单，如图 10-9 所示，有"帖子"和"贴图"两种检索方式。

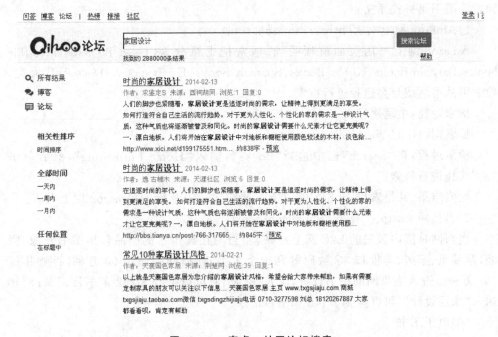

图 10-9　奇虎·社区论坛搜索

检索途径：主题途径。

检索词："家居设计"。

检索过程：单击论坛，在检索框中输入"家居设计"进行检索。

检索结果：可检出 2 880 000 条结果。在记录右侧，是相关搜索栏，列出了与"家居设计"意义相近的检索项。

(3)网络资源导航系统

Baidu 上网导航。

Baidu 的上网导航列出了最热门的各类网站,单击其中的"房产"类后面的"家居装修",便得到 26 个家居装修的网站。进入这些网站,则可以查找到关于家居装修的设计理念、技术阐述、作品展示等大量资料。

(4)全文数据库

1)中国知网(CNKI 数据库)

检索途径:主题途径。

检索式:家居 and 空间 and 设计。

检索结果:检出 1 875 篇关于家居空间设计的学术论文。

2)维普期刊资源整合服务平台

3)中国优秀博硕士学位论文全文数据库

(5)书目数据库

通过书目数据库进行检索,可以检索出与课题相关的书目线索,根据这些线索再到相关图书馆查找原文。

1)Amazon 网上书店(http://amazon.com)

Amazon 网上书店页面清晰明确,通常把书籍分为:Used Books、Collectible books、Bargain Books、Kid's Books、Spanish Books、E-books & Docs 等几大类。检索可从主题或分类途径进行检索。

检索途径:主题途径。

检索词:Home Furnishing。

检索过程:在"Search"框中选择"Books",输入"Home Furnishing",然后单击"go"按钮进行检索。

检索结果:共检索出 19 841 条记录。如图 10-10 所示的 Amazon 网上书店。

2)当当网 (http://www.dangdang.com)

当当网是国内领先的 B2C 网上商城,当当网在线销售的商品包括图书音像、服装、孕婴童、家居、美妆和 3C 数码等几十个大类,在库图书超过 90 万种,百货超过 105 万种。进入当当网的图书首页,输入"家居"便可以搜到 8 282 条书目记录;同样输入"家居设计",可以搜到 1 143 条书目记录。

(6)电子图书

读秀中文学术搜索(http://www.duxiu.com)。

检索途径:书名。

检索词:家居空间设计;home furnishing space design。

检索过程:进入读秀主页,选择图书频道,输入"家居空间设计""home furnishing space design"单击"中文搜索"、"外文搜索"。

第10章 信息检索技巧

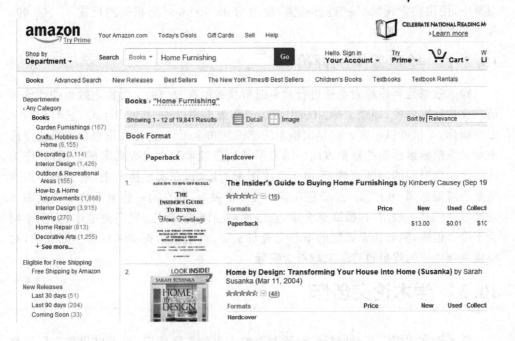

图 10-10　Amazon 网上书店

检索结果：分别检出相关中文图书 36 种，外文图书 6 种。

4. 检索策略调整

(1) 使用截词检索，扩大检索词的范围。

例如，利用 amazon 网上书店检索时，考虑到英语单词有单复数和时态的变化，词义有同义词、近义词，为避免漏检，应将单词可能出现的这些变化在检索式中用截词符表示，即检索时用"Home Furnishing?"进行检索，截词之后的检索结果远大于"Home Furnishing"的检索结果。

(2) 多搜索引擎、多库检索。

据有关资料介绍，目前国外大型搜索引擎在 Web 上仅能收录覆盖 1/3 的 Web 页面，因此，对于要求较高查全率的家居信息检索，当一个搜索引擎或一个数据库检索不能找到满意的匹配内容时，应尽可能使用多个搜索引擎或多个数据库进行检索，然后在各个搜索引擎或数据库的结果中综合出最适合的内容，这样能够检索到更为全面的家居空间设计信息。

(3) 使用"inurl:"等高级语法进行检索，进一步限定检索范围。

使用方式："inurl:"后跟需要在 url 中出现的关键词。即：inurl:关键词。

例如，在 baidu 搜索引擎中，输入检索式"inurl:home furnishing"，检出 32 700 个。

(4) 使用近义词检索，扩大检索范围。

家居的近义词主要有家装、家饰。可利用近义词进行检索，例如，在 Google 搜索引擎中,使用检索词"家装"进行检索,检出约 98 900 000 条相关网页或 37 100 000 张相关图片。

10.2.2 检索效果的评价

检索效果是利用检索系统进行检索时所获得的有效结果。对检索效果的评价目前主要指标有两项,即查全率(Recall Ratio)和查准率(precision Ratio),它们是两个定量指标,不仅可以用来评价每次检索的准确性和全面性,也是在信息检索系统评价中衡量系统检索性能的重要方面。随着网络信息检索和大量数据库的运用,还应关注一个响应时间的问题。然而,由于许多因素的影响,在实际检索中,查全率和查准率是不可能达到 100% 的,二者存在着一种互逆关系,即在同一检索系统中查全率和查准率达到某一程度后,提高查全率,查准率则会降低;反之,提高查准率,查全率则会下降。但是,随着检索系统的不断完善与发展,查全率和查准率也将不断完善,对检索系统效果的评价也将越来越符合实际。

10.3 学术论文创作

学术论文的创作是对创新活动所取得的成果的重要体现,也可以说是人们信息检索与利用及相关实践的重要成果之一。论文的创作,实际上集中地体现了一个人的科学研究、理论知识、写作水平、信息素质等多方面的能力和水准。而论文的创作必须遵循一定的规范与约定,必须符合国家的相关法律法规的要求。本章将着重对学术论文撰写规范的相关要求及规则进行介绍。

10.3.1 学术论文选题原则

一、什么是学术论文

学术论文是对某学科领域中的问题进行研究与探讨,运用概念、判断、推理等方式对客观事物进行分析、论证,以表明作者的观点与主张,表述科学成果的文章。国家标准《科学技术报告、学位论文和学术论文的编写格式》(GB7713—87)中对它的解释是:某一学术课题在实验性、理论性或观测性上具有新的科研成果或创新见解和知识的科学记录;或是某种已知原理应用于实际中取得新的进展的科学总结。用以提供学术会议上宣读、交流或讨论;或在学术刊物上发表;或作其他用途的书面文件。

二、学术论文撰写目的

学术论文的撰写目的一是在于及时总结研究活动的成果,二是体现作者的研究与认识水平,三是促进学术思想的交流与繁荣、促进先进技术或经验的推广应用。

三、学术论文的选题原则

选题是学术研究和学术论文撰写最关键的问题,实践证明,好的选题可以产生新的视角、产生新的科研成果,甚至可以填补某一学术领域的空白。爱因斯坦说:"提出一个问题往往比解决一个问题重要,因为解决问题也许仅是一个数学上或实验上的技能而已。而提出新的问题、新的可能性,从新的角度去看旧的问题,却需要有创造性想象力,而且标明科学的真正进步。"选题是学术论文写作的开始,也是选择和确定研究课题、研究方向的过程,是课题研究和论文写作极为重要的一步。一般来讲,选题应该坚持以下几个原则:

1. 理论性

学术论文的创作需要科学理论的指导和辩证唯物的分析论证,摒弃局部的、表面的、主观的印象,由浅入深、去粗取精、由此及彼、由表及里,逐步达到全面、本质的认识客观事物,进而上升为一种理论。只有这种理论对研究对象才具有高度的概括性、确定性和论证力量,才能正确地指导实践。

2. 创新性

(1)论文的观点、题目、内容、论证方法不是已知理论或事实的重复,而是在此基础上的创新。

(2)以新的材料、视角及研究方法对已有课题进行论证,提炼新的观点及看法。

(3)对已有的观点、材料、研究方法提出质疑,即使没有形成新的观点,但能起到启发人们重新思考问题的作用。

3. 适用性

所谓适用性,一是指选题应该有现实价值,二是指选题要有学术价值。科学研究的最终目的,归根结底是满足社会需要。有的论文题目,表面看来现实意义不大,或者没有直接的实际研究价值,但用发展的眼光看,能够表示某种趋势,甚至在未来的某个时期会产生出它不可估量的作用。

4. 可行性

所谓可行性,是指对论题的研究是否具有实际的可操作性。即充分考虑论题研究的难易程度、工作量多少、完成时间以及承担者的实际工作能力等因素。

从主观条件的影响因素来看,选题必须符合自身所具备的客观条件,通过主观努力能够完成,具体结合自身的知识、能力、专长、兴趣等因素。选题的方向、大小、难易都应与自己的知识积累、分析问题和解决问题的能力、写作经验相适应。应当尽可能考虑自己的特长和兴趣,选择那些能发挥自己的专长、学有所得、学有所感的题材。

从客观条件的影响因素来看,选题时还应考虑资料、设备、时间、经费以及科学上的可行性。比如是否有充足的资料、必备的实验条件、指导教师、时间及经费等客观条件。

四、学术论文选题应注意的问题

由于研究对象自身的差异、研究领域发展状态的不同,及作者的知识背景、研究能力、文化积淀等方面的不同,学术论文选题时,一定要从实际出发,避免出现以下问题。

1. 选题过大。如撰写学位论文,须在大四上学期内完成,研究时间和写作仅有一学期。本科学位论文一般要求一万字左右。如所选题目过大,将在规定的时间内难以完成,并且给写作带来较大难度。

2. 选题过难。选择的题目难度过大,会受到自身能力及客观条件的限制,如时间、精力和资料等因素,难以写出质量较高的论文。

3. 选题过旧。选题过旧缺乏新颖性和实用性,影响到课题的研究价值和现实意义。

4. 选题过虚。选题要结合实际,应优先选择具有实际应用价值的课题。

10.3.2 学术论文类型及特点

一、学术论文类型

学术论文的类型学术论文也称科学论文、科研论文或研究论文。从不同角度可以将其划分成多种类型。

(1)按写作目的和社会功能划分。学术论文按照写作目的和社会功能不同可划分为专题研究论文、学位论文和研究报告 3 种类型。

1)专题研究论文。专题研究论文是各学科领域中专业人员对自己所从事的领域进行科学研究而撰写的专业论文。它可以发表在各种专业刊物或报纸上,也可用来提供各种学术会议上宣读、交流或讨论。这类论文要求探索各学科领域中的新课题,反映各学科领域中的最新学术水平。

2)学位论文。学位论文是高等院校或科研机构的学生(包括本科生、硕士生和博士生)毕业时为申请学位而提交的学术论文,即提出申请授予相应学位时供评审用的学术论文,也叫毕业论文。学位论文分学士论文、硕士论文和博士论文三级。

①学士论文。学士论文是本科毕业生为取得学士学位撰写的论文。它应当体现作者已经准确地掌握大学本科阶段所学的基础理论,专业知识及基本技能,学会综合运用所学知识进行科学研究的方法,并具有从事科学研究工作或负担专门技术工作的初步能力。

②硕士论文。这是攻读硕士学位研究生所撰写的论文。它应能表明作者确已在本门学科上掌握了坚实的基础理论和系统的专门知识,并对所研究课题有新的见解,有从事科学研究工作或独立负担专门技术工作的能力。

③博士论文。这是攻读博士学位研究生所撰写的论文。它表明作者确实已在本门学科上掌握了坚实而宽广的基础理论和系统深入的专门知识,并具有独立从事科学研究工作的能力,在科学或专门技术上做出了专门性的成果。

3)研究报告。研究报告是科学技术工作者用来描述研究过程、报告研究成果的论文。它主要是提供给各级科研管理部门,作为科研验收、成果鉴定和申报奖项的主要材料;还可以作为学术论文公开发表在学术期刊上;有些大型研究报告还可编辑出版学术专著。研究报告不同于简单的实验报告，它有理论阐述，也有实践的描述。内容大多是报告人科学实践的总结。

(2) 按照形式和研究层次划分。学术论文按照形式和研究层次可划分为纯理论性学术论文、应用性学术论文和综述性学术论文 3 类。

① 纯理论性学术论文。纯理论性学术论文是指在社会科学和自然科学基础理论方面，研究社会及自然的现象和行为所获得的具有系统性、规律性的认识成果，其目的是帮助人们认识社会和自然，揭示社会和自然界的发展、变化规律，探索客观事物的本质及特征等，这样的学术论文能建立起一种理论体系。其研究方法主要是理论证明、数学推导和综合考察等。

② 应用性学术论文。应用性学术论文是指能够直接应用于社会生活和生产实践中去的科学研究成果的文字形式。它的特点是具有明确的目的性和针对性，一般都是就实践中存在的问题开题的，所以这种学术论文的社会和经济效益都比较明显，而且它本身具有理论和实践的直接结合性。所谓开发性研究就属于这一类。

③ 综述性学术论文。综述性学术论文是指就某一时间内，作者针对某一专题大量原始研究论文中的数据、资料和主要观点进行归纳整理、分析提炼而写成的论文。综述属三次文献，专题性强，具有一定的深度和时间性，能反映出这一专题的历史背景、研究现状和发展趋势，具有较高的学术价值。撰写综述也是再创造性研究。阅读综述，可在较短时间内了解该专题的最新研究动态，可以了解若干篇有关该专题的原始研究论文。国内外大多数期刊都辟有综述栏目。

二、学术论文的特点

(1) 学术性。学术性是指研究、探讨的内容具有专门性和系统性，即是以科学领域里某一专业性问题或学术问题作为研究对象。从内容上看，学术论文更是具有明显的专业性。学术论文是作者运用他们系统的专业知识，去论证或解决专业性学术问题；从语言表达上看，学术论文是运用专业术语和专业性图表符号表达内容的，需要把学术问题表达得简洁、准确、规范。

(2) 科学性。科学性是学术论文的生命和价值所在，目的在于揭示事物发展的客观规律、探求客观真理、促进科学的繁荣和发展。科学性是指研究、探讨的内容准确、思维严密、推理合乎逻辑。学术论文要做到科学性，首先是研究态度的科学性，需要老老实实、实事求是的态度。我们要以严肃的态度、严谨的学风、严密的方法开展学术研究。

(3) 创新性。科学研究是对新知识的探求。如果科学研究只作继承，没有创造，那么人类社会就不会前进。人类历史是不断发现、不断发明、不断创新的历史。一个民族如果没有创新精神，这个民族就要衰亡。同样，一篇论文如果没有创新之处，它就毫无价值可言。

10.3.3　文献综述与开题报告

一、文献综述及其撰写要求

文献综述是学位论文的重要组成部分,毕业环节阶段每个同学都要撰写的一篇文献综述。同时,文献综述也可以单独作为论文投稿发表在各种学术刊物之上。

1. 文献综述的特点

文献综述是对将要开展的研究课题或建设项目的历史背景、国内外现有研究成果或技术成就及其特点、发展趋势,进行比较全面系统的文献收集、分析、研究后,归纳、整理、总结出的专题调研报告(论文)。

(1)语言概括。对原文中的各类理论、观点、方法的叙述不是简单地重复,而是在理解原文的基础上,用简洁、精练的语言将其高度概括。

(2)信息浓缩。综述集中反映一定时期内一批文献的内容,浓缩大量信息。一篇综述可以反映几十至上百篇的原始文献。

(3)评述客观。综述表达要持客观态度,应客观、如实地反映原文献的内容,进行客观分析、评价,而非出于个人的喜好、倾向、感情等因素。综述者应将有关资料的观点、依据事实及得出结论等,巧妙地贯穿在一起,融合为一体,以说明专题的动态及发展趋势等。

(4)标题醒目。综述性论文的题目应能直接反映主题,题目中包含"综述"、"述评"、"评述"、"进展"、"研究动态",或是"现状、趋势和对策"、"分析与思考"等文字的文章,常常是文献综述。

通常情况下,读者在阅读综述性论文后,能够对文章所论述的主题内容有比较系统的了解,对相关课题的国内外研究背景、发展现状及未来趋势有比较全面的把握。

2. 文献综述的内容与结构

不同学科、不同课题及不同作者撰写的文献综述有不同的侧重和不同范式,但由于综述性论文的特点,一般而言其内容可以包含:

(1)课题的研究意义。着重说明相关活动的重要性及对解决实际问题的作用所在。

(2)研究背景和发展脉络。简要介绍相关活动的研究起因和简单过程。

(3)目前的研究水平、存在问题及可能的原因。重点介绍已经取得的研究成果与存在的问题。

(4)作者的见解——客观总结课题未来的研究、发展方向及趋势。通过上述文献调研的结果分析、总结,客观地提出未来研究的重点、解决问题的思路。

文献综述的结构,一般应当由前言、正文、结语和参考文献构成,每一部分都有独特的写作要求和方法。

前言——说明撰写本综述的原因、目的、意义、学术背景、目前状况、争论焦点、编写过程，介绍搜集资料的范围等，使读者对综述有一个轮廓性的了解。前言要写得简明扼要，重点突出，字数以100~200为宜。

正文——这是综述的主体，叙述某一时期某一学科领域的现状、水平和成就。依次综述各个问题，列举出各种观点、理论、方法、数据，并对每一项内容提出自己的看法和评价；列举历年来的成果、数据；进行数据分析，构建模型，进行推演和论证。正文在写作技法上，写法多样，没有固定的格式，可按事物发展的先后顺序层层叠进；或按课题所含的几个方面（主题）分路挺进；或按不同的观点进行比较综述，不管用哪一种格式，都应在全面系统地搜集资料的基础上做出客观公正的反映；应层次分明，条理清楚；语言简练，详略得当。

结语——对前面论述的内容作一个总结，或是提出自己的取舍褒贬，指出存在的问题及解决问题的方法和所需的条件；或是提出预测及今后的发展方向。还可提出展望和希望。结语的作用是突出重点，结束整篇文献。字数以100~200为宜。

参考文献——列出综述引用和参考的文献。应当详细列举并注明篇目、著者、出处等。参考文献著录不仅表示对被引用文献作者的尊重及引用文献的依据，而且为读者深入探讨有关问题提供了文献查找线索。

3. 文献综述撰写应注意的问题

(1)文献综述要能全面、客观反映相关课题及研究方向的背景、现状及趋势，而不是对于作者本人研究内容及成果的展示或阐述。

(2)搜集文献应尽量全面，而引用文献要注意其代表性、可靠性和科学性。在搜集到的文献中可能出现观点雷同，有的文献在可靠性及科学性方面存在着差异，因此在引用文献时应注意选用代表性、可靠性和科学性较好的文献。

(3)文献综述的"综"要围绕毕业论文主题将与研究课题有关的理论和学派观点作比较分析，不要简单汇总或大量地罗列堆砌。"述"是在综的基础上根据自己的毕业论文来综合与评估，是引出进一步研究的必要性和理论价值，自己的观点独特的见解。文献综述切勿"综"而不"述"。

(4)引用文献要忠实文献内容。由于文献综述有作者自己的评论分析，因此在撰写时应分清作者的观点和文献的内容，评述（特别是批评前人不足时）要引用原作者的原文（防止对原作者论点的误解），每篇论文不可断章取义，更不能误解或曲解；不能从二手材料来判定原作者的"错误"，否则便会偏离事物的本质。不能篡改文献的内容，也不要贬低别人抬高自己。

(5)文献综述在逻辑上要合理，可以按文献与毕业论文主题的关系由远而近进行综述，也可以按年代顺序综述，也可按不同的问题进行综述，还可按不同的观点进行比较综述。

(6)所有提到的参考文献都应和所涉及的毕业论文（设计）研究问题直接相关。主要参考文献不能省略，尤其是文中引用过的参考文献绝对不能省略著录。文献中的观点和内容应注明来源，模型、图表、数据应注明出处，不要含糊不清。

二、开题报告及其撰写要求

开题报告是毕业论文或毕业设计过程中的重要环节,是作者为阐述、证明其即将开展的活动的科学性、合理性、可行性而做的专题书面报告。

1. 开题报告的特点

(1) 计划性

开题报告是学生进行课题研究的施工"蓝图",学生通过撰写开题报告把自己的对某一课题的研究方向、准备情况、认知程度和预期达到的目标做出明确的表述,可以使自己的选题更准确、恰当。

(2) 修正性

开题报告还可以作为修正课题的依据,它通过对课题的论证,教师与学生的评议,广泛听取意见,可以随时发现不当之处,在修改时就有了可靠的依据。

(3) 学术性

开题报告都是对研究工作的科学记录,主要阐述科学领域中的问题,记录了科学事实,注重科学性、学术性和专业性。

2. 开题报告撰写要求

(1) 选题的目的与意义

开题报告需要明确的论述所要研究的内容,同时要表述研究问题的历史背景、国内外研究现状和发展趋势,并由存在的问题引出所要研究的主要目的、意义及研究价值。历史背景是说明所研究的问题前人有无研究及研究成果;国内外研究现状是所研究问题在国内外的研究状况,介绍各种观点、流派,说明存在的争议焦点,同时阐明自己的观点;发展趋势是说明所研究问题存在的问题及未来发展趋势,以此指明论文的研究方向。开题报告的这部分实际上是在文献综述的基础上回答论文立论依据,说明选题的目的和意义、研究价值,展示自己对课题研究的了解和把握程度。

(2) 研究的主要内容

开题报告中的研究内容是概括性的论述,但必须是清晰的,以便让指导教师了解选题与研究内容是否相符,有无价值。研究内容不能过于笼统、模糊,更不能将研究目的、意义当作内容,否则将导致研究无法顺利开展。

(3) 拟解决的关键问题

对在研究过程中可能遇到的主要困难、问题要进行预判,并采取可行的解决办法及措施。

(4) 研究方法与技术路线

研究方法部分目的是具体说明如何解决所提出的问题,从而使人们相信拟进行的研究是可行的。由于选题的不同,研究问题目的和要求不同,研究方法往往各异。在开题报告中,要说明自己准备采用的研究方法及技术路线。如调研方法采用的方法有抽样法、概率法、问卷法;实验方法常有定性实验、定量实验、析因实验、对照实验、中间实验和模拟实验之分；论文研究方法有逻辑推理分析法、实证分析法和比较分析法等。通常情况下，在文献综述的基础上，对研究的相关方法进行评价，并就自己所选择的方法进行论述，重点说明选择研究方法的必要性。

(5) 研究步骤及进度安排

研究步骤及进度是指整个研究在时间及顺序上的安排。在开题报告中要说明内容与时间的分段。如：材料收集、实地调研、初稿写作、论文修改各需要多少时间。对每一阶段的起止时间、相应的研究内容及成果均要有明确的规定，阶段之间不能间断以保证研究进程的连续性。对指导教师在任务书中规定的时间，学生在开题报告中应给予响应，并最后得到批准。在时间安排上，学生应充分考虑各研究阶段工作的难易程度，合理安排研究进度。

(6) 预期目标

预期目标是在研究问题的论证和合理研究方法的基础上产生的自然结果。要说明论文所要达到的具体目标或要取得的具体成果，通常要突出研究问题与同类其他研究的不同之处，强调结果在实际、理论和政策方面的意义。虽然，本科学生毕业（设计）论文没有原创性要求，但经过认真思考、研究的毕业（设计）论文，应或多或少地具有一定的启示意义。应根据研究的具体情况，对是否具有这些方面的意义做出说明。在陈述这部分时，应注意不要有意渲染、刻意夸大研究结果的重要性。同时要考虑到预期目标和最终结果可能出现的偏差，以便做出其他解释。

(7) 已经具备的基础条件

对前期开展研究的准备工作进行客观的介绍，以说明开展课题的保障条件，包括已有的硬件条件和软件条件(硬件条件是开展课题所需要的实验设备，分析测试仪器等；软件主要是申请开题者自身具有的条件，比如具备哪些知识、积累了哪些实践经验、曾经做过什么项目并取得到什么成果等)。

10.3.4　学术论文编写格式

"科学技术报告、学位论文和学术论文的编写格式"(GB7713—87)是论文的撰写规范与要求的国家标准，制定和执行该标准的目的在于方便和促进信息用户及信息系统对信息进行的收集、存储、处理、加工、检索、利用、交流和传播。

一、学术论文的结构及组成部分

学术论文由于其内容的千差万别，其构成的形式也是多种多样。然而，国家标准"科学技术报告、学位论文和学术论文的编写格式"(GB7713—87)中，对各种形式的学术论文的基本格式做出了明确规定。根据国家标准，学术论文必须有前置部分和主题部分。当有需要的时候还可以有附录部分。

1. 论文前置部分

论文前置部分主要包括论文的标题、作者、作者单位及联系方式、文摘及关键词。

第10章　信息检索技巧

标题(题名)——顾名思义即是一篇论文的题目。它应当是以最恰当、最简明的词语反映论文所特定的重要内容的逻辑组合。在选取篇名用词时必须考虑有助于文章关键词的选定及编制题录、索引、文摘时可供检索的实用信息的体现;标题的长度不宜超过20个字;标题中应当避免使用缩略语、代号及公式等。也就是说文章的标题不但要很准确地反映文章的主题,同时要有利于读者的识别与判断,有利于其被充分利用。

论文的标题包括正标题、副标题、小标题。论文的标题包括正标题、副标题、小标题。

(1) 正标题

正标题是文章内容的体现,正标题位于首页居中位置。常见的类型如下:

① 提问隐含型。这类标题用设问句的形式,隐去要回答的内容,实际上作者的观点是十分明确的。这种形式的标题蕴含着论辩的因素,容易引起读者的注意。

② 中心表述型。这类标题是论文中心内容的高度概括。

③ 范围限定型。这类标题将全文内容予以限定,研究对象是具体的、狭窄的,但是引申的思想又必须有很强的概括性和较宽的适应性。这种从小处着眼、大处着手的标题,便于科学思维和科学研究的拓展。

④ 判断确定型。这类标题是用判断语言,或者结论性语言表达文章的中心论点。

(2) 副标题

在论文的写作过程中,为了点明论文的研究对象、内容及目的,对总标题加以补充解说时常常需要副标题,特别是一些商榷性的论文都有一个副标题。例如《漫画的中国味——创作具有中国特色的漫画》、《编剧与导演的合作——论创作中编导间的关系》。此外,为了强调论文所研究的某个侧重面,也可以用副标题。例如《现代剪纸形式在品牌设计中的运用——老张光阴咖啡馆品牌形象提升作品阐述》、《简论美国人文精神在房地产品牌提升中的应用——布朗尼小镇别墅区品牌设计与提升》。

(3) 小标题

小标题的设置主要是为了清晰地显示文章层次。有的小标题是用文字将一个层次的中心内容高度概括;有的小标题是直接用数码,仅标明一、二、三等顺序,起承上启下的作用。值得注意的是,无论采取哪种形式,都要紧扣所属层次以及上下文的内容。

总之,设置标题时要遵循以下3点要求:一要明确。要能够揭示论题范围或论点,使人看了标题便知道文章的大体轮廓、所论述的主要内容以及作者的写作意图。二要简练。要用言简意赅的语言做标题,过长的标题容易使人产生累赘、烦琐的感觉,得不到鲜明的印象,从而影响对论文的总体评价。标题也应避免采用生造的或非常用的词,以免让人觉得有哗众取宠之意。三要新颖。标题和文章的内容、形式一样,应有自己的独到之处。做到不落窠臼,使人赏心悦目,从而激起读者的阅读兴趣。

作者——论文的创作者。可以是个人,也可以是团体;可以是一位(独立创作),

也可以是多位(合作完成)。学术论文的作者一般以真名实姓出现;合作者按完成任务时承担内容的主次、轻重排序,主要作者排在前面。

作者单位及联系方式——指的是作者供职的组织及其邮政编码、作者个人的电子邮件地址等信息。这些信息的给出,不但有利于信息用户从团体作者角度检索文献,更重要的是为有共同关心的课题(项目)的读者与论文作者之间建立合作与交流的联系方式。

文摘——对论文内容的概括性总结,也是论文内容的浓缩。编写摘要的主要目的是为了让读者了解论文的主旨大意,一般应该采用第三人称的口吻来编写。

摘要分为报道性摘要和提示性摘要。报道性摘要主要介绍研究的主要方法与成果以及成果分析等,对文章内容的提示比较全面;提示性摘要,只简要地叙述研究的成果(数据、看法、意见、结论等),对研究手段、方法、过程等均不涉及。在国家标准《文摘编写规则》(GB 6446—86)中,对编写文摘时需要注意的事项归纳为如下 8 个方面:

① 要客观、如实地反映论文的原意。要着重反映新内容和作者特别强调的观点。

② 不得简单重复题名中已有的信息。要排除在本学科领域已成常识的内容。

③ 结构严谨、表达简明、语义确切,一般不分段落,应采用国家颁布的法定计量单位。

④ 书写要合乎语法,保持上下文的逻辑关系。

⑤ 要用第三人称的写法。应采用"对……进行了研究"、"报告了……现状"、"进行了……调查"等记述方法标明一次文献的性质和文献主题,不必使用"本文"、"作者"等作为主语。

⑥ 除非该文献证实或否定了他人已出版的著作,否则不用引文。

⑦ 要采用规范化的名词术语(包括地名、机构名和人名);尚未规范化的词,以使用一次文献所采用者为原则。新术语或尚无合适汉文术语的,可用原文或译出后加括号注明原文。要注意正确使用简化字和标点符号。

⑧ 需要时,商品名应加注学名;缩略语、略称、代号,除了相邻专业的读者也能清楚理解的以外,在首次出现处必须加以说明。

关键词——这是作者为表达论文主题概念、适应计算机自动检索需要,从论文中选取的能够反映文献特征内容的规范性单词或术语(又称叙词或主题词)。

按《科学技术报告、学位论文和学术论文的编写格式》(GB 7713—87)规定:每篇论文应选取 3~8 个词作为关键词,以显著的字符另起一行,排在摘要的下方。如有可能,尽量用《汉语主题词表》等词表中提供的规范词。

中图分类号——这是指采用《中国图书馆图书分类法》对论文进行主题分析,依照其学科属性和特征,给每一篇论文赋予的学科属性代号。目前我国的一些大型文献数据库《中国科学引文数据库》、《中国学术期刊综合评价数据库》、《中国期刊网》等都要求对每一篇学术论文按《中国图书馆图书分类法》标注中图分类号。

《中国图书馆图书分类法》共分5个基本部类、22个大类。采用汉语拼音字母与阿拉伯数字相结合的混合号码，用一个字母代表一个大类，以字母顺序反映大类的次序，在字母后用数字作标记。为适应工业技术发展及该类文献的分类，工业技术二级类目采用了双字母。对于一般的作者而言，要想通过不长的时间学习和了解《中国图书馆图书分类法》，进而掌握这部大型工具书的使用是不现实的。通过使用《中国分类主题词表》能帮助作者既快又准地选取相应的分类号。具体做法是利用该词表中"主题词——分类号对应表"部分，从主题词入手，及时、便捷地查到分类号。

另外，也可通过查找数据库中类似主题的论文，了解其中图书分类号，经过分析、比较，选定自己论文分类号也不失为一种简单易用的选号方法。具体步骤是：通过《中国科技期刊数据库》、《中国期刊网》检索与作者即将投稿的论文主题相类似或相接近的主题词，了解相关文献的分类号并推及自己论文的分类号。

文献标识码——是用于标识文献正文内容类型的代码。这是《中国期刊网》按照《中国学术期刊(光盘版)检索与评价数据规范》规定，对其所收录的每篇文章或资料所规定的文献类型代码。目的在于便于文献的统计和期刊评价，确定文献的检索范围，提高检索结果的适用性。它们分别是：

A——理论与应用研究学术论文(包括综述报告)；

B——实用性技术成果报告(科技)、理论学习与社会实践总结(社科)；

C——业务指导与技术管理性文章(包括领导讲话、特约评论等)；

D——一般动态性信息(通信、报道、会议活动、专访等)；

E——文件、资料(包括历史资料、统计资料、机构、人物、书刊、知识介绍等)。

不属于上述各类型的文章以及文摘、零讯、补白、广告、启事等不要求加注文献标识码。

2. 论文的主体部分

论文的主体部分主要包括：前言(引言)、正文、参考文献及致谢。

前言——即论文的起始部分，也称为引言，内容复杂篇幅长的论文，称"绪论"。调查报告还可以交代背景，说明调查方法。这部分内容具有"提纲挈领"的作用，意在概括与引领全文，文字则应简练与高度概括。如在正文里，不用写"前言"二字，一般写1个段落，也有写2个、3个甚至4个段落。写完后，在转入本论时，中间最好空白1行。

正文部分是论文的核心所在，将占据论文的主要篇幅。正文中可以包括：调查对象、实验和观测方法(观测结果)、仪器设备、材料原料、计算方法和编程原理、数据资料、经过加工处理的图表、形成的论点和导出的结论等。需要说明的是由于研究工作涉及的学科、选题、研究方法、工作进程、结果表达方式等存在很大差异，对正文的内容不能规定得千篇一律。但实事求是、客观真实、准确完备、合乎逻辑、层次分明、简练可读是对任何一篇学术论文的起码要求。

结论，集中反映作者的研究成果，表达作者对所研究课题的见解和主张，是全文的思想精髓，是全文的思想体现，一般写得概括、篇幅较短。

结论的主要内容：

① 结论是对整个研究工作进行归纳和综合而得出的总结；

② 所得结果与已有结果的比较；

③ 联系实际结果，指出它的学术意义或应用价值和在实际中推广应用的可能性；

④ 在本课题研究中尚存在的问题，对进一步开展研究的见解与建议。

撰写时应注意下列事项：

① 结论要简单、明确，在措辞上应严密，而又容易被人领会；

② 结论应反映个人的研究工作，属于前人和他人已有过的结论可少提；

③ 要实事求是地介绍自己研究的结果，切忌言过其实，在无充分把握时，应留有余地。

由于研究工作存在复杂性、长期性，如果一篇论文不可能导出结论，也可以没有结论而进行必要的讨论。在结论或讨论中作者可以提出建议、研究设想、仪器设备改进意见、尚待解决的问题等。结论部分的写作，要求措辞严谨，逻辑严密，文字具体。

参考文献是为撰写或编辑论文和著作而引用的有关文献信息资源，它是学术论文不可缺少的一个组成部分。参考文献是对前人成果继承的一个反映，尊重他人的著作权的标志；是真实地反映论文中某些论点、数据、资料来龙去脉的依据；是向读者准确地提供检索信息资源的线索，也是鉴定和确认论文研究成果的重要依据。

关于参考文献的采用和著录规范国家有专门的标准《文后参考文献著录规则》(GB 7713—2005)必须引起论文作者的高度重视并严格执行，我们将在 8.3.5 节专门予以讲述。

致谢是作者对他认为在论文过程中特别需要感谢的组织或者个人表示谢意的内容。一般应当致谢的单位及个人有：资助研究工作的国家（或省、市）科学基金、资助研究工作的奖励基金、资助或支持开展研究的企业、组织或个人、协助完成研究工作和提供便利条件的组织或个人（包括在研究工作中提出建议和提供帮助的人；给予转载和引用权的资料、图片、文献的提供者；研究思想和设想的所有者；以及其他应感谢的组织或个人）。注意致谢内容要适度、客观，用词应谦虚诚恳、实事求是，切忌浮夸和庸俗及其他不适当的词句。致谢应与正文连续编页码。

3. 附 录

国家标准《科学技术报告、学位论文和学术论文的编写格式》(GB 7713—87)中规定：附录是对论文主体的补充项目，并非每篇论文必须记录的内容。

上述标准对附录内容的规定目的是：①为保持论文的完整性，但编入正文后有损于正文的条理性、逻辑性的材料，如比正文更为详尽的信息、研究方法和技术更深入的叙述以及对了解正文内容有帮助的其他有用信息；②篇幅过大或取材于复制品而

第10章　信息检索技巧

不便于编入正文的材料及一些不便于编入正文的罕见珍贵资料；③对一般读者并非必要阅读，但对本专业同行有参考价值的资料；④某些重要的原始数据、数学推导、计算程序、框图、结构图、注释、统计表、计算机打印输出件等。GB 7713—87 对附录部分的记录形式及要求还做出了具体规定。

二、论文的用纸要求及章节编号规范

论文稿宜用 A4(210 mm×296 mm)标准大小的白纸，以便阅读和作相关处理。同时要求稿纸的四周留足空白边缘，便于装订、复制及读者批注。每一面的上方(天头)和左侧应当分别留出 25mm 以上；下方(地脚)和右侧(切口)应当分别留出 20mm 以上。

标题层次根据 GB1.1—87《标准化工作导则标准编写的基本规定》，标题层次采用阿拉伯数字连续编码。

论文的章节编号需要按照《标准化工作导则标准编写的基本规定》(GB1.1—87)有关规定，采用阿拉伯数字分级编号；不同层次的 2 个数字之间用下圆点"."分隔开，末位数字后面不加标点符号，如"1"、"1.2"、"3.5.1"等；各层次的标题序号均左顶格排写，最后一个序号之后空一个字距接排标题。

标题层次划分一般不超过 4 节，4 节不够时，可将层次再细划分。第一级标题为 1，第二级标题为 1.1，第三级标题为 1.1.1，第四级标题为 1.1.1.1。

10.3.5　参考文献著录规范

一、选用参考文献的原则

1. 引用目的正当。1991 年 6 月 1 日起施行的《中华人民共和国著作权法实施条例》第二十七条进一步明确，"适当引用他人已经发表的作品，必须具备下列条件：(1) 引用目的仅限于介绍、评论某一作品或者说明某一问题；(2)所引用部分不能构成引用人作品的主要部分或者实质部分；(3)不得损害被引用作品著作权人的利益。"

2. 引用公开文献。被用做参考文献的，应当是已经公开发表或发布的文献。同时，所选用的参考文献，必须是作者亲自阅读过并对所进行的活动产生了较大影响的文献(即对自己研究的观点、材料、论据、统计数据等有启发和帮助的文献)。

3. 优选引用版本。参考文献有多个版本时，应注意引用恰当的版本文献(如引用修订本、最新本还是最初本，应根据引用的实际采用情况而定)。

4. 不得过度引用。过度引用一是指过分引用，即所引用部分已经占据了引用人作品的主要部分或者实质部分；是指对一般众所周知的引语、观点、事实、常识、公论等不需要注明出处的内容也作为引文处理，例如，"真金不怕火炼"、"学而时习之，不亦乐乎"等，都不需要标注。

5. 杜绝虚假引用。不得引而不注或注而非引。凡是直接引或间接用别人的观点、思想、论据、成果、数据等，必须在文中以参考文献形式加以标注。引而不注即为

剽窃；注而非引是指的伪著录、假引用的情况，即作者在文章中并没有引用过文章或作者并没有亲自阅读过原文的文章被作者当作参考文献的情形。引而不注或注而非引的行为均不符合学术规范。

二、参考文献著录规则

国际上流行好几种参考文献著录方法，而我国参考文献著录标准《文后参考文献著录规则》(GB/T 7714—2005)。该标准规定采用"顺序编码制"、"著者——出版年制"2种参考文献标注方式。其中顺序编码制是我国书刊及学术论文普遍采用的。

一般论文作者最常用作"参考文献"的文献类型主要有专著、连续出版物、专利文献、电子文献等，以下这几类文献的著录格式为例，对参考文献著录规则做一些基本的介绍（其余内容请详见《文后参考文献著录规则》(GB/T 7714—2005)）。

1. 专　著

以单行本的形式，在限定的期限内出版的非连续性出版物。它包括以各种载体形式出版的图书、古籍、学位论文、技术报告、会议文集、汇编、多卷书、丛书等。

著录格式：主要责任者．题名：其他题名信息．文献类型标志．其他责任者．版本项．出版地：出版者，出版年：引文页码［引用日期］．获取和访问路径．

示例1：唐绪军．报业经济与报业经营[M]．北京：新华出版社，1999：117—121．

示例2：蒋有绪，郭泉水，马娟，等．中国森林群落分类及其群落学特征[M]．北京：科学出版社，1998．

2. 连续出版物

连续性出版物：即带有号码或年代顺序连续出版以及打算不定期出版下去的一种出版物。连续出版物包括期刊、报纸和年刊（报告、年鉴等）；各学会的杂志、纪要、会议录、学会会报等；以及有编号的专论丛书。

著录格式：主要责任者．题名：其他题名信息[文献类型标志]．年，卷(期)—年，卷(期)．出版地：出版者，出版年[引用日期]．获取和访问路径．

示例1：李晓东，张庆红，叶瑾琳．气候学研究的若干理论问题[J]．北京大学学报：自然科学版，1999，35(1)：101—106．

3. 专利文献

专利文献是包含已经申请或被确认发现、发明、实用新型和工业品外观设计的研究、设计、开发和试验成果的有关资料，以及保护发明人、专利所有人及工业品外观设计和实用型注册证书持有人权利的有关资料的已出版或未出版的文件（或其摘要）的总称。它包括了专利说明书、专利公报、专利分类表、分类表索引以及专利申请至结案过程中包括的一切文件和资料。专利文献的主体是专利说明书。

著录格式：专利申请者或所有者．专利题名：专利国别，专利号[文献类型标志]．公告日期或公开日期[引用日期]．获取和访问路径．

示例：姜锡洲．一种温热外敷药制备方案：中国，88105606.3[P]．1989—06—26．

4. 电子文献

电子文献是以数字方式将图、文、声、像等信息存储在磁、光、电介质上,通过计算机、网络或相关设备使用的记录有知识内容或艺术内容的文献信息资源,包括电子书刊、数据库、电子公告等。

根据 GB/T 7714—2005,整部电子图书按专著;析出电子图书按专著中的析出文献;电子期刊和电子报纸等连续出版物按连续出版物;电子期刊和电子报纸的析出文献按连续出版物中的析出文献;电子专利按专利文献进行著录。除此以外的电子文献,例如电子公告、动态信息、联机数据库、联机馆藏目录根据电子文献规则处理。

著录格式:主要责任者. 题名:其他题名信息[文献类型标志/文献载体标志]. 出版地:出版者,出版年(更新或修改日期)[引用日期]. 获取和访问路径.

示例 1:江向东. 互联网环境下的信息处理与图书管理系统解决方案[J/OL]. 情报学报,1999,18(2).

电子文献既要著录文献类型,也要著录文献载体类型标志。著录项目中更新或修改日期与引用日期。更新或修改日期通常是著录责任者上载网络资源的更新日期或修改的日期,引用日期则是读者下载网络资源的日期。无论是更新或修改日期还是引用日期都应按"YYYY-MM-DD"形式著录。

思考题:

1. 什么是查全率和查准率?如何提高文献的查全率和查准率?
2. 以"营销策划"为例,如何制定检索策略?
3. 学术论文的选题应遵循哪几个原则?
4. 简述学术论文的结构及组成部分。

参考文献

[1] 肖珑.数字信息资源的检索与利用[M].2版.北京:北京大学出版社,2013.
[2] 彭奇志,林中.信息资源检索策略与分析[M].北京:南京大学出版社,2013.
[3] 赵莉,丛全滋.信息素养实用教程[M].北京:中国轻工业出版社,2013.
[4] 李爱明.信息检索教程[M].上海:华中科技大学出版社,2012.
[5] 许福运.信息检索——理论与创新[M].北京:高等教育出版社,2012.
[6] 汪楠.信息检索方法与实践[M].沈阳:东北大学出版社,2007.
[7] 韩冬.文献信息检索与利用[M].北京:清华大学出版社,2014.
[8] 彭奇志.信息检索与利用[M].北京:中国轻工业出版社,2013.01.
[9] 沈艳红.信息检索教程[M].北京:高等教育出版社,2012.
[10] 黄清,郭映红.美术信息检索[M].北京:高等教育出版社,2007.
[11] 邹广严,王红兵.信息检索与利用[M].北京:科学出版社,2011.
[12] 赖浩锋.网络环境的受众分化与个人传播.中国新闻研究中心.2005.
[13] 潘树广,黄镇伟,涂小马.文献学纲要[M].桂林:广西师范大学出版社,2005.
[14] 程娟.信息检索[M].天津:天津大学出版社,2010.
[15] 徐庆宁.信息检索与利用[M].上海:华东理工大学出版社,2004.
[16] 谢德体,陈蔚杰.信息检索与分析利用[M].北京:科学出版社,2010.
[17] 李爱明,明均仁.信息检索教程[M].武汉:华中科技大学出版社,2012.
[18] 于新国.现代文献信息检索实用教程[M].2版.北京:石油工业出版社,2012.
[19] 徐庆宁,陈雪飞.新编信息检索与利用[M].2版.上海:华东理工大学出版社,2012.
[20] 陈雅芝.计算机应用信息检索[M].北京:清华大学出版社,2006.
[21] 彭莲好,王勇.现代信息检索基础教程[M].武汉:华中科技大学出版社,2014.
[22] 伍雪梅.信息检索与利用教程[M].北京:清华大学出版社,2014.
[23] 夏红,朱金苗.实用化学化工文献检索[M].北京:中国科学技术大学出版社,2013.
[24] 赵生让.信息检索与利用[M].西安:西安电子科技大学出版社,2013.08.
[25] 伍雪梅.信息检索与利用教程[M].2版.北京:清华大学出版社,2014.
[26] 马转铃,杜占江.信息检索与文献利用[M].保定:河北大学出版社,2012.
[27] 饶宗政.现代文献检索与利用[M].北京:机械工业出版社,2012.
[28] 张惠著.开放存取理论建构服务[M].北京:机械工业出版社,2013.
[29] 赵生让.信息检索与利用[M].西安:西安电子科技大学出版社,2013.